U0180875

冶金工业出版社

普通高等教育"十四五"规划教材

普 通 化 学

主 编 崔节虎 梁丽珍 姜灵彦

副主编 王香平 孙 玉 赵晓辉 张 珂 王泽华

扫码查看本书数字资源

北 京

冶 金 工 业 出 版 社

2023

内 容 提 要

本书分上、下两篇共 9 章,上篇基础理论,包括化学热力学初步、化学动力学基本原理、水溶液化学、电化学基础、物质结构基础、配位化合物和航空危险化学品的管理与防护;下篇实验部分,包括化学实验基础知识和普通化学实验。章后有适量思考题和习题供学生思考练习。

本书可作为高等院校化工类专业基础教材,也可供相关工程技术人员和科研人员参考。

图书在版编目(CIP)数据

普通化学/崔节虎,梁丽珍,姜灵彦主编. —北京:冶金工业出版社,2023.2

普通高等教育"十四五"规划教材

ISBN 978-7-5024-8961-8

Ⅰ.①普… Ⅱ.①崔… ②梁… ③姜… Ⅲ.①普通化学—高等学校—教材 Ⅳ.①O6

中国版本图书馆 CIP 数据核字(2021)第 230872 号

普通化学

出版发行	冶金工业出版社	**电 话**	(010)64027926
地 址	北京市东城区嵩祝院北巷 39 号	**邮 编**	100009
网 址	www.mip1953.com	**电子信箱**	service@ mip1953.com

责任编辑 刘林烨 美术编辑 彭子赫 版式设计 郑小利
责任校对 石 静 责任印制 禹 蕊
三河市双峰印刷装订有限公司印刷
2023 年 2 月第 1 版,2023 年 2 月第 1 次印刷
787mm×1092mm 1/16;13.25 印张;1 插页;320 千字;201 页
定价 45.00 元

投稿电话 (010)64027932 投稿信箱 tougao@cnmip.com.cn
营销中心电话 (010)64044283
冶金工业出版社天猫旗舰店 yjgycbs.tmall.com
(本书如有印装质量问题,本社营销中心负责退换)

前　　言

　　普通化学是高等院校理工非化学化工类专业开设的一门重要课程，旨在为大学生提供化学和工程技术知识。普通化学注重培养学生独立思考、实验动手能力等科学素养和实验技能，使学生得到全面的化学素质教育。为了适应普通化学教育改革和发展趋势，我们根据教育部大学化学课程教学指导委员会对普通化学课程的基本要求，编写了本书。

　　本书在编写过程中，力求内容精简、通俗易懂，便于培养学生的自学能力，使学生掌握必需的化学基本理论、基本知识和基本技能，了解这些理论、知识和技能在工程上的应用，并会分析和解决一些涉及化学的相关工程技术实际问题。

　　本书是为非化学类理工专业学生编写的，尤其注重与高中教材的衔接，适当降低理论难度，又阐述了普通化学的基本概念和基本理论，增加了化学危险品的介绍，也引入一些专业实例，增加可读性。同时，各章节含有配套的数字资源，方便学生更深入地学习相关知识。

　　本书由崔节虎、梁丽珍、姜灵彦担任主编，王香平、孙玉、赵晓辉、张珂和王泽华担任副主编。各章编写分工如下：孙玉负责编写第1章；梁丽珍负责编写第2章；姜灵彦负责编写第3章；崔节虎负责编写第4章和第7章（与王泽华合编）；赵晓辉负责编写第5章；王香平负责编写第6章；张珂和王泽华负责编写第8章和第9章。全书由崔节虎统稿。感谢朱杰、李萍、蒋以晨等在本书编写过程中的辛勤工作和付出。

　　本书的编写参考了有关资料和文献，在此谨向相关作者表示深深的谢意。

　　由于编者水平所限，书中不妥之处，希望广大读者批评指正。

编　者

2021 年 7 月

目　录

上篇　基础理论

1　化学热力学初步 ··· 3

　1.1　热力学概论 ··· 3

　　1.1.1　热力学的研究对象 ··· 3

　　1.1.2　热力学的研究方法和局限性 ····································· 4

　1.2　热力学基本概念 ··· 5

　　1.2.1　系统和环境 ··· 5

　　1.2.2　状态和状态函数 ··· 5

　　1.2.3　热力学平衡态 ··· 6

　　1.2.4　过程和途径 ··· 6

　　1.2.5　反应进度 ··· 7

　　1.2.6　热力学标准状态 ··· 7

　1.3　反应热与焓 ··· 8

　　1.3.1　热与功 ··· 8

　　1.3.2　热力学第一定律 ··· 9

　　1.3.3　反应热与焓 ··· 11

　　1.3.4　化学反应热效应计算 ··· 13

　1.4　化学反应的方向与限度 ··· 15

　　1.4.1　热力学第二定律 ··· 15

　　1.4.2　熵的计算 ··· 17

　　1.4.3　反应自发性的判断 ··· 18

　　1.4.4　吉布斯自由能计算 ··· 19

　　1.4.5　反应限度与化学平衡 ··· 22

　　1.4.6　化学平衡的相关计算 ··· 23

　　1.4.7　各种因素对化学平衡的影响 ····································· 25

　思考题 ··· 27

　习题 ··· 28

2　化学动力学基本原理 ·· 29

　2.1　反应速率 ··· 29

　　2.1.1　化学计量方程与反应进度 ······································· 29

2.1.2　反应速率及其表示方法 ··· 30
2.1.3　反应速率的测量 ··· 31
2.2　反应速率理论简介 ··· 33
2.2.1　有效碰撞理论 ··· 33
2.2.2　过渡态理论 ··· 33
2.3　反应动力学方程 ··· 34
2.3.1　反应动力学方程及基本概念 ·· 34
2.3.2　简单反应级数的反应动力学 ·· 35
2.4　反应与催化 ··· 38
2.4.1　反应速率与温度的关系 ·· 38
2.4.2　反应机理 ··· 39
2.4.3　催化 ··· 40
思考题 ·· 43
习题 ·· 43

3　水溶液化学 ·· 45

3.1　稀溶液的性质 ··· 45
3.1.1　非电解质稀溶液的依数性 ·· 45
3.1.2　电解质溶液的依数性规律 ·· 49
3.2　酸碱平衡 ··· 49
3.2.1　酸碱定义 ··· 49
3.2.2　弱酸、弱碱的强弱 ··· 50
3.2.3　酸碱水溶液 pH 值的计算（稀释定律） ·· 51
3.2.4　多元酸的电离 ··· 52
3.3　缓冲溶液及其 pH 值 ··· 53
3.3.1　同离子效应和缓冲溶液 ·· 53
3.3.2　缓冲溶液 pH 值的计算 ··· 53
3.3.3　缓冲溶液的应用和选择 ·· 54
3.4　难溶电解质的沉淀溶解平衡 ··· 54
3.4.1　难溶电解质的溶度积 ·· 54
3.4.2　溶度积规则及其应用 ·· 56
3.5　胶体 ··· 58
3.5.1　胶体的结构 ··· 58
3.5.2　胶体的稳定性 ··· 61
3.5.3　胶体的聚沉与保护 ··· 61
思考题 ·· 62
习题 ·· 63

4　电化学基础 ··· 65

4.1　原电池和电极电势 ··· 65

4.1.1　原电池 ·· 65

4.1.2　电极电势 ·· 68

4.2　电极电势的应用 ·· 71

4.2.1　Nernst 方程式 ··· 71

4.2.2　电极电势的应用 ·· 72

4.3　化学电源 ·· 76

4.3.1　一次电池 ·· 77

4.3.2　二次电池 ·· 78

4.3.3　燃料电池 ·· 79

4.3.4　绿色电池 ·· 80

4.4　电解技术 ·· 81

4.4.1　电解原理 ·· 82

4.4.2　电解时电极上的反应 ··· 82

4.4.3　工业上电解食盐水 ·· 83

4.4.4　电化学技术 ··· 84

4.5　金属的腐蚀与防护 ··· 86

4.5.1　电化学腐蚀 ··· 86

4.5.2　金属防腐技术 ·· 87

4.5.3　防蚀设计 ·· 89

思考题 ·· 90

习题 ·· 91

5　物质结构基础 ·· 93

5.1　原子结构 ·· 93

5.1.1　原子结构理论的发展历程 ··· 93

5.1.2　微观粒子波粒二象性与薛定谔方程 ······································ 95

5.1.3　原子轨道与核外电子排布方式 ··· 98

5.1.4　元素的原子结构与元素周期表 ·· 102

5.2　原子间作用与分子结构 ·· 103

5.2.1　离子键 ··· 103

5.2.2　共价键 ··· 104

5.2.3　金属键 ··· 112

5.3　分子间作用 ·· 114

5.3.1　范德华力 ·· 114

5.3.2　氢键 ·· 115

思考题 ·· 118

习题 ……………………………………………………………………… 118

6　配位化合物 …………………………………………………………… 119

6.1　配合物的基本概念 …………………………………………………… 119
6.1.1　配合物的含义 …………………………………………………… 119
6.1.2　配合物的组成 …………………………………………………… 120
6.2　配合物的类型 ………………………………………………………… 122
6.2.1　简单配合物 ……………………………………………………… 123
6.2.2　螯合物 …………………………………………………………… 123
6.2.3　多核配合物 ……………………………………………………… 123
6.2.4　羰基配合物 ……………………………………………………… 123
6.2.5　多酸型配合物 …………………………………………………… 124
6.3　配合物的命名 ………………………………………………………… 124
6.3.1　配合物的内界命名 ……………………………………………… 124
6.3.2　配合物命名的原则 ……………………………………………… 124
6.3.3　配合物其他命名方法 …………………………………………… 125
6.4　配合物的稳定性 ……………………………………………………… 125
6.4.1　稳定常数与不稳定常数 ………………………………………… 125
6.4.2　逐级稳定常数 …………………………………………………… 127
6.4.3　配位平衡的移动 ………………………………………………… 128
6.5　配合物的应用 ………………………………………………………… 129
6.5.1　离子的定性鉴定 ………………………………………………… 130
6.5.2　物质的分离 ……………………………………………………… 130
6.5.3　电镀工业方面 …………………………………………………… 130
6.5.4　环境保护方面 …………………………………………………… 131
6.5.5　提纯金属 ………………………………………………………… 131
思考题 …………………………………………………………………… 133
习题 ……………………………………………………………………… 133

7　航空危险化学品的管理与防护 ……………………………………… 135

7.1　危险化学品的概念及分类 …………………………………………… 135
7.1.1　危险化学品的概念 ……………………………………………… 135
7.1.2　危险化学品的分类 ……………………………………………… 135
7.2　危险化学品的标记和标签 …………………………………………… 141
7.2.1　危险化学品标记 ………………………………………………… 141
7.2.2　危险化学品标签 ………………………………………………… 142
7.3　危险化学品事故的预防与处理 ……………………………………… 146
7.3.1　危险化学品事故的预防 ………………………………………… 146
7.3.2　各类危险化学品事故的处理 …………………………………… 147

　　7.3.3　常见化学品中毒的急救措施 ……………………………………… 151
习题 …………………………………………………………………………… 154

下篇　实　验　部　分

8　化学实验基本知识 ………………………………………………………… 159

　8.1　普通化学实验目的与要求 …………………………………………… 159
　　8.1.1　实验目的 ……………………………………………………… 159
　　8.1.2　实验要求 ……………………………………………………… 159
　8.2　实验守则与安全注意事项 …………………………………………… 159
　　8.2.1　实验守则 ……………………………………………………… 159
　　8.2.2　实验室安全注意事项 ………………………………………… 161
　8.3　实验基本操作 ………………………………………………………… 162
　　8.3.1　实验常用基本仪器 …………………………………………… 162
　　8.3.2　玻璃仪器的洗涤与干燥 ……………………………………… 164
　　8.3.3　基本度量仪器及使用方法 …………………………………… 165
　　8.3.4　电子天平的使用 ……………………………………………… 168
　　8.3.5　试剂取用规则 ………………………………………………… 169

9　普通化学实验 ……………………………………………………………… 170

　9.1　气体摩尔体积的测定 ………………………………………………… 170
　　9.1.1　实验目的 ……………………………………………………… 170
　　9.1.2　实验原理 ……………………………………………………… 170
　　9.1.3　实验用品 ……………………………………………………… 170
　　9.1.4　实验步骤 ……………………………………………………… 170
　　9.1.5　数据记录及处理 ……………………………………………… 172
　　9.1.6　思考与讨论 …………………………………………………… 172
　9.2　反应速率和速率常数的测定 ………………………………………… 173
　　9.2.1　实验目的 ……………………………………………………… 173
　　9.2.2　实验原理 ……………………………………………………… 173
　　9.2.3　实验用品 ……………………………………………………… 174
　　9.2.4　实验步骤 ……………………………………………………… 175
　　9.2.5　思考与讨论 …………………………………………………… 176
　　9.2.6　附注 …………………………………………………………… 176
　9.3　食醋总酸度的测定 …………………………………………………… 176
　　9.3.1　实验目的 ……………………………………………………… 176
　　9.3.2　实验原理 ……………………………………………………… 177
　　9.3.3　实验用品 ……………………………………………………… 177
　　9.3.4　实验步骤 ……………………………………………………… 177

9.3.5　思考与讨论 ……………………………………………… 177

9.4　氧化还原反应 ………………………………………………… 177

9.4.1　实验目的 …………………………………………………… 177

9.4.2　实验原理 …………………………………………………… 178

9.4.3　实验用品 …………………………………………………… 178

9.4.4　实验步骤 …………………………………………………… 178

9.4.5　思考与讨论 ………………………………………………… 180

9.5　元素性质实验（简缩） ………………………………………… 180

9.5.1　实验目的 …………………………………………………… 180

9.5.2　实验用品 …………………………………………………… 180

9.5.3　实验步骤 …………………………………………………… 181

9.5.4　思考与讨论 ………………………………………………… 185

9.6　配合物的生成及性质 …………………………………………… 185

9.6.1　实验目的 …………………………………………………… 185

9.6.2　实验原理 …………………………………………………… 185

9.6.3　实验用品 …………………………………………………… 186

9.6.4　实验步骤 …………………………………………………… 186

9.6.5　思考与讨论 ………………………………………………… 188

9.7　牛奶中蛋白质的简单分析 ……………………………………… 188

9.7.1　实验目的 …………………………………………………… 188

9.7.2　实验原理 …………………………………………………… 188

9.7.3　实验用品 …………………………………………………… 189

9.7.4　实验步骤 …………………………………………………… 189

9.7.5　思考与讨论 ………………………………………………… 190

9.8　水的硬度的测定 ………………………………………………… 190

9.8.1　实验目的 …………………………………………………… 190

9.8.2　实验原理 …………………………………………………… 190

9.8.3　实验用品 …………………………………………………… 191

9.8.4　实验步骤 …………………………………………………… 191

9.8.5　思考与讨论 ………………………………………………… 191

附录 …………………………………………………………………… 193

附录 A　标准热力学函数（$p^{\ominus}=100\text{kPa}$，$T=298.15\text{K}$） ……… 193

附录 B　常见弱酸、弱碱在水中的解离常数 ……………………… 198

附录 C　常见难溶电解质的溶度积常数(298.15K) ……………… 199

附录 D　标准电极电势 ……………………………………………… 200

参考文献 ……………………………………………………………… 201

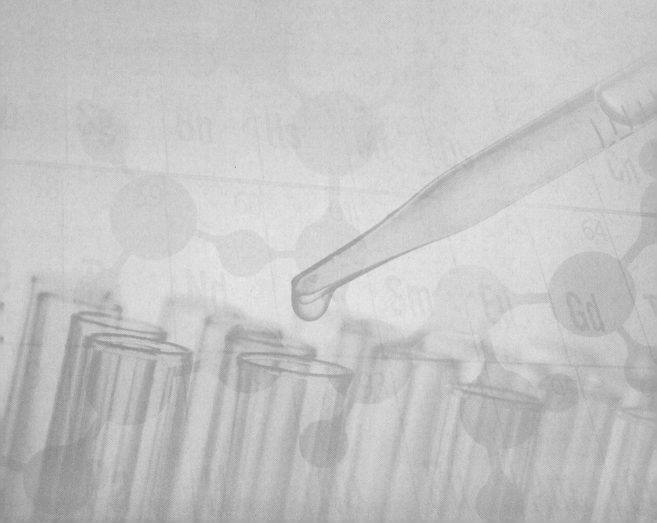

上 篇

基础理论

1 化学热力学初步

扫描二维码查看
本章数字资源

教学目标

化学热力学探讨了化学反应的方向及限度，是化学反应工程研究的重要理论依据。本章着重介绍热力学第一定律和第二定律，以及相关热力学函数的计算和应用，进而讨论化学平衡及限度的影响因素。

教学重点与难点

（1）理解热力学研究的对象、方法和局限性。
（2）掌握热力学的基本概念。
（3）掌握热力学第一定律和第二定律，以及热力学函数的计算和应用。
（4）掌握化学平衡理论，能进行相关计算及应用。
（5）理解影响化学平衡的各种因素。

1.1 热力学概论

1.1.1 热力学的研究对象

19世纪中叶，随着蒸汽机的发明和使用，人们开始关注热和功的转换关系。热力学在发展初期，主要是研究热与机械功之间的相互转换，以求提高热机效率，后来才把电能、化学能、表面能等都纳入热力学的研究范围。焦耳（Joule）自1840年起，用各种不同的方法研究了热和功之间转换的定量关系，历经40余年，得出了1cal＝4.15J的转换关系，在当时的实验条件下得到这样的结果是很不容易的。后来经人们进一步精确测定，得到了热与功转换的准确数值为：

$$1cal = 4.184J \tag{1-1}$$

式（1-1）就是著名的热功当量，有了这个热与功的能量转换关系式，就可以用同一能量单位"焦"（J）来度量所有的能量，所以在国际单位制中已废除了"卡"（cal）这个只表示热量的单位。能量守恒定律可表述为：自然界中所有物质都具有能量，能量有各种不同的形式，能够从一种形式转化为另一种形式，但能量的总值保持不变。将能量守恒定律用于热现象领域，就是热力学第一定律。

在1850年左右，开尔文（Kelvin）和克劳修斯（Clausius）等又建立了热力学第二定律，这两个定律成为热力学的主要基础。热力学第一定律和第二定律是人类经验的总结，是建立在牢固的实验基础上的，它们不能用逻辑推理或其他方法来推导和证明，但其正确性已被无数实验事实所证实。自两个定律创立以来，还从未发现有任何实验事实能违背这两个定律，而企图违背这两个定律的实验都以失败而告终，这足以证明这两个定律的正确性。随着科学技术的发展，新的研究成果不断出现，但正如爱因斯坦指出的那样："在目前的科学理论中，热力学的普适性使我相信，它是唯一永远不会被抛弃的理论框架。"

将热力学的基本定律用于化学过程或与化学有关的物理过程，就形成了化学热力学。化学热力学主要研究：

（1）化学过程及其与化学密切相关的物理过程中的能量转换关系；

（2）判断在环境条件下，指定的热力学过程（如化学反应、相变化等）进行的方向以及可能达到的最大限度。

1.1.2 热力学的研究方法和局限性

热力学研究的是大数量质点的集合体，测定研究对象的宏观性质，所得结论不代表个别质点的行为，是所有质点的平均行为具有统计意义。热力学方法的特点是：

（1）只研究在环境条件下，变化是否能够发生以及能进行到什么程度，而无法告知变化所需的时间、发生变化的根本原因以及变化所经历的具体途径；

（2）只计算变化前后的净结果，而不考虑变化过程的细节，也无须知道物质的微观结构。

例如，在常温、常压下，对于 $H_2(g) + O_2(g) \rightleftharpoons H_2O(l)$ 这个反应，热力学研究认为：

（1）正向反应的趋势很大，反应一旦发生基本可以进行到底，逆反应的趋势极小；

（2）可以计算反应发生所放出的热量和达到平衡时的平衡常数值；

（3）可以指出如果增加压强、降低温度会对正反应有利等。

但是，关于反应何时能发生以及如何使反应发生、反应进行的速率、反应进行的历程以及反应的本质等问题，化学热力学无法给出有用的提示。

从热力学的研究方法上就可以看出它的局限性：

（1）能判断变化的方向，而无法说明变化的本质，知其然而不知其所以然；

（2）能判断变化发生的趋势，而无法说明如何才能使变化发生，只讲可能性，不讲现实性；

（3）热力学中没有时间这个变量，不考虑变化的速率和进行的细节；

（4）热力学只能对现象之间的联系作宏观了解，而不能从微观上计算宏观性质的数值等。

虽然热力学方法有这些局限性，但它仍不失为一种非常有用的理论工具，它可以对反应的方向和限度做出理论上的判断。当合成一个新产品时，首先要用热力学方法判断一下，在所处的 T、p 条件下该反应能否自发进行，若热力学认为不能进行的反应，就不必浪费精力去研究它（除非环境对它做功）。热力学给出的反应限度是理论上的最高值，只能设法尽量去接近它，而绝不可能逾越它。热力学可以提示如何调整温度、压强和浓度等因素使反应向人们期望的方向进行，为提高效率、降低生产成本给予理论指导，这些对科学研究和生产实践无疑是有重要意义的。

1.2　热力学基本概念

1.2.1　系统和环境

用热力学方法讨论问题时，根据需要把所研究的物质部分称为系统，把与系统有关的其他物质部分称为环境。热力学所说的系统是由大量物质粒子构成的宏观有限系统。

按系统与环境之间有无物质上和能量上的交换，可将系统分为以下三种类型。

（1）敞开系统（Open System）：系统与环境之间既有物质交换，又有能量交换。

（2）封闭系统（Closed System）：系统与环境之间没有物质交换，只有能量交换。

（3）孤立系统（Isolated System）：系统与环境之间既无物质交换，也无能量交换。

例如，将敞口保温瓶内的热水作为系统，将水以外的部分作为环境。水可以向环境蒸发，还可以向环境释放热量，环境中的一些分子也可进入保温瓶内，这就是敞开系统。如果瓶口加一绝热效果不好的瓶塞，则系统水与环境间只能有热量交换，则成为封闭系统；如果瓶塞与保温瓶的绝热性能良好，则这时的水就可以看作是孤立系统了。

三种系统中最常见的是封闭系统。真正的孤立系统现实中并不存在，它只是研究问题时做出的一种科学抽象。

系统与环境的划分，是为了研究问题方便而人为确定的。两者之间可能存在着界面，也可能没有实际的界面，但可以想象有一个界面将系统与环境分隔开。

1.2.2　状态和状态函数

热力学中，描述一个系统必须确定它的一系列性质（如质量、温度、压力体积、密度和组成等）。这些物理性质和化学性质的综合表现就是系统的状态。例如，理想气体的状态，通常用p、V、T和n四个物理量来描述。当系统的性质确定后，系统就处在一定的状态；相反，当系统的状态确定后，系统的性质也就有了确定的数值。若系统的某个性质发生改变，系统的状态也随之发生变化。由此可见，决定系统状态的这些性质对系统的状态有依从关系，用数学语言表述就是函数关系。所以把系统的这些性质称为状态函数。

状态函数的特点包括：

（1）状态函数是状态的单值函数，即状态函数的数值由系统的状态决定；

（2）状态函数之间相互联系，例如，理想气体的状态方程为$pV = nRT$；

（3）系统的状态发生变化，状态函数的改变量只与变化的始态和终态有关，与所经历的途径无关。

状态函数按其性质可分为以下两种。

（1）广度性质（Extensive Properties）状态函数。该函数的数值与系统中物质的量成正比，在一定的条件下具有加和性。例如，质量、体积、热力学能等都是广度性质。

（2）强度性质（Intensive Properties）状态函数。该函数的数值与系统中物质的量无关，仅决定于系统本身的特性，不具有加和性。例如，温度、表面张力、黏度和密度等都是强度性质。

系统的两个广度性质之比，可以得到一个强度性质。例如，体积和质量都是系统的广度性质，而密度是系统的强度性质。

1.2.3　热力学平衡态

当系统的各种性质不再随时间而改变，也没有任何可以使系统与环境之间或系统内部发生物质交换、能量交换和化学反应的存在，这种系统就认为是处于热力学平衡状态。实际上，热力学平衡态也是一种统计的热动平衡状态，因为每个微粒仍在不停地运动之中，只是宏观性质不再随时间而改变。热动平衡状态必须同时具有以下几个平衡。

（1）热平衡。系统内各部分的温度均相同，没有因为温度不等而引起的能量传递。如果是个非绝热系统，则系统的温度也应该等于环境的温度；如果是一个绝热系统，则系统的温度可以不同于环境温度。

（2）力平衡。系统内各部分的力处处相等，没有因为力的不平衡而引起坐标的变化。这种力是广义力，包括压强、表面张力和电势等，广义坐标包括体积、表面积和电量等。如果系统与环境之间没有刚性壁相隔，则系统与环境的压强应该相等，系统的体积不再改变；如果系统与环境之间存在刚性壁，则系统与环境的压强可以不等。

（3）相平衡。一个多相系统达平衡后，在相与相之间无物质的净转移，各相的组成和数量不再随时间而改变。

（4）化学平衡。化学反应系统达平衡后，宏观上反应物和生成物的数量及组成不再随时间而改变。

以后所说的热力学平衡态就必须满足以上几个条件。只有在这种状态下，系统的广延性质和强度性质才具有一定的数值，即系统的状态一定，系统的性质也一定；反之，系统的性质都确定了，则系统的状态也就确定了。这样，就可以用系统的性质来描述系统所处的状态。

1.2.4　过程和途径

在一定的环境条件下，系统发生了从一个平衡态到达另一个平衡态的变化，这个过程称为系统发生了一个热力学过程，简称过程。每个热力学过程可以经历若干个步骤来完成，这具体的步骤则称为途径。例如，系统在等温条件下，由 p_1、V_1 变到 p_2、V_2，进行了一个等温膨胀（或压缩）过程。但这个过程可以用一步或几步完成，也可以用可逆或不可逆的方式完成，这些具体的步骤就是变化所经历的途径。当系统的状态发生变化时，状态函数也会随之而改变，但不一定所有的状态函数都改变。例如，常见的等温、等压和等容过程就是保留某个状态函数不变的过程。

等温过程是指系统的始态与终态的温度相等并等于恒定的环境温度的过程。在过程进行中，系统的温度可以发生波动或保持不变，而环境温度始终保持恒定。

等压过程是指系统的始态与终态的压强相等并等于恒定的环境压强的过程。在过程进行中，系统的压强可以发生波动或保持不变，但环境压强始终保持恒定。在大气压强下进行的凝聚相变化过程可看作等压过程。

等容过程是指系统的体积保持不变的过程。在过程进行中，系统对环境不发生相对位移，即 $dV = 0$，因而没有体积功。在刚性容器中发生的变化可看作等容过程。

绝热过程是指系统与环境之间隔绝热量传递的过程。或者是因为有绝热壁存在，或者是由于变化太快，系统与环境之间来不及发生热交换，或者是因为热交换量太少而可以忽略，这些都可以近似看作绝热过程。

　　阐明过程和途径，主要是用来区分状态函数和非状态函数变化值的计算方法。状态函数的变化值仅取决于系统的始、终态，与变化的途径无关，而非状态函数（如功和热）的变化值与变化的途径有关。例如，在相同的始、终态条件下，由于变化途径的不同，功和热的数值有可能不同。这里说的过程主要是指系统的聚集状态不发生改变的 p、V、T 变化过程，今后还要学到相变化过程和化学变化过程。

1.2.5　反应进度

　　反应进度 $\xi(\mathrm{mol})$ 的计算公式为：

$$\mathrm{d}\xi = \frac{\mathrm{d}n_{\mathrm{B}}}{v_{\mathrm{B}}} \tag{1-2}$$

式中　d——微分符号，表示微小变化；

　　　　n_{B}——物质 B 的物质的量；

　　　　v_{B}——B 的化学计量数。

　　对于有限的变化，有：

$$\Delta\xi = \frac{\Delta n_{\mathrm{B}}}{v_{\mathrm{B}}} \tag{1-3}$$

　　对于化学反应，一般选尚未反应时 $\xi=0$，因此

$$\xi = \frac{n_{\mathrm{B}}(\xi) - n_{\mathrm{B}}(0)}{v_{\mathrm{B}}} \tag{1-4}$$

式中，$n_{\mathrm{B}}(0)$ 为 $\xi=0$ 时物质 B 的物质的量，$n_{\mathrm{B}}(\xi)$ 为 $\xi=\xi$ 时 B 的物质的量。

　　根据定义，反应进度只与化学反应方程式有关，而与选择反应系统中何种物质来表示无关。以合成氨反应为例，对于化学反应方程式：

$$\mathrm{N_2(g)} + 3\mathrm{H_2(g)} =\!=\!= 2\mathrm{NH_3(g)}$$

当反应进行到某时刻，若刚好消耗掉 2.0mol 的 $\mathrm{N_2(g)}$ 和 6.0mol 的 $\mathrm{H_2(g)}$，则可生成 4.0mol 的 $\mathrm{NH_3(g)}$，即：

$$\Delta n(\mathrm{NH_3}) = 4.0\mathrm{mol}$$

　　则反应进度为：

$$\xi = \frac{\Delta n_{\mathrm{N_2}}}{v_{\mathrm{N_2}}} = \frac{-2.0}{-1} = 2.0(\mathrm{mol})$$

或

$$\xi = \frac{\Delta n_{\mathrm{H_2}}}{v_{\mathrm{H_2}}} = \frac{-6.0}{-3} = 2.0(\mathrm{mol})$$

1.2.6　热力学标准状态

　　同一种物质，在不同的温度、压力、组成等状态下性质不同。热力学中为表述状态函数和计算状态函数的变化，必须对各种物质规定一个共同的基准状态，即热力学的标准状态（简称标准态），用上标"⊖"表示。气态物质的标准状态是指气体在指定温度 T、压力为标准压力 $p^{\ominus}$ 时的状态；纯液体和纯固体的标准状态分别是指在指定温度 T、准压力

$p^{\ominus}$ 时的状态；溶液中溶质 B 的标准状态是指在指定温度 T、标准压力 $p^{\ominus}$ 下，浓度为标准浓度时的状态。根据国家标准的规定，标准压力 $p^{\ominus}=100\text{kPa}$（过去曾规定为 101.325kPa，即 1atm），标准浓度是指 1kg 溶剂中所含溶质 B 的物质的量为 1mol，即溶质的质量摩尔浓度 $b^{\ominus}=1.0\text{mol/kg}$。通常在稀溶液中，标准浓度常用 $c^{\ominus}=1\text{mol/dm}^3$ 代替。

标准态的热力学函数称为标准热力学函数。$\Delta U^{\ominus}(T)$ 表示 $T(\text{K})$ 时的标准热力学能变，通常在 298K 时，温度可不予标明。

ΔU 在广义上表示任一系统的热力学能变。在化学热力学中，为了区别于其他过程，在 "Δ" 的右下角加 "r"，记为 $\Delta_{\text{r}} U$，表示化学反应的热力学能变。$\Delta_{\text{r}} U^{\ominus}$ 则表示化学反应的标准热力学能变。

由于热力学能是系统的广度性质，因此它的变化量与反应进度有关。为了准确说明反应的热力学能，化学热力学引入了摩尔热力学能变的概念，在 "U" 的右下角加 "m"，记为 $\Delta_{\text{r}} U_{\text{m}}$，表示该化学反应在反应进度为 1mol 时的热力学能变，即：

$$\Delta_{\text{r}} U_{\text{m}} = \frac{\Delta_{\text{r}} U}{\xi} \tag{1-5}$$

若反应在标准状态下进行，则 $\Delta_{\text{r}} U_{\text{m}}$ 记作 $\Delta_{\text{r}} U_{\text{m}}^{\ominus}$，表示反应的标准摩尔热力学能变。

以下还将陆续介绍一些新的热力学函数，会经常标注 "r" "m" "$\ominus$" 等字样，来表达相应的含义。

1.3　反应热与焓

1.3.1　热与功

系统和环境之间能量的传递形式有热、功和辐射三种。系统发生变化时，以前两种形式与环境间进行能量交换，因此热力学将传递的能量分为热和功两种。

1.3.1.1　热

热是指系统和环境之间由于温度不同而传递的能量，用符号 Q 表示，单位为 J（或 kJ）。

例如，两个不同温度的物体相接触，高温物体把能量传给低温物体，用这种方式传递的能量就是热。热总是与具体的过程相联系，不能说系统含有多少热，只能说系统在某一过程中吸收或放出多少热。一旦过程停止，热也不复存在。热不是系统本身具有的性质，因而不是状态函数。

热力学规定系统从环境吸热，Q 为正值；系统向环境放热，Q 为负值。

1.3.1.2　功

功是指系统与环境间除热以外其他形式传递能量的统称，用符号 W 表示，单位为 J（或 kJ）。

功与热一样，其数值与过程有关，不是系统本身的性质，也不是状态函数。功有很多种，热力学把功分为体积功和非体积功两类。体积功是指系统由于体积变化反抗外压而做的功，也称为膨胀功、无用功；非体积功也可称为有用功，比如电功、表面功等。

热力学规定环境对系统做功，W 为正值；系统对环境做功，W 为负值。

体积功的数值与变化途径有关，常见的体积功的计算公式如下。

（1）自由膨胀。自由膨胀也称为向真空膨胀，外压 $p = 0$，系统对环境不做功，即：

$$W(1) = -pdV = 0 \tag{1-6}$$

（2）一次等外压膨胀。外压 p 保持恒定，系统的体积从 V_1 膨胀到 V_2，对环境做功为：

$$W(2) = -p(V_2 - V_1) = -p\Delta V \tag{1-7}$$

（3）多次等外压膨胀。系统从始态膨胀到终态分两步进行：第一步在外压恒定为 p_1 时，体积从 V_1 膨胀到中间态体积 V'；第二步在外压恒定为 p_2 时，从 V' 膨胀到终态 V_2。总的体积功等于两部分功的加和，即：

$$W(3) = -p_1(V' - V_1) - p_2(V_2 - V') \tag{1-8}$$

（4）外压 p 总是比内压 p_i 小一个无限小的膨胀，即 $p = p_i - dp$，总的功等于无数个微小功的加和，即：

$$W(4) = -\sum pdV = -\sum(p_i - dp)dV \tag{1-9}$$

引入两个近似：

（1）略去了二级无穷小 $dpdV$，这不会引入太大的误差；

（2）因为这个变化可近似看作连续变化，将加和号改为积分号。

再假定系统是理想气体，引入理想气体的状态方程 $p = nRT/V$，则功的计算式为：

$$W(4) = -\int_{V_1}^{V_2} p_i dV = -\int_{V_1}^{V_2} \frac{nRT}{V}dV = -nRT\ln\frac{V_2}{V_1} \tag{1-10}$$

对于相同数量的同一种理想气体，从相同的始态出发，经这 4 种不同的途径到达相同的终态，所做的体积功显然是不等的。过程（4）可近似看作可逆膨胀，对环境做的功最多。用功的绝对值表示，这四种功的大小顺序为 $|W(4)| > |W(3)| > |W(2)| > |W(1)|$。

1.3.2 热力学第一定律

首先介绍一下第零定律：当都为均相系统的 A 和 B 通过导热壁分别与 C 达成热平衡时，则系统 A 和 B 也彼此互为热平衡，这就是热力学第零定律。因为该定律的提出在热力学第一定律建立之后，但它的含义应该在第一定律之前，所以称为第零定律。第零定律揭示了均相系统都存在一种平衡性质，这就是温度。温度是系统冷热程度的一种度量。有了第零定律，温度的测量有了理论依据。温度的定量测量和表示需要借助温标，温标的类型较多，使用较普遍的是摄氏温标和热力学温标。有了温标，就可以对温度计进行刻度，以便用数值来表示温度。摄氏温标用符号 t，表示单位是℃。最初选用纯水作为介质，在压强 $p = 101.325\text{kPa}$ 时，以纯水的凝固点作为 0℃，沸点作为 100℃，在两个温度之间等分 100 份，这就是最早的使用摄氏温标的温度计。

在国际单位制中采用的是热力学温标，用符号 T 表示，单位是 K（开尔文，简称"开"）。这两种温标的换算关系为：

$$T = 273.15 + t \tag{1-11}$$

式中　T——热力学温度，K；

　　　t——摄氏温度，℃。

19 世纪中叶，焦耳、迈耶和亥姆霍兹等分别独立进行研究，却得出了几乎相同的结论：能量可以从一种形式转变为另一种形式，但在转变过程中能量的总值保持不变。他们为能量转换和守恒定律的建立奠定了基础。热力学第一定律是能量转换和守恒定律在热现象领域内所具有的特殊形式。

实验证明，如果系统与环境之间既有热的交换，又有功的传递，那么系统热力学能的变化值可表示为：

$$\Delta U = Q + W \tag{1-12}$$

式（1-12）可作为热力学第一定律的数学表达式，说明系统与环境之间可以发生热和功的交换，但能量的总值保持不变。对于发生的微小变化，可以表示为：

$$dU = \delta Q + \delta W \tag{1-13}$$

热力学第一定律是人们在实践中总结出来的客观规律，尽管目前尚不能从理论上加以证明，也无法用数学方法来推导，但无数事实证明了这个定律的正确性。历史上曾有人想制造一种机器，它既不消耗燃料和动力，本身也不减少能量，却可以源源不断地对外做有用功，人们把这种机器称为第一类永动机。由于该机器违背了能量转换和守恒定律，尝试无数次，都以失败告终。因此，热力学第一定律也可以表述为："第一类永动机是不可能造成的"。

【例 1-1】 在 373K 的等温条件下，1mol 理想气体从始态体积 25dm^3。分别按下列四个过程膨胀到终态体积为 100dm^3：

（1）向真空膨胀；

（2）等温可逆膨胀；

（3）在外压恒定为气体终态压力下膨胀；

（4）先外压恒定为体积等于 50dm^3 时气体的平衡压力下膨胀，当膨胀到 50dm^3 以后，再在外压等于 100dm^3 时气体的平衡压力下膨胀。

分别计算各个过程中所做的膨胀功，这说明了什么问题？

解：由题可知，$n = 1mol$，$R = 8.314J \cdot mol/K$，$T = 373K$。

（1）因为向真空膨胀，外压为零，所以 $W_1 = 0$。

（2）理想气体的等温可逆膨胀：

$$W_2 = nRT\ln\frac{V_1}{V_2} = 1 \times 8.314 \times 373 \times \ln\frac{25}{100} = -4.30(\text{kJ})$$

（3）等外压膨胀，$V_1 = 25dm^3$，$V_2 = 100dm^3$，则：

$$W_3 = -p_e(V_2 - V_1) = -p_2(V_2 - V_1) = -\frac{nRT}{V_2}(V_2 - V_1)$$

$$= -\frac{1 \times 8.314 \times 373}{0.1} \times (0.1 - 0.025) = -2.33(\text{kJ})$$

（4）分两步的等外压膨胀，$V_1 = 25dm^3$，$V_2 = 50dm^3$，$V_3 = 100dm^3$，则：

$$W_4 = -p_{e,1}(V_2 - V_1) - p_{e,2}(V_3 - V_2)$$

$$= -\frac{nRT}{V_2}(V_2 - V_1) - \frac{nRT}{V_3}(V_3 - V_2)$$

$$=nRT\left(\frac{V_1}{V_2} - 1 + \frac{V_2}{V_3} - 1\right) = nRT\left(\frac{25}{50} + \frac{50}{100} - 2\right)$$
$$= -nRT = -(1 \times 8.314 \times 373) = -3.10(\text{kJ})$$

从例 1-1 的计算可知，功不是状态函数，是与过程有关的量。系统与环境的压力差越小，膨胀的次数越多，所做功的绝对值也越大。理想气体的等温可逆膨胀做功最大（指绝对值）。

1.3.3 反应热与焓

化学反应热通常指等温过程热，即当系统发生了变化后，使反应产物的温度回到反应始态的温度，系统放出或吸收的热量。如前所述，化学反应热主要有等容反应热和等压反应热两种，现从热力学第一定律来分析其特点。

1.3.3.1 等容反应热与热力学能

在等容、不做非体积功条件下，$dV = 0$，$W' = 0$，所以
$$W = -\sum p_{\text{外}}dV + W' = 0$$

根据热力学第一定律，有：
$$Q_V = \Delta U \tag{1-14}$$

式中，Q 表示等容反应热，下标 V 表示等容过程。式(1-14) 表明，等容且不做非体积功的过程热在数值上等于系统热力学能的改变量。

1.3.3.2 等压反应热与焓

在等压、不做非体积功条件下，$p = p_{\text{外}}$，$W' = 0$，所以
$$W = -p\Delta V + W' = -p(V_2 - V_1) \tag{1-15}$$

根据热力学第一定律，得：
$$\Delta U = U_2 - U_1 = Q_p - p(V_2 - V_1) \tag{1-16}$$
$$Q_p = (U_2 + pV_2) - (U_1 + pV_1) \tag{1-17}$$

令 $H = U + pV$（热力学函数焓 H 的定义式），则：
$$Q_p = H_2 - H_1 = \Delta H \tag{1-18}$$

式中，Q 表示等压反应热；H 是状态函数 U、p、V 的组合，所以焓 H 也是状态函数（H 的单位为 J）。等压且不做非体积功的过程热在数值上等于系统的焓变，$\Delta H < 0$ 表示系统放热，$\Delta H > 0$ 表示系统吸热。

1.3.3.3 $Q_V = \Delta U$ 和 $Q_p = \Delta H$ 的意义

热不是状态函数，从确定的始态变化到确定的终态，若具体途径不同，热值也不同。然而 $Q = \Delta U$ 和 $Q = \Delta H$ 表明，若将反应过程的条件限制为等容或（等压），且不做非体积功，则不同途径的反应热与热力学能（或焓）的变化在数值上相等，只取决于始态和终态。这一方面说明，特定条件下的热效应，通过与状态函数的变化联系起来，由状态函数法可以计算；另一方面说明，热力学能和焓等状态函数的变化可通过量热实验进行直接测定。

1.3.3.4 Q_V 与 Q_p 的关系

在系统只做体积功的条件下，定容反应热 $Q_V = \Delta U$，定压反应热 $Q_p = \Delta H$，把 $Q_V = \Delta U$

代入式 $\Delta H = \Delta U + p\Delta V$ 中，可得：

$$Q_p = Q_V + p\Delta V \tag{1-19}$$

式（1-19）说明在定容条件下进行反应时，系统吸收的热增加了系统的热力学能；而在定压条件下进行反应时，系统吸收的热除了增加系统的热力学能外，还有一部分用于做体积功。

反应系统中若没有气态物质，反应前后系统的体积变化很小，$p\Delta V$ 可以忽略，即：

$$Q_p \approx Q_V, \quad \Delta H \approx \Delta U \tag{1-20}$$

若反应系统中有气态物质，如果把气体视为理想气体，根据理想气体状态方程：

$$pV = nRT, \quad p\Delta V = \Delta nRT \tag{1-21}$$

把式（1-21）应用于热化学方程式中，则有：

$$Q_p = Q_V + \Sigma v_B(g)RT \tag{1-22}$$

$$\Delta H = \Delta U + \Sigma v_B(g)RT \tag{1-23}$$

式中　$v_B(g)$——反应系统中各气体物质的化学计量数。

【例 1-2】 在 373K 和 101.325kPa 压力时，有 1mol $H_2O(l)$ 可逆蒸发成同温、同压的 $H_2O(g)$，已知 $H_2O(l)$ 的摩尔汽化焓 $\Delta_{vap}H_m = 40.66kJ/mol$，试计算：

（1）该过程的 Q、W 和 $\Delta_{vap}U_m$（可以忽略液态水的体积）。

（2）比较 $\Delta_{vap}H_m$ 与 $\Delta_{vap}U_m$ 的大小，并说明原因。

解：（1）该物理过程是在等压下完成的，令气体水的体积为 V_g，液体水的体积为 V_l，故：

$$Q = Q_V = n\Delta_{vap}H_m = 1 \times 40.66 = 40.66(kJ)$$

$$W = -p(V_g - V_1) \approx pV_g = -nRT = -(1 \times 8.314 \times 373) = -3101(J)$$

$$\Delta_{vap}U_m = \Delta_{vap}H_m - \frac{\Delta(pV)}{n} = \Delta_{vap}H_m - \frac{\Delta nRT}{n} = 40.66 - 3.101 = 37.56(kJ/mol)$$

或

$$\Delta_{vap}U_m = \frac{Q_p + W}{n} = \frac{40.66 - 3.101}{1} = 37.56(kJ/mol)$$

（2）$\Delta_{vap}H_m > \Delta_{vap}U_m$。因为水在等温、等压的蒸发过程中，吸收的热量一部分用于对外做膨胀功，一部分用于克服分子间引力，增加分子间距离，提高热力学能。而 $\Delta_{vap}U_m$ 仅用于克服分子间引力，增加分子间距离，所以 $\Delta_{vap}H_m$ 的值要比 $\Delta_{vap}U_m$ 大。

【例 1-3】 在 373K 和 101.325kPa 的条件下，将 1g $H_2O(l)$ 经：

（1）等温、等压可逆汽化；

（2）在恒温 373K 的真空箱中突然汽化，都变为同温、同压的 $H_2O(g)$。分别计算这两种过程的 Q、W、ΔU 和 ΔH 的值。（已知水的汽化热为 2259J/g，可以忽略液态水的体积）

解：（1）由题可知：

$$\Delta H = Q_p = 1 \times 2259 = 2259(J)$$

$$W_1 = -p(V_g - V_1) = -pV_g = -nRT = -\frac{1}{18} \times 8.314 \times 373 = -172.3(J)$$

$$\Delta U = Q + W = 2087J$$

（2）因为与题（1）中的始、终态相同，所以状态函数的变量也相同，ΔU、ΔH 的值与题（1）中的相同。但是 Q 和 W 不同，由于是真空蒸发，外压 p_e 为零，所以

$$W_2 = -p_e \Delta V = 0$$

真空蒸发的热效应已不是等压热效应，$Q_2 \neq \Delta H$，而可以等于等容热效应，所以

$$Q_2 = \Delta U = 2087\text{J}$$

1.3.4 化学反应热效应计算

1.3.4.1 热化学方程式

热化学方程式表示化学反应与反应热关系的方程式称为热化学方程式。

在书写热化学方程式时要注意以下几点。

（1）要注明反应式中各物质的状态。用 s、l、g 分别表示固、液、气态。固体物质若有几种晶型，也要注明，如 C（石墨）、C（金刚石）等。

（2）反应多在定压条件下完成，用焓变表示反应热，负值表示放热，正值表示吸热。

（3）当反应系统中各物质都处于标准状态时，反应热效应记作 ΔH，称为该反应的标准摩尔焓变（因温度对其影响不大，可不注明温度）。

1.3.4.2 盖斯定律

1840 年，俄国化学家盖斯根据大量实验事实总结出："一个反应在定压或定容条件下，不管是一步完成还是分几步完成，其反应的热效应相同。"这就是盖斯定律。

盖斯定律是热化学的一条基本规律，适用于所有的状态函数。盖斯定律的建立，使热化学方程式可以像普通代数方程式一样进行计算，还可以从已知的反应热数据，计算出难以实验测定的反应热数据。

例如，将 C(s) 氧化成 CO(g) 的焓的变化值不容易测定，但是将 C(s) 氧化成 CO_2(g) 和将 CO(g) 氧化成 CO_2(g) 的焓的变化值是容易测定的，因此可以从实验容易测定的值去计算实验不容易测定的值。

（1）$C(s) + O_2(g) = CO_2(g)$，$\Delta_r H_m^{\ominus}(1)$ 易测定；

（2）$2CO(g) + O_2(g) = 2CO_2(g)$，$\Delta_r H_m^{\ominus}(2)$ 易测定；

（3）$2C(s) + O_2(g) = 2CO(g)$，$\Delta_r H_m^{\ominus}(3)$ 不易测定。

因为反应（3）= 2（1）-（2），所以根据赫斯定律，有：

$$\Delta_r H_m^{\ominus}(3) = 2\Delta_r H_m^{\ominus}(1) - \Delta_r H_m^{\ominus}(2)$$

有的化学反应的速率太小，或有的反应不能进行完全，用实验直接测定其热效应有困难，则利用盖斯定律就可以进行间接计算，因此可以利用盖斯定律计算其他热力学状态函数的变化值（如 $\Delta_r G_m^{\ominus}$、$\Delta_r S_m^{\ominus}$ 等）。

【例1-4】 在 298K 时，计算反应 $2C(s) + 2H_2(g) + O_2(g) = CH_3COOH(l)$ 的标准摩尔反应焓变 $\Delta_r H_m^{\ominus}$。

已知下列反应在 298K 时的标准摩尔反应焓分别为：

（1）$CH_3COOH(l) + 2O_2(g) = 2CO_2(g) + 2H_2O(l)$，$\Delta_r H_m^{\ominus}(1) = -870.3\text{kJ/mol}$；

（2）$C(s) + O_2(g) = CO_2(g)$，$\Delta_r H_m^{\ominus}(2) = -393.5\text{kJ/mol}$；

（3）$H_2(g) + \frac{1}{2}O_2(g) = H_2O(l)$，$\Delta_r H_m^{\ominus}(3) = -285.8\text{kJ/mol}$。

解：所求反应是由 $2 \times (2) + 2 \times (3) - (1)$ 组成，根据盖斯定律得：

$$\Delta_r H_m^{\ominus}(298K) = 2 \times (-393.5) + 2 \times (-285.8) - (-870.3) = -488.3(kJ/mol)$$

1.3.4.3 标准摩尔生成焓与反应的热效应

A 标准摩尔生成焓

热力学规定，在指定温度及标准状态下，由元素的指定单质生成 1mol 某物质时反应的焓变称为该物质的标准摩尔生成焓，用 $\Delta_f H_m^{\ominus}(T)$ 表示，下角标"f"表示生成（Formation），温度为 298K 时，T 可以省略。$\Delta_f H_m^{\ominus}$ 的单位为 J/mol（或 kJ/mol）。

元素指定单质一般为常见的、自然存在的、稳定的单质，如石墨、$H_2(g)$、$I_2(s)$、$Hg(l)$ 等。但也有个别例外，磷的指定单质是白磷，而在 298K 时红磷更稳定。显然，元素指定单质的标准摩尔生成焓为零。一些常见物质在 298K 时的标准摩尔生成焓见附录 A。

B 利用标准摩尔生成焓计算化学反应的热效应

对于任意一个化学反应：

$$aA + dD = gG + hH$$

都可以设计成如图 1-1 两种反应途径。

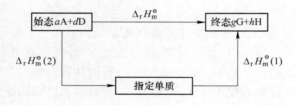

图 1-1 反应途径

从图 1-1 中可以看出：

$$\Delta_r H_m^{\ominus}(1) = \Delta_r H_m^{\ominus} + \Delta_r H_m^{\ominus}(2)$$

则：

$$\Delta_r H_m^{\ominus} = \Delta_r H_m^{\ominus}(1) - \Delta_r H_m^{\ominus}(2)$$

即：

$$\Delta_r H_m^{\ominus} = [g\Delta_f H_{m,G}^{\ominus} + h\Delta_f H_{m,H}^{\ominus}] - [a\Delta_f H_{m,A}^{\ominus} + d\Delta_f H_{m,D}^{\ominus}] = \sum v_B \Delta_f H_{m,B}^{\ominus} \qquad (1-24)$$

式中 v_B——系统中各物质的化学计量数。

【例 1-5】 已知 298K 时，$CH_4(g)$、$CO_2(g)$、$H_2O(l)$ 的标准摩尔生成焓分别为 $-74.8kJ/mol$、$-393.5kJ/mol$ 和 $-285.8kJ/mol$。计算 298K 时 $CH_4(g)$ 的标准摩尔燃烧焓。

解：$CH_4(g)$ 的燃烧反应为 $CH_4(g) + 2O_2(g) \rightarrow 2H_2O(l) + CO_2(g)$，$CH_4(g)$ 的标准摩尔燃烧焓，就等于该燃烧反应的标准摩尔反应焓变。根据用标准摩尔生成焓计算标准摩尔反应焓变的公式，得：

$$\Delta_c H_m^{\ominus}(CH_4, g) = \Delta_r H_m^{\ominus} = 2\Delta_f H_m^{\ominus}(H_2O, l) + \Delta_f H_m^{\ominus}(CO_2, g) - \Delta_f H_m^{\ominus}(CH_4, g)$$
$$= 2 \times (-285.8) + (-393.5) - (-74.8) = -890.3(kJ/mol)$$

1.3.4.4 标准摩尔燃烧焓与反应的热效应

（1）标准摩尔燃烧焓。多数有机物难以由单质合成，其标准摩尔生成焓很难得到。

但大多数有机物比较容易燃烧，其燃烧焓容易准确测定，因此可利用标准摩尔燃烧焓计算化学反应的热效应。

在指定温度、标准状态下，1mol 物质完全燃烧生成稳定产物时反应的焓变称为该物质的标准摩尔燃烧焓，用符号 $\Delta_c H_m^\ominus$ 表示，下角标"c"表示燃烧（Combustion），标准摩尔燃烧焓的单位也是 kJ/mol。

完全燃烧是指物质中各元素均氧化为稳定的氧化产物，如 $C \rightarrow CO_2(g)$、$N \rightarrow N_2(g)$、$H \rightarrow H_2O(l)$、$S \rightarrow SO_2(g)$、$Cl \rightarrow HCl$ 等。根据定义可知，上述燃烧产物及 O_2 的标准摩尔燃烧焓为零。附表 1 列出了一些物质在 298K 时的标准摩尔燃烧焓。

（2）利用标准摩尔燃烧焓计算化学反应的热效应。对于一个燃烧反应，可以经由两种途径完成这个变化，如图 1-2 所示。

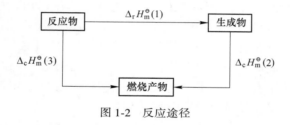

图 1-2   反应途径

从图 1-2 中可以看出：

$$\Delta_r H_m^\ominus(1) = \Delta_c H_m^\ominus(3) - \Delta_c H_m^\ominus(2)$$

即：

$$\Delta_r H_m^\ominus = -\sum v_B \Delta_c H_{m,B}^\ominus$$

式中 v_B——系统中各物质的化学计量数。

【例 1-6】   在 298K 时，有酯化反应 $(COOH)_2(s) + 2CH_3OH(l) = (COOCH_3)_2(s) + 2H_2O(l)$，计算酯化反应的标准摩尔反应焓变 $\Delta_r H_m^\ominus$。（已知：$\Delta_c H_m^\ominus((COOH)_2,s) = -120.2kJ/mol$，$\Delta_c H_m^\ominus(CH_3OH,l) = -726.5kJ/mol$，$\Delta_c H_m^\ominus((COOCH_3)_2,s) = -1678kJ/mol$）

解：利用标准摩尔燃烧焓来计算标准摩尔反应焓变：

$$\Delta_r H_m^\ominus(298K) = -\sum_B v_B \Delta_c H_m^\ominus(B) = -120.2 + 2 \times (-726.5) + 1678$$

$$= 104.8(kJ/mol)$$

1.4   化学反应的方向与限度

1.4.1   热力学第二定律

1.4.1.1   自发过程

热力学第一定律指出了在一个封闭系统中能量的守恒和转化，以及在转化过程中各种能量之间的定量关系，但它不能指出变化的方向和限度，这个任务由热力学第二定律来完成。自然界中有这样一类变化，在所处的条件下，不需要环境做功或输入辐射能，系统有可能自动发生的过程称为自发过程。自发过程一般具有对环境做功的能力，例如理想气体的真空膨胀、热由高温物体传入低温物体等。

许多化学反应在一定条件下可以自发进行，但是其逆反应却不会自动发生。例如，氢气与氧气有自动反应生成水的强烈趋势，反应一旦发生，可以自动地正向进行，并放出热或做出电功。但是，使水分解成氢气和氧气，这个逆过程是不可能自动发生的，除非环境对它做电功或输入伴有催化剂的光能。

这类自然界中的自发过程的例子还可以列举很多，从上面所举的几个例子可以看出，自发过程有以下共同特点。

（1）自发过程有确定的变化方向，它的逆过程虽然不违反能量守恒定律，但却不会自动发生。当然，这些逆过程不是不能发生，只要环境对系统做功或输入光能等电磁能，是可以使系统恢复原状的，但会给环境留下不可逆转的影响，即自发过程的后果系统自己无法消除，而必须由环境付出代价，最后都可以归结为环境做出了功而得到了热。

（2）自发过程有一定的限度，这个限度就是达到了在所处条件下的平衡态，这时系统的宏观性质不再随时间而改变。如果是热传导，达到两个物体的温度相等就是热传导的极限，即温度相等的热平衡态；如果是气体膨胀，达到压强处处相等的力平衡状态；如果是化学反应，达到化学平衡就是化学反应的最大限度。

（3）自发过程都有一定的做功能力，系统自身的能量品位会随着对外做功而下降，且无法自动恢复。

1.4.1.2　热力学第二定律

人们之所以对自发变化感兴趣，是因为自发过程有潜在做功的能力，能为人们提供各种形式的能量（如热能、电能等），还可以为人们提供各种有用的化学产品，这无疑对化学研究和人类生产、生活是十分重要的。在日常的生活和生产实际中遇到的许多自发过程都是有确定的变化方向，它们的逆过程都不可能自动发生。而这些自发过程之间是相互联系的，可以从一个自发过程的单向性，推断出另一个自发过程的单向性，最后都可以归结为热与功转换的不可逆性，即一定量的功可以完全转化为热而不留下任何影响。但是，一定量的热要完全转化为功而不留下影响是不可能的，因为功是大量分子有序运动的能量，而热是大量分子无序运动的能量，纵然两者数值相等，但是能量的品位不同。用热与功转换的方向性与限度来概括所有自发过程的方向性与限度，这个普遍规律就是热力学第二定律。热力学第二定律有多种表述方式，克劳修斯于1850年发表的说法是："不可能把热从低温物体传到高温物体，而不引起其他变化。"开尔文于1851年发表的说法是："不可能从单一热源取出热使之完全变为功，而不发生其他的变化。"后来，奥斯特瓦尔德将开尔文的说法表述为："第二类永动机是不可能造成的。"第二类永动机是一种能够从单一热源吸热，并将所吸收的热全部变为功而无其他影响的机器，它并不违反能量守恒定律，但却永远造不成。为了区别于第一类永动机，所以称之为第二类永动机。

克劳修斯和开尔文两位热力学大师的说法虽略有不同，但本质上是一样的。克劳修斯的说法是指热传导的不可逆性，开尔文的说法是指功转变为热的不可逆性，都是指某一件事情是"不可能"的，一旦发生就会留下影响。需要特别注意的是，他们并不是说不能将热从低温物体传到高温物体（事实上冰箱的作用就是将热从低温物体传到高温物体），也并不是说热不能全部变成功（事实上理想气体的等温可逆膨胀就是将所吸的热全部变成了功），而是强调要实现这两个过程不留下影响是不可能的。

如何将热转化为功的问题在实际生活中有着十分重要的意义。19世纪初，蒸汽机的发明在工业上产生了巨大的影响。最初的蒸汽机对热的利用率很低，人们总是努力改善蒸汽机的性能，期望消耗最少的燃料，得到最大的机械功当时不知道热机的效率是有一定限度的。直到1824年，法国工程师卡诺精心设计了一个循环，作为一个理想化的热机，从理论上解决了提高热机效率的途径，证明了热与功的转换是有一个极限的，即热机不可能将所吸的热全部转化为机械功，热机的效率永远小于1。

热力学第二定律与第一定律一样，是建立在无数事实的基础上，是人类长期以来积累的经验总结，它不能从其他更普遍的定律来推导整个热力学的发展过程，也令人信服地证明，热力学的基本定律真实地反映了客观事实，凡是违背热力学第二定律的尝试都只能以失败而告终。

1.4.2　熵的计算

1.4.2.1　混乱度和熵

混乱度也称无序度，系统中微观粒子存在的状态数有关。热力学所指的系统是由大量粒子构成的，这些粒子在不停地运动，每时每刻它们的空间位置和能量都在改变，系统的微观状态不断变化。在一定条件下，系统内部微观粒子的无序程度就可以看成混乱度，即混乱度是在一定的宏观条件下系统所具有的微观状态数，用符号 Ω 表示。

系统的状态一定，混乱度有确定值，状态变化，系统的混乱度也随之改变，混乱度与系统的状态密切相关。状态函数熵可以用来表示系统混乱度的大小，用符号 S 表示。混乱度越高，熵越大，反之亦然。1877年，玻耳兹曼在研究分子运动的统计规律时，得到系统的混乱度与熵的关系：

$$S = k\ln\Omega \tag{1-25}$$

式（1-25）称为玻耳兹曼关系式，k 为玻耳兹曼常量，$k = 1.38 \times 10^{-23}$J/K，熵 S 的单位是 J/K。

熵是具有广度性质的状态函数，影响熵的主要因素有以下几个方面。

（1）同种物质的聚集状态不同熵不同，一般是 $S(s) < S(l) < S(g)$。固态物质内部粒子排布整齐，有序度高，混乱度小；液态物质粒子可以自由移动，有序性差，混乱度较大；气态物质的粒子运动更激烈，有序性更低。

（2）相同聚集态的不同物质，组成越复杂，熵越大。例如，$S(NaCl) < S(Na_2CO_3)$，混合物的熵比纯净物大。

（3）相同聚集态的同种物质，温度越高，熵越大。

自发过程的熵常常增大。例如，一滴墨汁滴在一杯清水液面上，片刻后墨汁便自动地混在水中；$CaCO_3$ 分解虽是吸热过程，但生成 CO_2 气体使熵增大，加热后能自发进行。

1.4.2.2　热力学第三定律

随着温度的降低，系统的无序度减小，熵也随之减小。当温度降低到绝对零度时，分子的热运动可以认为完全停止，粒子都位于理想的晶格结点上，且只有一种微观状态，混乱度 $\Omega = 1$，这是一种理想的有序状态。根据玻耳兹曼关系式，得：

$$S(0K) = 0$$

据此热力学总结出一条经验规律："在绝对零度时，任何纯物质完美晶体的熵都等于零。"这就是热力学第三定律。

1.4.2.3 标准摩尔熵与化学反应的标准摩尔熵变

标准状态下，将1mol完美晶体由0K加热到T，过程的熵变ΔS即为该物质在温度T时的标准摩尔规定熵，简称物质的标准摩尔熵，用符号$S_m^{\ominus}(T)$表示，单位为J/(mol·K)。其计算公式为：

$$\Delta S^{\ominus} = S_m^{\ominus}(T) - S_m^{\ominus}(0K) = S_m^{\ominus}(T) - 0 = S_m^{\ominus}(T) \tag{1-26}$$

本书附录A给出了298K时物质的标准摩尔熵$S_m^{\ominus}$。

利用物质的标准摩尔熵可以计算化学反应的标准摩尔熵变。

1.4.3 反应自发性的判断

从热力学第二定律引出了熵这个状态函数，熵的本质是系统微观状态数的一种量度，自发变化都是从有序向无序状态变化。根据熵增加原理，人们可以根据隔离系统中熵的变化，判断自发变化进行的方向和可能达到的最大限度，这是热力学第二定律的重要贡献。可是，用熵增加原理来判断自发变化的方向和限度时，必须是在隔离系统内，而通常研究的系统都是封闭系统，一般的反应都是在等温、等压（或等温）、等容的条件下进行。因此有必要引进新的热力学函数，以便在系统所处的条件下，仅利用系统自身的状态函数的变化值，就可能判别自发变化的方向和可能达到的限度。为此，亥姆霍兹和吉布斯分别定义了两个状态函数，这两个函数和焓一样，都不是热力学基本定律的直接结果，而是人为引进的辅助函数。但是在实践中，这两个状态函数，特别是吉布斯引进的函数，在物理化学中发挥了举足轻重的作用。

1.4.3.1 亥姆霍兹自由能

亥姆霍兹定义的函数是：

$$A = U - TS \tag{1-27}$$

人们将A称为亥姆霍兹自由能或亥姆霍兹函数。由于A是由状态函数组成的，因此A也是系统的状态函数，容量性质。由$S = Q_r/T$（Q_r指化学反应过程系统的可逆热）可得：

$$(-dA)_T \geq -\delta W \quad 或 \quad (-\Delta A)_T \geq -W \tag{1-28}$$

式（1-28）表明，在等温过程中，一个封闭系统的亥姆霍兹自由能的减少值等于或大于系统对环境做的总功（包括体积功和非体积功）。因此，亥姆霍兹自由能可以理解为系统在等温条件下做功的本领，表示系统做功的能力。

将式（1-28）中的功分为体积功和非体积功两项，即：

$$(-dA)_T \geq -\delta W - \delta W_f$$

等容条件（$dV=0$）下，体积功$W=-pdV=0$，则：

$$(-dA)_{T,V} \geq -\delta W_f \tag{1-29}$$

式（1-29）表明一个封闭系统在等温、等容的条件下，亥姆霍兹自由能的减少值在可逆过程中等于对外所做的最大非体积功，在不可逆过程中亥姆霍兹自由能的减少值大于对外所做的非体积功。

如果在等温、等容和不做非体积功（$\delta W_f=0$）的条件下，则有：

$$(\mathrm{d}A)_{T,V,\delta W_\mathrm{f}=0} \leqslant 0 \qquad (1\text{-}30)$$

式（1-30）是亥姆霍兹自由能判据的具体形式。小于 0 表示在等温、等容和不做非体积功的条件下，当系统发生不可逆变化时，系统的亥姆霍兹自由能下降，系统自身发生的不可逆变化也一定是自发的；等于 0 表示系统发生的是可逆变化，亥姆霍兹自由能保持不变，或表示系统已处于亥姆霍兹自由能最小值的稳定平衡态，达到了变化的最大限度，此时的过程都是可逆的。

1.4.3.2　吉布斯函数

1875 年美国物理化学家吉布斯先提出把焓和熵归并在一起的热力学函数——吉布斯函数（或称为吉布斯自由能），其定义为：

$$G = H - TS \qquad (1\text{-}31)$$

吉布斯函数 G 是状态函数 H 和 T、S 的组合，当然也是状态函数，容量性质。由此可得：

$$(-\mathrm{d}G)_{T,p} \geqslant -\delta W_\mathrm{f} \quad 或 \quad (-\Delta G)_{T,p} \geqslant -W_\mathrm{f}$$

如果在等温、等压和不做非体积功（$\delta W_\mathrm{f}=0$）的条件下，则有：

$$(\mathrm{d}G)_{T,p,\delta W_\mathrm{f}=0} \leqslant 0 \qquad (1\text{-}32)$$

式（1-32）是吉布斯自由能判据的具体形式。小于 0 表示在等温、等压和不做非体积功的条件下，当系统发生不可逆变化时，系统的吉布斯自由能下降，系统自身发生的不可逆变化也一定是自发的；等于 0 表示系统发生的是可逆变化，吉布斯自由能保持不变，或表示系统已处于吉布斯自由能最小值的稳定平衡态，达到了变化的最大限度，此时的过程都是可逆的。

值得注意的是，这里并没有说在等温、等压的条件下，$(\mathrm{d}G)_{T,p}>0$ 的反应不能进行，而是说它不能自发进行。例如，在常温、常压条件下，水分解成氢气和氧气的反应是不能自发进行的，因为该反应的 $(\mathrm{d}G)_{T,p}>0$。但是，若环境对系统通入电流进行电解，或采用光敏剂使反应系统吸收合适的光能，或输入其他电磁辐射能，是可以将水分解成氢气和氧气的，但这时环境对系统输入了能量，做了非体积功，$W_\mathrm{f} \neq 0$，这种变化已不可能是自发变化了。

热力学判据不涉及反应的速率问题，它只是给人们一种启示，告诉人们一种可能性，而如何将可能性变为现实，还有待于结合实验条件的创造、外界因素的影响等进行综合考虑。

1.4.4　吉布斯自由能计算

1.4.4.1　吉布斯自由能的一般计算公式

吉布斯自由能是状态函数，在指定的始态与终态之间 ΔG 有定值。因此，对于那些不可逆或难以用实验测定的过程，总是可以用设计始、终态相同的可逆过程来计算 ΔG 的值。

根据吉布斯自由能的定义，对于等温过程：

$$\Delta G = \Delta H - T\Delta S \qquad (1\text{-}33)$$

对于等温化学反应：

$$\Delta_\mathrm{r}G_\mathrm{m} = \Delta_\mathrm{r}H_\mathrm{m} - T\Delta_\mathrm{r}S_\mathrm{m} \qquad (1\text{-}34)$$

ΔG 表示过程的吉布斯函数的变化，简称吉布斯函数变。

1.4.4.2　反应的标准摩尔吉布斯函数变

与定义标准摩尔生成焓 $\Delta_f H_m^{\ominus}$ 一致，在标准状态时，由指定单质生成单位物质的量的纯物质时反应的吉布斯函数变称为该物质的标准摩尔生成吉布斯函数 $\Delta_f G_m^{\ominus}$。任何指定单质的标准摩尔生成吉布斯函数为零。对于水合离子，规定水合 H^+ 的标准摩尔生成吉布斯函数为零。一些物质在298.15K 时的 $\Delta_f G_m^{\ominus}$ 数据列在附录 A 中，常用单位为 kJ/mol。

与定义反应的标准摩尔焓变 $\Delta_r H_m^{\ominus}$ 类似，在标准状态时，化学反应的摩尔吉布斯函数变称为反应的标准摩尔吉布斯函数变 $\Delta_r G_m^{\ominus}$。显然，对于一般化学反应，可得出298.15K 时反应的标准摩尔吉布斯函数变的计算式为：

$$\Delta_r G_m^{\ominus}(298.15K) = \sum v_B \Delta_f G_{m,B}^{\ominus}(298.15K)$$

应当注意，反应的焓变与熵变可视为基本不随温度而变，而反应的吉布斯函数变近似为温度的线性函数（因为一定温度时 $\Delta G = \Delta H - T\Delta S$）。

如果同时已知各物质的 $\Delta_f H_m^{\ominus}(298.15K)$ 和 $S_m^{\ominus}(298.15K)$ 的数据，可先算出 $\Delta_r H_m^{\ominus}(298.15K)$ 和 $\Delta_r S_m^{\ominus}(298.15K)$，再求得任一温度 T 时的 $\Delta_r G_m^{\ominus}$，即：

$$\Delta_r H_m^{\ominus}(298.15K) = \sum v_B \Delta_f H_{m,B}^{\ominus}(298.15K)$$

$$\Delta_r S_m^{\ominus}(298.15K) = \sum v_B S_B^{\ominus}(298.15K)$$

$$\Delta_r G_m^{\ominus}(298.15K) = \Delta_r H_m^{\ominus}(298.15) - T\Delta_r S_m^{\ominus}(298.15K)$$

【例1-7】　人体活动和生理过程是在恒压下做广义电功的过程，问：在298K 时，1mol 葡萄糖最多能提供多少能量来供给人体活动和维持生命之用？

已知：在298K 时，葡萄糖的标准摩尔燃烧焓为：$\Delta_c H_m^{\ominus}(C_6H_{12}O_6) = -2808kJ/mol$，$S_m^{\ominus}(C_6H_{12}O_6) = 212.0J/(K \cdot mol)$，$S_m^{\ominus}(CO_2) = 213.74J/(K \cdot mol)$，$S_m^{\ominus}(H_2O, l) = 69.91J/(K \cdot mol)$，$S_m^{\ominus}(O_2, g) = 205.14J/(K \cdot mol)$。

解：要计算最大的广义电功，实际是计算 1mol 葡萄糖在燃烧时的摩尔反应吉布斯自由能的变化值。葡萄糖的燃烧反应为：

$$C_6H_{12}O_6(s) + 6O_2(g) \Longrightarrow 6CO_2(g) + 6H_2O(l)$$

$$\Delta_r H_m^{\ominus}(C_6H_{12}O_6) = \Delta_c H_m^{\ominus}(C_6H_{12}O_6) = -2808kJ/mol$$

$$\Delta_r S_m^{\ominus}(C_6H_{12}O_6) = \sum v_B S_m^{\ominus}(B) = 6 \times 213.74 + 6 \times 69.91 - 6 \times 205.14 - 212.0$$

$$= 259.06[J/(K \cdot mol)]$$

$$\Delta_r G_m^{\ominus}(C_6H_{12}O_6) = \Delta_r H_m^{\ominus}(C_6H_{12}O_6) - T\Delta_r S_m^{\ominus}(C_6H_{12}O_6)$$

$$= -2808 - 298 \times 259.06 \times 10^{-3}$$

$$= -2885(kJ/mol)$$

1.4.4.3　$\Delta_r G_m$ 与 $\Delta_r G_m^{\ominus}$ 的关系

给定条件下化学反应的吉布斯函数变为 $\Delta_r G_m$，相同温度的标准状态时化学反应的吉布斯函数变为 $\Delta_r G_m^{\ominus}$。对应给定条件，判断自发与否的依据是 $\Delta_r G_m$（不是 $\Delta_r G_m^{\ominus}$），$\Delta_r G_m$ 会随着系统中反应物和产物的分压或浓度的改变而改变。$\Delta_r G_m$ 与 $\Delta_r G_m^{\ominus}$ 之间的关系可由化学热力学理论推导得出称为化学反应的等温方程，即：

$$(\Delta_r G_m)_{T,p} = \Delta_r G_m^{\ominus}(T) + RT\ln Q_p \tag{1-35}$$

对于理想气体化学反应，等温方程可表示为：

$$\prod_{B} \left(\frac{p_B}{p^{\ominus}}\right)^{v_B} = Q_p \qquad (1\text{-}36)$$

式中　R——摩尔气体常数；

　　　p_B——气体 B 的分压力；

　　　$p^{\ominus}$——标准压力，$p^{\ominus}=100\text{ka}$；

　　　$\prod$——连乘算符。

式(1-36)中，因产物的 v_B 为正，反应物的 v_B 为负，$\prod(p_B/p^{\ominus})^{v_B}$ 为产物与反应物的 $(p_B/p^{\ominus})^{v_B}$ 连乘之比，故习惯上将 $\prod(p_B/p^{\ominus})^{v_B}$ 称为压力商（或反应商）Q，p_B 称为相对分压。

显然，若所有气体的分压 p 均为标准压力 $p^{\ominus}$，则 $Q=1$，$\Delta_r G_m(T)=\Delta_r G_m^{\ominus}(T)$，此时可用 $\Delta_r G_m^{\ominus}(T)$ 判断标准状态下化学反应的自发性。但在一般情况下，需要根据等温方程求出指定态的 $\Delta_r G_m(T)$，才能判断该条件下反应的自发性。也就是说，用于判断方向的 $\Delta_r G_m$ 必须与反应条件相对应。

对于水溶液中的离子反应，或有水合离子（或分子）参与的多相反应，由于此类物质变化的不是气体的分压，而是相应的水合离子（或分子）的浓度，根据化学热力学的推导，此时各物质的相对分压 $(p_B/p^{\ominus})$ 将换为各相应物质的水合离子的相对浓度 $(c_B/c^{\ominus})$，$c^{\ominus}$ 为标准浓度，$c^{\ominus}=1\text{mol/dm}^3$。若有参与反应的固态或液态的纯物质，则不必列入反应商中。

通常情况下，沸点较低的不易液化的非极性气体，在常温常压时其行为与理想气体行为之间的偏差甚小，可按理想气体处理；SO_2、O_2、NH_3 等较易液化的实际气体，与理想气体的性质常有较大的偏差，只有在高温低压时，才可近似按想气体处理。只有在很稀的溶液反应中才能用浓度 c_B 计算，否则需要采用活度代替浓度。

$\Delta_r G_m$ 与 $\Delta_r G_m^{\ominus}$ 的应用甚广，除用来估计、判断任一反应的自发性，估算反应自发进行的温度条件外，后面还将介绍 $\Delta_r G_m$ 与 $\Delta_r G_m^{\ominus}$ 的一些其他应用，如计算标准平衡常数 $K^{\ominus}$、计算原电池的最大电功和电动势等。

【例1-8】 已知空气压力 $p=101.325\text{kPa}$，其中所含 CO_2 的体积分数 $\varphi_{CO_2}=0.030\%$。

（1）试计算此条件下将潮湿 Ag_2CO_3 固体在 110℃ 的烘箱中烘干时热分解反应的摩尔吉布斯函数变。

（2）问此条件下 $Ag_2CO_3(s)=Ag_2O(s)+CO_2(g)$ 的热分解反应能否自发进行，有何办法阻止 Ag_2CO_3 的热分解？

解：（1）

	$Ag_2CO_3(s)$	$Ag_2O(s)$	$CO_2(g)$
$\Delta_f H_m^{\ominus}(298.15\text{K})/\text{kJ}\cdot\text{mol}^{-1}$	-505.8	-30.05	-393.509
$S_m^{\ominus}(298.15\text{K})/\text{J}\cdot(\text{mol}\cdot\text{K})^{-1}$	167.4	121.3	213.74

可求得：

$$\Delta_r H_m^{\ominus}(298.15\text{K}) = 82.24\text{kJ/mol}$$

$$\Delta_r S_m^{\ominus}(298.15\text{K}) = 167.64\text{J/(mol}\cdot\text{K)}$$

空气中 CO_2 的分压 $p_{CO_2}=p\varphi_{CO_2}\approx 30\text{Pa}$，则：

$$\Delta_r G_m(383K) = \Delta_r G_m^\ominus(383K) + RT\ln\frac{p_{CO_2}}{p^\ominus}$$

$$\approx \left(82.24 - \frac{383 \times 167.64}{1000}\right) + \frac{8.314 \times 383}{1000} \times \ln\frac{30}{10^5}$$

$$= -7.8(kJ/mol)$$

（2）由于此条件下，$\Delta_r G_m(383K) < 0$，所以在 11℃烘箱中烘干潮湿的固体 Ag_2CO_3 时会自发分解。为了避免 Ag_2CO_3 的热分解，应通入含 CO_2 分压较大的气流进行干燥，使此时的 $\Delta_r G_m(383K) > 0$。

1.4.5　反应限度与化学平衡

1.4.5.1　反应限度

如前所述，对于等温、等压下不做非体积功的化学反应，当 $\Delta_r G < 0$ 时，反应沿着确定的方向自发进行；随着反应的不断进行，$\Delta_r G$ 值越来越大；当 $\Delta_r G = 0$ 时，反应达到了极限，即化学平衡状态。因此，$\Delta_r G = 0$ 或化学平衡就是给定条件下化学反应的限度，$\Delta_r G = 0$ 是化学平衡的热力学标志或称反应限度的判据。

平衡系统的性质不随时间而变化，达到化学平衡时，系统中每种物质的分压力或浓度都保持不变。但是，化学平衡是一种宏观上的动态平衡，是由微观上持续进行着的正、逆反应的效果相互抵消所致。

1.4.5.2　标准平衡常数 $K^\ominus$

标准平衡常数的计算公式为：

$$\Delta_r G_m^\ominus = -RT\ln K^\ominus \tag{1-37}$$

式（1-37）是一个普遍式，对于气相、液相和固相或多相反应均适用。

根据化学反应的等温方程，针对理想气体反应系统（在一般情况下，本书对气体均按理想气体处理）：

$$(\Delta_r G_m)_{T,p} = \Delta_r G_m^\ominus(T) + RT\ln Q_p$$

即：

$$(\Delta_r G_m)_{T,p} = -RT\ln K_p^\ominus + RT\ln Q_p \tag{1-38}$$

当化学反应达到平衡时，$\Delta_r G_m = 0$，得到标准平衡常数的具体表达式为：

$$K_p^\ominus = \prod_B \left(\frac{p_B}{p^\ominus}\right)_e^{v_B} \tag{1-39}$$

式（1-39）说明标准平衡常数在数值上等于反应达到平衡时的产物与反应物的 $(p_B/p^\ominus)^{v_B}$ 连乘之比，p_B 表示 B 组分的平衡分压。

同理，理想液态混合物反应系统的标准平衡常数的具体表达式为：

$$K_x^\ominus = \prod_B (x_{B,e})^{v_B} \tag{1-40}$$

式中，下标"x"表示混合物组成用摩尔分数表示，以区别于其他平衡常数；摩尔分数的下标"e"表示是处于平衡状态时各物的摩尔分数。

针对标准平衡常数，需要注意以下几个方面。

（1）从定义可知，$K^\ominus$ 是量纲一的量，其数值取决于反应的本性、温度及标准态的选择，与压力或组成无关。$K^{\ominus}$ 值越大，说明该反应可以进行得越彻底，反应物的转化率越高。

（2）当规定了 $p^{\ominus}$、$c^{\ominus}$ 值后，对于给定反应，$K^{\ominus}$ 只是温度的函数。在 $\Delta_r G_m^{\ominus}$ 和 $K^{\ominus}$ 换算时，两者温度必须一致，且应注明温度。若未注明，一般是指 $T = 298.15K$。

（3）$K^{\ominus}$ 的具体表达式可直接根据化学计量方程式（相变化可以看作特殊的化学反应）写出。化学反应方程式中若有固态、液态纯物质或稀溶液中的溶剂（如水），在 $K^{\ominus}$ 表达式中不必列出，只需考虑平衡时气体的分压和溶质的浓度，而且总是将产物的写在分子位置、反应物的写在分母位置。

例如，复相反应系统：

$$CaCO_3(s) \rightleftharpoons CaO(s) + CO_2(g), \quad K_p^{\ominus} = \left(\frac{p_{CO_2}}{p^{\ominus}}\right)_e$$

气相是理想气体混合物：

$$NH_4Cl(s) \rightleftharpoons NH_3(g) + HCl(g)$$

$$K_p^{\ominus} = \prod_B \left(\frac{p_B}{p^{\ominus}}\right)_e^{\nu_B} = \frac{(p_{NH_3})_e}{p^{\ominus}} \frac{(p_{HCl})_e}{p^{\ominus}}$$

因为

$$p_e = (p_{NH_3})_e + (p_{HCl})_e, \quad (p_{NH_3})_e = (p_{HCl})_e$$

所以

$$K_p^{\ominus} = \left(\frac{1}{2}\frac{p_e}{p^{\ominus}}\right)\left(\frac{1}{2}\frac{p_e}{p^{\ominus}}\right) = \frac{1}{4}\left(\frac{p_e}{p^{\ominus}}\right)^2$$

（4）$K^{\ominus}$ 的数值与化学计量方程式的写法有关，因此 $K^{\ominus}$ 的数值与热力学函数的增量及反应进度一样，必须与化学反应方程式"配套"。例如：

1）$\frac{1}{2}H_2(g) + \frac{1}{2}Cl_2(g) = HCl(g), \quad \Delta_r G_m^{\ominus}(1), \quad K_1^{\ominus}$；

2）$H_2(g) + Cl_2(g) = 2HCl(g), \quad \Delta_r G_m^{\ominus}(2), \quad K_1^{\ominus}$。

当反应进度都是 1mol 时，

$$\Delta_r G_m^{\ominus}(2) = 2\Delta_r G_m^{\ominus}(1)$$

所以

$$K_2^{\ominus} = (K_1^{\ominus})^2$$

1.4.6 化学平衡的相关计算

许多重要的工程实际过程，都涉及化学平衡或需借助平衡产率以衡量实践过程的完善程度，因此，掌握有关化学平衡的计算十分重要。此类计算的重点是：

（1）从标准热力学函数或实验数据求平衡常数；

（2）用平衡常数求各物质的平衡组分（分压、浓度、最大产率等）；

（3）条件变化对反应的方向和限度的影响等。

有关平衡计算中，应特别注意以下内容。

（1）写出配平的化学反应方程式，并注明物质的聚集状态（如果物质有多种晶型，还应注明是哪一种）。这对查找标准热力学函数的数据及进行运算，或正确书写 $K^\ominus$ 表达式都是十分必要的。

（2）当涉及各物质的初始量、变化量、平衡量时，关键是要搞清各物质的变化量之比即为化学反应方程式中各物质的化学计量数之比。

【例 1-9】 在 298K 和标准压强下，有反应 $SO_2(g) + \frac{1}{2}O_2(g) = SO_3(g)$，试计算当反应达成平衡时的标准平衡常数 K 的值。

已知相关的热力学数据如下：

参与反应的物质	$SO_3(g)$	$SO_2(g)$	$O_2(g)$
$\Delta_f H_m^\ominus(B)/kJ \cdot mol^{-1}$	−395.72	−296.83	0
$S_m^\ominus(B)/J \cdot (K \cdot mol)^{-1}$	256.76	248.22	205.14

解：因为
$$\Delta_r G_m^\ominus = \Delta_r H_m^\ominus - T\Delta_r S_m^\ominus, \quad \Delta_r G_m^\ominus = -RT\ln K^\ominus$$
所以
$$\Delta_r H_m^\ominus(T) = \sum v_B \Delta_f H_m^\ominus(B, p, T) = -395.72 + 296.83 - 0 = -98.89(kJ/mol)$$
$$\Delta_r S_m^\ominus = \sum v_B S_m^\ominus(B, p, T) = 256.76 - 248.22 - \frac{205.14}{2} = -94.03[J/(K \cdot mol)]$$
$$\Delta_r G_m^\ominus = \Delta_r H_m^\ominus - T\Delta_r S_m^\ominus = -98.89 - 298 \times (-94.03) \times 10^{-3} = -70.87(kJ/mol)$$
$$K^\ominus = \exp\left(\frac{-\Delta_r G_m^\ominus}{RT}\right) = \frac{70870}{8.314 \times 298} = 2.65 \times 10^{12}$$

注意：如果已知的是 $\Delta_f G_m^\ominus(B)$ 的数值，显然计算将更简单。

【例 1-10】 将 1.20mol SO_2 和 2.00mol O_2 的混合气体，在 800K 和 101.325kPa 的总压力下，缓慢通过 V_2O_5 催化剂使生成 SO_3，在等温等压下达到平衡后，测得混合物中生成的 SO_3 为 1.10mol。试利用上述实验数据求该温度下反应 $2SO_2(g) + O_2(g) = 2SO_3(g)$ 的 $K^\ominus$、$\Delta_r G_m^\ominus$ 和 SO_2 的转化率，并讨论温度、总压力的高低对 SO_2 转化率的影响。

解：

	$2SO_2(g)$	+ $O_2(g)$	= $2SO_3(g)$
起始时物质的量/mol	1.20	2.00	0
反应中物质的量的变化/mol	−1.10	$\frac{-1.10}{2}$ 1.10	
平衡时物质的量/mol	0.10	1.45	1.10
平衡时的摩尔分数 x	$\frac{0.10}{2.65}$	$\frac{1.45}{2.65}$	$\frac{1.10}{2.65}$
平衡时的分压/kPa	3.82	55.4	42.1

由式 $K_p^\ominus = \prod_B \left(\frac{p_B}{p^\ominus}\right)_e^{v_B}$ 可得：
$$K^\ominus = \frac{42.1^2 \times 100}{3.82^2 \times 55.4} = 219$$
$$\Delta_r G_m^\ominus = -RT\ln K^\ominus = -8.314 \times 800 \times \ln 219 = -3.58 \times 10^4(J/mol)$$

$$SO_2 \text{ 的转化率} = \frac{1.10}{1.12} \times 100\% = 91.7\%$$

由计算结果可知，此反应为气体分子数减小的反应，可判断 $\Delta_r S_m^{\ominus} < 0$，从上面计算已得 $\Delta_r G_m^{\ominus} < 0$，则根据关系式 $\Delta G = \Delta H - T\Delta S$ 可判断必为 $\Delta_r H_m^{\ominus} < 0$ 的放热反应，根据平衡移动原理（下节将论述），高压低温有利于提高 SO_2 的转化率。在接触法制 H_2SO_4 的生产实践中，为了充分利用 SO_2，采用比本题更为过量的 O_2，在常压下 SO_2 转化率已高达 96%～98%，所以实际上无须采用高压；对于温度，重要的是要兼顾反应速率，采用能使 V_2O_5 催化剂具有高活性的适当低温（如 475℃）。

1.4.7　各种因素对化学平衡的影响

影响化学平衡的因素较多（如改变温度、压强、添加惰性气体等），都有可能使已经达到平衡的反应系统发生移动，在新的条件下达成新的平衡。但各种因素对平衡影响的程度是不同的，其中温度的影响最显著，温度的改变会引起平衡常数值的改变，而压强的改变和惰性气体的加入一般不改变平衡常数的数值，只影响平衡的组成。

1.4.7.1　温度对化学平衡的影响

温度对平衡常数的影响来自温度对标准化学势或标准摩尔吉布斯自由能的影响。由 $\Delta_r G_m^{\ominus} = -RT\ln K^{\ominus}$，$\Delta_r G_m^{\ominus} = \Delta_r H_m^{\ominus} - T\Delta_r S_m^{\ominus}$ 可得：

$$\ln K^{\ominus} = -\frac{\Delta_r H_m^{\ominus}}{RT} + \frac{\Delta_r S_m^{\ominus}}{R} \tag{1-41}$$

设某一反应在不同温度 T_1 和 T_2 时的平衡常数分别为 $K_1^{\ominus}$ 和 $K_2^{\ominus}$，且 $\Delta_r H_m^{\ominus}$ 和 $\Delta_r S_m^{\ominus}$ 为常数，则：

$$\ln\frac{K^{\ominus}(T_2)}{K^{\ominus}(T_1)} = \frac{\Delta_r H_m^{\ominus}}{R}\left(\frac{1}{T_1} - \frac{1}{T_2}\right) \tag{1-42}$$

式（1-42）为范特霍夫方程，它是表达温度对平衡常数影响的十分有用的公式，它表明了 $\Delta_r H_m^{\ominus}$、T 与 $K^{\ominus}$ 间的相互关系，沟通了量热数据与平衡数据。若已知量热数据（反应焓）和某温度 T_1 时的 $K_1^{\ominus}$，就可推算出另一温度 T_2 下的 $K_2^{\ominus}$；若已知两个不同温度下反应的 $K^{\ominus}$，则不但可以判断反应是吸热还是放热，而且还可以求出 $\Delta_r H_m^{\ominus}$ 的数值。在应用此式进行计算时，应特别注意 $\Delta_r H_m^{\ominus}$ 与 R 中能量单位要一致。

对于一个给定的化学反应，由于 $\Delta_r H_m^{\ominus}$ 和 $\Delta_r S_m^{\ominus}$ 可近似地看作是与温度无关的常数。根据式（1-41），对于 $\Delta_r H_m^{\ominus}$ 为负值的放热反应；随着温度的升高 $K^{\ominus}$ 值将减小，不利于正反应；对于 $\Delta_r H_m^{\ominus}$ 为正值的吸热反应，则随着温度的升高，$K^{\ominus}$ 值增大，平衡向正反应方向移动。

1.4.7.2　压力和组分对化学平衡的影响

根据化学反应的等温方程 $\Delta_r G_m(T) = \Delta_r G_m^{\ominus}(T) + RT\ln Q$，$\Delta_r G_m^{\ominus} = -RT\ln K^{\ominus}$，可得：

$$\Delta_r G_m = -RT\ln\frac{Q}{K^{\ominus}} \tag{1-43}$$

这就意味着，在等温等压且没有非体积功时，判断化学反应是否平衡，或者判断反应朝什么方向自发进行，都可以通过 Q 和 $K^{\ominus}$ 的比较推知，即：

(1) 当 $Q<K^{\ominus}$ 时，$\Delta_r G_m<0$，反应正向自发进行；

(2) 当 $Q=K^{\ominus}$ 时，$\Delta_r G_m=0$，平衡状态；

(3) 当 $Q>K^{\ominus}$ 时，$\Delta_r G_m>0$，反应逆向自发进行。

在定温下，$K^{\ominus}$ 是常数，而 Q 则可通过调节反应物或产物的量（即浓度或分压）加以改变。若希望反应正向进行，就通过移去产物或增加反应物使 $Q < K^{\ominus}$，$\Delta_r G_m < 0$，从而达到预期的目的。例如，合成氨生产中，用冷冻方法将生成的 NH_3 从系统中分离出去，降低 Q 值，反应能持续进行，且原料气 N_2 与 H_2 可循环使用。

阅读材料

航空新材料——氢能源

氢能是公认的清洁能源，它作为低碳和零碳能源正在脱颖而出。21 世纪，我国和美国、日本、加拿大、欧盟等都制定了氢能发展规划，并且我国已在氢能领域取得了多方面的进展，在不久的将来有望成为氢能技术和应用领先的国家之一，也被国际公认为最有可能率先实现氢燃料电池和氢能汽车产业化的国家。

在常规能源危机的出现和开发新的二次能源的同时，氢是人们期待的新的二次能源。氢位于元素周期表之首，原子序数为 1，常温常压下为气态，超低温高压下为液态。作为一种理想的新的合能体能源，它具有质量最轻，导热性能最好，可回收利用，除核燃料外发热值最高（是汽油的 3 倍），燃烧性能好，无毒，利用形式多，多种形态，损耗少，利用率高，运输方便，减少温室效应等特点。

时至今日，氢能的利用已有长足进步。自从 1965 年美国开始研制液氢发动机以来，相继研制成功了各种类型的喷气式和火箭式发动机。美国的航天飞机已成功使用液氢做燃料，我国长征 2 号、3 号也使用液氢做燃料。利用液氢代替柴油，用于铁路机车或一般汽车的研制也十分活跃。氢汽车靠氢燃料、氢燃料电池运行也是沟通电力系统和氢能体系的重要手段。

世界各国正在研究如何能大量而廉价的生产氢。利用太阳能来分解水是一个主要研究方向，在光的作用下将水分解成氢气和氧气，关键在于找到一种合适的催化剂。如今世界上有 50 多个实验室在进行研究，但至今尚未有重大突破，但它孕育着广阔的前景。

随着太阳能研究和利用的发展，人们已开始利用阳光分解水来制取氢气。在水中放入催化剂，在阳光照射下，催化剂便能激发光化学反应，把水分解成氢和氧。例如，二氧化钛和某些含钌的化合物，就是较适用的光水解催化剂。人们预计，一旦当更有效的催化剂问世时，水中取"火"——制氢就成为可能，到那时，人们只要在汽车、飞机等油箱中装满水，再加入光水解催化剂，那么，在阳光照射下，水便能不断地分解出氢，成为发动机的能源。

20 世纪 70 年代，人们用半导体材料钛酸锶作光电极，金属铂作暗电极，将它们连在一起，然后放入水里，通过阳光的照射，就在铂电极上释放出氢气，而在钛酸锶电极上释放出氧气，这就是我们通常所说的光电解水制取氢气法。科学家们还发现，一些微生物也能在阳光作用下制取氢。人们利用在光合作用下可以释放氢的微生物，通过氢化酶诱发电子，把水里的氢离子结合起来，生成氢气。苏联的科学家们已在湖沼里发现了这样的微生物，他们把这种微生物放在适合它生存的特殊器皿里，然后将微生物产生出来的氢气收集在氢气瓶里。这种微生物含有大量的蛋白质，除了能放出氢气外，还可以用于制药和生产维生素，以及用它作牧畜和家禽的饲料。人们正在设法培养能高效产氢的这类微生物，以适应开发利用新能源的需要。

引人注意的是，许多原始的低等生物在新陈代谢的过程中也可放出氢气。例如，许多细菌可在一定条件下放出氢。日本已找到一种叫作"红鞭毛杆菌"的细菌，就是个制氢的能手。在玻璃器皿内，以淀粉做原料，掺入一些其他营养素制成的培养液就可培养出这种细菌，这时，在玻璃器皿内便会产生出氢气。这种细菌制氢的效能颇高，每消耗 5mL 的淀粉营养液，就可产生出 25mL 的氢气。

美国宇航部门准备把一种光合细菌——红螺菌带到太空中去，用它放出的氢气作为能源供航天器使用。这种细菌的生长与繁殖很快，而且培养方法简单易行，既可在农副产品废水废渣中培养，也可以在乳制品加工厂的垃圾中培育。

对于制取氢气，有人提出了一个大胆的设想：将来建造一些为电解水制取氢气的专用核电站。譬如，建造一些人工海岛，把核电站建在这些海岛上，电解用水和冷却用水均取自海水。由于海岛远离居民区，所以既安全，又经济。制取的氢和氧，用铺设在水下的通气管道输入陆地，以便供人们随时使用。

思 考 题

(1) 以下几种说法是否正确，为什么？
1) 状态给定后，状态函数就有定值；状态函数固定后，状态也就固定了。
2) 状态改变后，状态函数一定都改变。
3) 根据热力学第一定律，因为能量不能无中生有，所以一个系统若要对外做功，必须从外界吸收热量。
(2) Zn 与盐酸发生反应，分别在敞口和密闭的容器中进行，哪一种情况放的热更多一些，为什么？
(3) 指出如下所列三个公式的适用条件：
1) $\Delta H = Q_p$；
2) $\Delta U = Q_V$；
3) $W = nRT\ln\dfrac{V_1}{V_2}$。
(4) 一定量的水从海洋蒸发变为云，云在高山上变为雨、雪，并凝结成冰。冰、雪熔化变成水流入江河，最后流入大海，一定量的水又回到了始态。试问：历经整个循环，这一定量水的热力学能和焓的变化是多少？
(5) 自发过程一定是不可逆的，所以不可逆过程一定是自发的，这说法对吗？
(6) 空调、冰箱不是可以把热从低温热源吸出、放给高温热源吗，这是否与热力学第二定律矛盾呢？
(7) 在下列过程中，Q、W、ΔU、ΔH、ΔS、ΔG 和 ΔA 的数值，哪些等于零，哪些函数的值相等？
1) 理想气体真空膨胀；
2) 实际气体绝热可逆膨胀；
3) 水在正常凝固点时结成冰；
4) 理想气体等温可逆膨胀；

5）H$_2$(g) 和 O$_2$(g) 在绝热钢瓶中生成水。

（8）为什么化学反应通常不能进行到底？

（9）根据公式 $\Delta G = -RT\ln K$，说 ΔG 是在平衡状态时的吉布斯自由能的变化值，这种说法是否正确？

习 题

1-1 在 300K 时，有 10mol 理想气体，始态的压力为 1000kPa。计算在等温下，下列三个过程所做的膨胀功。

（1）在 100kPa 压力下体积胀大 1dm^3；

（2）在 100kPa 压力下，气体膨胀到终态压力也等于 100kPa；

（3）等温可逆膨胀到气体的压力等于 100kPa。

1-2 在 300K 时，将 1.0mol 的 Zn(s) 溶于过量的稀盐酸中。若反应分别在开口的烧杯和密封的容器中进行，哪种情况放热较多？计算两个热效应的差值。

1-3 在 373K 和 101.325kPa 压力时，有 1mol H$_2$O(l) 可逆蒸发成同温、同压的 H$_2$O(g)。已知 H$_2$O(l) 的摩尔汽化焓 $\Delta_{vap}H_m = 40.66$kJ/mol

（1）试计算该过程的 Q、W 和 $\Delta_{vap}U_m$（可以忽略液态水的体积）；

（2）比较 $\Delta_{vap}H_m$ 与 $\Delta_{vap}U_m$ 的大小，并说明原因。

1-4 在 298K 时，C$_2$H$_5$OH(l) 的标准摩尔燃烧焓为 -1367kJ/mol，CO$_2$(g) 和 H$_2$O(l) 的标准摩尔生成焓分别为 -393.5kJ/mol 和 -285.8kJ/mol。求 298K 时，C$_2$H$_5$OH(l) 的标准摩尔生成焓。

1-5 有反应 C$_2$H$_2$(g, $p^\ominus$) + 2H$_2$(g, $p^\ominus$) = C$_2$H$_6$(g, $p^\ominus$)，设反应进度为 1mol，分别计算在 298.15K 时的熵变。（设在这个温度区间内各物质的 C 是与温度无关的常数，所需的标准摩尔熵从附录 A 中查阅）。

1-6 试计算石灰石（CaCO$_3$）热分解反应的 $\Delta_r G_m^\ominus$(298.15K)、$\Delta_r G_m^\ominus$(500K)。

1-7 估算利用水煤气制取合成天然气的下列反应在 523K 时的 $K^\ominus$ 值。

$$CO(g) + 3H_2(g) \Longrightarrow CH_4(g) + H_2O(g)$$

1-8 已知反应 H$_2$(g) + Cl$_2$(g) = HCl(g) 在 298.15K 时的 $K_1^\ominus = 4.9 \times 10^{16}$，$\Delta_r H_m^\ominus$（298.15K）= -184.62kJ/mol。求 500K 时的 $K_2^\ominus$。

1-9 采用标准热力学函数估算反应 CO$_2$(g) + H$_2$(g) = CO(g) + H$_2$O(g) 在 873K 时反应的标准摩尔吉布斯函数变和标准平衡常数。若此时系统中各组分气体的分压为 $p_{CO_2} = p_{H_2} = 127$kPa，$p_{CO} = p_{H_2O} = 76$kPa，计算该条件下反应的摩尔吉布斯函数变，并判断是反应进行的方向。

2　化学动力学基本原理

扫描二维码查看
本章数字资源

教学目标

　　掌握反应速率的基本概念及其影响因素，了解碰撞理论及过渡态理论的基本要点，能用活化能和活化分子的概念解释浓度、温度和催化剂对化学反应速率的影响。

教学重点与难点

　　（1）反应速率（基本概念、表示方式、测量）；
　　（2）反应速率的影响因素（反应物浓度、反应温度、反应压力及催化剂等）；
　　（3）反应级数、简单反应动力学及反应速率理论。

　　在讨论化学平衡时曾指出，对于可逆的化学反应，只要反应的时间足够长，反应最终总能达到平衡状态。但一个化学反应究竟需要多长时间才能达到平衡状态，也是实际生产中十分关注的问题。例如，对于合成氨的反应 $N_2 + 3H_2 \rightarrow NH_3$，在298K条件下其 $\Delta_r G_m^{\ominus} = -32.8kJ/mol$，从化学平衡角度看，该反应常温下可自发进行且能够进行彻底，但实际上该反应在常温下反应太慢，以致无实际应用价值。因此在实际生产中，不仅要关注化学反应能否进行以及反应的方向问题，更需要关注反应所需时间的问题。第1章化学热力学可判断反应的方向以及反应能否自发进行，本章化学动力学则是研究反应速率即反应快慢的科学。

2.1　反　应　速　率

2.1.1　化学计量方程与反应进度

2.1.1.1　化学计量方程

　　反应式是描述反应物经过反应生成反应产物过程的关系式，反应式表示反应历程并非方程式，因此不能按照方程式的运算规则。反应式一般形式为：

$$a_A A + a_B B \longrightarrow a_C C + a_D D \tag{2-1}$$

式中　　　　A，B——反应物；
　　　　　　C，D——产物；
a_A，a_B，a_C，a_D——各组分的分子数，即计量系数。
　　计量方程是描述反应物、产物在反应过程中量的关系，其一般形式为：

$$a_A M_A + a_B M_B = a_C M_C + a_D M_D \tag{2-2}$$

式中，M_A、M_B、M_C、M_D表示各物质的摩尔质量。

由于计量方程是方程式，并非反应历程，因此反应式(2-2)可改写为：

$$(-a_A)M_A + (-a_B)M_B + a_C M_C + a_D M_D = 0 \tag{2-3}$$

式(2-3)是一个方程式，仅表示参与反应的各组分量的变化，其本身与反应历程无关。

2.1.1.2　反应进度

对于按照式(2-1)进行的反应，设反应开始时系统内各反应组分的量分别为 n_{A0}、n_{B0}、n_{C0} 和 n_{D0}，反应进行 t 时刻后各组分的物质的量分别为 n_A、n_B、n_C 和 n_D，因为各组分的计量系数不同，因此其反应量也不同，所以用反应量本身不能较好地表示反应的整体进行程度，而各反应量之间存在以下关系：

$$(n_{A0}-n_A):(n_{B0}-n_B):(n_{C0}-n_C):(n_{D0}-n_D) = a_A:a_B:a_C:a_D \tag{2-4}$$

可变形为：

$$\frac{n_{A0}-n_A}{a_A} = \frac{n_{B0}-n_B}{a_B} = \frac{n_{C0}-n_C}{a_C} = \frac{n_{D0}-n_D}{a_D} \tag{2-5}$$

式(2-5)表明任一组分的反应量与其计量系数之比为相同值，不随组分而变，因此该比值（即反应进度 ε）可以用于描述反应的进行程度，其计算公式为：

$$\varepsilon = \frac{n_i - n_{i0}}{a_i} \tag{2-6}$$

式中　ε——反应进度，kmol；

n_{i0}，n_i——反应前后组分 i 的物质的量，kmol；

a_i——反应组分 i 的计量系数，无量纲。

2.1.2　反应速率及其表示方法

反应速率 r_i 是用来衡量反应进行快慢程度的物理量，反应速率通常用单位时间内反应系统内某组分 i 物质的量的减少或增加来表示，但由于反应计量数不同会造成不用组分表达速率的差异，因此可以用单位时间单位体积发生的反应进度来定义反应速率，即：

$$r_i = \pm \frac{1}{v_i}\frac{1}{V}\frac{dn_i}{dt} \tag{2-7}$$

式中　V——反应的有效容积；

n_i——反应组分 i 的物质的量；

v_i——反应组分 i 的计量数。

如果用反应物物质的量表示反应速率，则定义中"±"号应取"-"号；若用生成物的物质的量表示反应速率，则定义中"±"号应取"+"号，这样可以保证反应速率总是正值。

上述定义反应速率的最大优点就是其值与所选择的反应物质无关，即选择任何一种参与反应的反应物或者生成物来表达反应速率，都可以得到相同的数值。同时需要注意，与反应进度一样，在讨论反应速率时必须给出化学反应方程式，因为化学反应计量数与方程式的书写有关。

如果反应是恒容的，即 V 不改变，则式(2-7) 可变为：

$$r_i = \pm \frac{1}{v_i} \frac{1}{V} \frac{dn_i}{dt} = \pm \frac{1}{v_i} \frac{dn_i}{V} \frac{1}{dt} = \pm \frac{1}{v_i} \frac{dc_i}{dt} \tag{2-8}$$

由式(2-8)可知，在恒容反应中，反应速率是反应组分的浓度对时间导数的绝对值与该组分的计量数之比值。对于同一反应，用任何反应组分表示速率都是相同的正值，本章中主要讨论恒容反应情况。

例如，对于合成氨反应：

$$N_2(g) + 3H_2(g) \longrightarrow 2NH_3(g)$$

其反应速率为：

$$r = \frac{1}{-1} \frac{dc_{N_2}}{dt} = \frac{1}{-3} \frac{dc_{H_2}}{dt} = \frac{1}{2} \frac{dc_{NH_3}}{dt}$$

$$r = -\frac{d[N_2]}{dt} = -\frac{1}{3} \frac{d[H_2]}{dt} = \frac{1}{2} \frac{d[NH_3]}{dt}$$

2.1.3 反应速率的测量

根据反应速率的定义可知，反应速率是反应组分的浓度对时间的导数。因此可通过测量反应组分浓度随时间的变化，间接测量反应速率。通过实验测量不同时刻 t 的浓度，以浓度 c 对时间 t 作图（曲线），曲线的斜率即可反馈反应的速率。例如反应：

$$aA \longrightarrow bB$$

通过测定反应物 A 在不同时刻 t 的浓度 c_A，就可绘制如图 2-1 的实线，也可通过测量生成物 B 在不同时刻的浓度 c_B 绘制如图 2-1 的虚线。

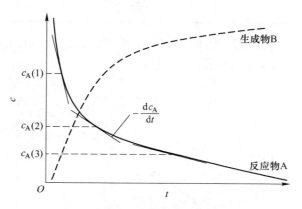

图 2-1　反应组分浓度随时间的变化

根据反应速率的定义，反应速率可以用浓度对时间的导数表示。在图 2-1 的曲线上，取任意点，过该点做曲线的切线，则切线斜率的负值的 $\frac{1}{v_i}$ 倍即为该时刻与浓度下对应的反应速率。由图 2-1 可知，随着反应物浓度降低，所得切线斜率逐渐变缓，意味着反应速率逐渐变小；而生成物浓度越大，反应速率却逐渐变小。由此可见，反应速率不仅会随时间变化，也与反应物浓度变化相关。

　　在化学反应进行过程中，各组分浓度都是随着时间不断变化。虽然在平衡时浓度不再随时间发生变化，但在平衡之前每一时刻，浓度都不尽相同，如果用耗时较长的化学方法测定，则很难确定测定结果所对应的时刻。因此，为保证测定准确性，常常利用与体系浓度相关的物理性质进行快速测定或连续测定。例如，在甲酸被溴氧化的实验中，

$$HCOOH + Br_2 \longrightarrow CO_2 + 2H^+ + 2Br^-$$

可以使用 $Br_2(Pt)/Br^-$ 测量反应溶液中 Br^- 的浓度，即通过测定某时刻溴电极的电极电势，就可计算出该时刻溶液中 Br^- 的浓度。

　　【例 2-1】　三甲基胺 $N(CH_3)_3$ 与溴化丙烷 $CH_3CH_2CH_2Br$ 的反应为：

$$N(CH_3)_3 + CH_3CH_2CH_2Br \longrightarrow (CH_3)_3(C_3H_7)N^+ + Br^-$$

求不同时刻的反应速率。

　　解：将相同物质的量的反应物混合，放入几个容量相同的容器中密封，在 413K 条件下同时进行反应。每隔一段时间取出其中一瓶快速冷却，使瓶内的反应尽快"停止"。然后对停止反应的混合物中产物 Br^- 的浓度进行分析，结果见表 2-1。

表 2-1　混合物中产物 Br^- 的浓度

编　　号	反应时间 t/s	$c[Br^-]/mol \cdot L^{-1}$
1	780	0.0112
2	2040	0.0257
3	3540	0.0367
4	7200	0.0552

　　根据表中数据以 Br^- 的浓度对时间 t 作图，可得如图 2-2 所示的函数曲线。曲线上任意一点切线的斜率即为该浓度（时刻）的反应速率。

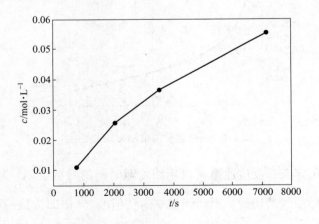

图 2-2　反应时间-Br^- 浓度曲线

由图 2-2 可得不同浓度时曲线的切线斜率（即该浓度时的反应速率），见表 2-2。

表 2-2 不同浓度时的反应速率

$c[Br^-]/mol \cdot L^{-1}$	0.0	0.01	0.02	0.03	0.04	0.05
反应速率 /mol·(L·s)$^{-1}$	1.58×10^5	1.38×10^5	1.14×10^5	0.79×10^5	0.64×10^5	0.45×10^5

由例 2-1 可知，通过测定反应组分浓度与时间的关系，然后再根据数学方法求解，就可以知道不同时刻化学反应的速率。结果表明，随着反应时间的延长，生成物浓度逐渐增大，化学反应速率降低。

2.2 反应速率理论简介

化学反应速率首先决定于反应的本性，其次与反应物的浓度、温度和催化剂有关。为了从微观上对化学反应速率及其影响因素做出理论解释，揭示化学反应速率的规律，并预计反应速率，人们提出种种关于反应速率的理论，其中影响较大的是 20 世纪初在气体分子运动理论基础上发展起来的碰撞理论和 20 世纪 30 年代的过渡态理论。

2.2.1 有效碰撞理论

1981 年路易斯（Lewis）运用气体分子运动论的成果，提出反应速率的碰撞理论。该理论认为，任何化学反应的实现，首先是反应物分子间必须相互碰撞，但反应物分子间的大多数碰撞并不发生反应，这种碰撞称为无效碰撞，只有少数碰撞在正确的取向和足够高的能量下才能生成产物，这种碰撞称为有效碰撞。能发生有效碰撞的分子称为活化分子，活化分子具有的最低能量（E_c）与分子的平均能量（E_{av}）之差称为反应的活化能，活化能的单位是 kJ/mol。碰撞理论以气体分子模型为基础，比较直观地阐述了化学反应，但由于该理论将分子视为无内部结构和运动的刚性球体，因此无法揭示活化能的本质和反应机理。

2.2.2 过渡态理论

随着物质结构理论的发展，艾琳（Eyring）等人在统计力学和量子力学的基础上提出过渡态理论。

该理论认为化学反应不是通过反应物分子间的简单碰撞就能完成的，而是当反应物分子互相靠近时，由于电子云间的排斥，首先生成能量较高的中间活化配合物，然后活化配合物经过旧键断裂，新键生成，变成能量较低的产物分子。

例如，A 原子与 BC 分子的反应为：

$$A + BC \underset{}{\overset{快}{\rightleftharpoons}} \underset{(活化配合物)}{A \cdots B \cdots C} \overset{慢}{\rightleftharpoons} AB + C \qquad (2-9)$$

活化配合物的特点是旧键已经松弛，新键正在生成，处于较高的势能状态，极不稳定，很容易分解为原来的反应物，也可能生成为新的产物［见式（2-9）］。根据活化配合物理论，将反应过程中的能量变化关系绘于图 2-3。ΔH 表示反应物的平均能量，E'_a 表示活化配合物的能量，E_a 表示反应的活化能。只有当反应物分子吸收的能量达到活化能时，才能产生有效的碰撞，形成活化配合物，然后释放能量形成产物。

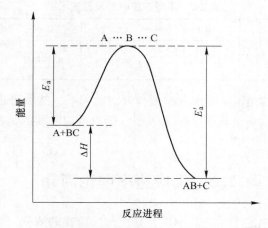

图 2-3　反应过渡态理论示意图

由此可见，化学反应的关键是反应物分子首先必须吸收一定的能量（即活化能），达到活化状态才能产生有效碰撞，形成中间活化配合物，继而形成产物。

过渡态理论描绘出一个化学反应发生的比较实际的过程，从分子内部结构（即运动的角度）讨论反应速率，比碰撞理论更加深刻揭示了反应速率差异的本质。然而，许多反应的活化配合物无法用实验确定，加之计算繁杂，此理论的应用受到限制。

无论是碰撞理论还是过渡态理论，均能说明反应速率与活化能的大小密切相关。一定温度下，活化能越大，活化分子百分数越小，反应速率越慢；活化能越小，活化分子百分数越大，反应速率越快。

2.3　反应动力学方程

2.3.1　反应动力学方程及基本概念

实验表明，当反应物浓度减少时，反应进行减慢，而当反应物浓度增大时，反应速度一般要加快，因此明确反应速率与反应组分浓度的关系对实际应用具有重大意义。定量描述反应速率与反应组分浓度之间关系的方程，称为反应动力学方程（又称反应速率方程）。

对于均相不可逆反应 $a_A A + a_B B \rightarrow a_C C + a_D D$，在一定温度下，反应速率与反应物浓度之间的关系可以表示为：

$$- r_A = k c_A^\alpha c_B^\beta \tag{2-10}$$

式中，比例常数 k 称为反应速率常数，等于反应物浓度为 1 时的反应速率，其量纲为（浓度）$^{1-n}$（时间）$^{-1}$，即取决于反应级数；α 和 β 为反应物 A 和 B 的级数，无量纲。

速率方程中各反应物浓度项指数之和（$n = \alpha + \beta$）称为该反应的反应级数。其中某反应物浓度的指数 α、β 称为该反应物 A 或 B 的分级数，因此可以说对组分 A 是 α 级，对组分 B 是 β 级，对整个反应是 $\alpha + \beta$ 级。

对于气相反应，反应速率方程也可表示为反应物分压的方程，可表示为：

$$-r_A = k_p p_A^\alpha p_B^\beta \tag{2-11}$$

式中，k_p 的量纲为（浓度）（时间）$^{-1}$（压力）$^{-n}$。

当 $n=1$ 时，称为一级反应，其速率方程可表示为：

$$-r_A = kc_A \tag{2-12}$$

当 $n=2$ 时，称为二级反应，其速率方程可表示为：

$$-r_A = kc_A^2 \tag{2-13}$$

当 $n=0$ 时，即反应速率与各组分浓度无关，这种情况称为零级反应，其速率方程可表示为：

$$-r_A = k \tag{2-14}$$

应特别注意以下几点：

（1）反应级数不能独立地预示反应速率的大小，只表明反应速率对浓度变化的敏感程度，反应级数越大，浓度对反应速率的影响也越大；

（2）反应级数是由实验获得的经验值，一般它与各组分的计量系数没有直接的关系；

（3）从理论上说，反应级数可以是整数，也可以是分数和负数，但在一般情况下，反应级数为正值且小于3；

（4）反应级数会随实验条件的变化而变化，所以只能在获得其值的实验条件范围内应用。

2.3.2 简单反应级数的反应动力学

反应级数是整数的反应，称为简单级数反应。本节将讨论恒温恒容条件下的简单级数反应动力学。

2.3.2.1 零级反应动力学方程

如果反应速率与反应物浓度无关，或者说与反应物浓度零次方成正比，反应称为零级反应。对于简单不可逆零级反应 A →P，其反应速率方程为：

$$-r_A = k \tag{2-15}$$

对于恒温恒容过程，可表示为：

$$-\frac{dc_A}{dt} = kc_{A0} = k \tag{2-16}$$

式中 c_{A0}——初始时刻 A 的浓度；

     c_A——t 时刻 A 的浓度；

对式(2-16)积分，可得：

$$kt = -\int_{c_{A0}}^{c_A} dc_A = c_{A0} - c_A \tag{2-17}$$

变形可得 t 时刻反应物浓度与时间关系为：

$$c_A = c_{A0} - kt \tag{2-18}$$

由式(2-18)可见，零级反应的反应物浓度与时间 t 呈线性关系。由于零级反应的反应速率与反应物浓度无关，在生物化学及微生物反应中，当基质浓度足够高时，反应往往属于零级反应。

反应物浓度减少至其初始浓度的一半所需的时间称为半衰期，用 $t_{\frac{1}{2}}$ 表示。式（2-18）中当反应物浓度达到初始浓度一半，即 $c_A = c_{A0}/2$，则：

$$t_{\frac{1}{2}} = \frac{c_{A0}}{2k} \tag{2-19}$$

由式（2-19）可知，零级反应的半衰期与初始浓度成正比，初始浓度越高，反应物浓度减少到一半所需的时间越长。

2.3.2.2　一级反应动力学方程

反应速率与反应物浓度一次方成正比的反应称为一级反应。对于简单不可逆反应 $A \rightarrow P$，其反应速率方程为：

$$-r_A = kc_A \tag{2-20}$$

对于恒温恒容过程，可表示为：

$$-\frac{dc_A}{dt} = kc_A \tag{2-21}$$

对式（2-21）积分，可得：

$$kt = -\int_{c_{A0}}^{c_A} \frac{dc_A}{c_A} = \ln c_{A0} - \ln c_A = \ln \frac{c_{A0}}{c_A} \tag{2-22}$$

变形可得 t 时刻反应物浓度与时间关系为：

$$c_A = c_{A0}\, e^{-kt} \tag{2-23}$$

由式（2-21）可得，一级反应的半衰期为：

$$t_{\frac{1}{2}} = \frac{\ln 2}{k} = \frac{0.693}{k} \tag{2-24}$$

综上所述，一级反应的反应物浓度与时间呈指数关系，只有在反应时间足够长时，反应物浓度才趋近于零；一级反应的半衰期与反应速率常数 k 成反比，与反应物初始浓度无关。

由于碳元素在自然界的各同位素的比例一直都很稳定，人们可通过测定一件古物的 ^{14}C 含量来估计它的大概年龄，这种方法称为碳定年法。该方法主要依据即是 ^{14}C 的衰变是一级反应，利用 ^{14}C 衰变的化学动力学结论，可推测古生物遗骸的大致年代。^{14}C 是透过宇宙射线撞击空气中的氮 14 原子所产生，其半衰期约为 5730 年，宇宙射线在大气中能够产生放射性 ^{14}C，并能与氧结合形成二氧化碳后进入所有活组织，先为植物吸收，后为动物纳入。只要植物或动物生存着，它们就会持续不断地吸收 ^{14}C，在机体内保持一定的水平。而当有机体死亡后，即会停止呼吸 ^{14}C，其组织内的 ^{14}C 便以 5730 年的半衰期开始衰变并逐渐消失。因此，通过测定生物遗骸内 ^{14}C 的含量，结合一级反应动力学即可推算生物遗骸的历史年代。

【例 2-2】已知 ^{14}C 衰变成 ^{12}C 的反应为一级反应，其半衰期 $t_{\frac{1}{2}}$ 为 5730 年，考古发现某化石中 ^{14}C 含量下降了 89%。推算该化石的年代。

解：先根据半衰期计算该一级反应的速率常数 k，根据 $t_{\frac{1}{2}} = \dfrac{\ln 2}{k}$，得：

$$k = \frac{\ln 2}{t_{\frac{1}{2}}} = \frac{0.693}{5730} = 1.2 \times 10^{-4} (年^{-1})$$

再根据式 $kt = \ln C_{A0} - \ln c_A$，计算反应经历的时间，得：

$$kt = \ln \frac{c_{A0}}{c_A} = \ln \frac{1}{0.11}$$

则：

$$t = \frac{\ln \frac{1}{0.11}}{1.2 \times 10^{-4}} = 1.84 \times 10^4 (年)$$

2.3.2.3　二级反应动力学方程

二级反应是常见的反应类型，常见的二级反应有两种情况。

（1）对于二级反应 $2A \rightarrow P$，恒温恒容下，速率方程可表示为：

$$-r_A = -\frac{dc_A}{dt} = kc_A^2 \tag{2-25}$$

对式（2-25）进行积分，可得：

$$kt = -\int_{c_{A0}}^{c_A} \frac{dc_A}{c_A^2} = \frac{1}{c_A} - \frac{1}{c_{A0}} \tag{2-26}$$

对应的半衰期为：

$$t\frac{1}{2} = \frac{1}{kc_{A0}} \tag{2-27}$$

综上所述，二级反应的反应物浓度的倒数与时间呈线性关系；二级反应的半衰期与反应物初始浓度有关，反应物初始浓度越高，浓度减少到一半所需要的时间越短。

（2）对于反应 $A + B \rightarrow P$，恒温恒容下，速率方程可表示为：

$$-r_A = -\frac{dc_A}{dt} = kc_A c_B \tag{2-28}$$

式中，c_B 为 t 时刻反应物 B 的浓度，反应物 B 的初始浓度为 c_{B0}。

由于式（2-28）中包含三个变量，为求解方程需要将三个变量缩减为两个变量，因此可根据反应式对反应物 A、B 的浓度用统一变量 x 联系起来。假设经过时刻 t，反应物 A 在反应中被消耗的浓度为 x，则 t 时刻 A 的浓度 c_A 可表示为 $c_{A0} - x$，由于 A、B 计量系数相同，因此 B 在反应中被消耗的浓度也为 x，则 t 时刻 B 的浓度 c_B 可表示为 $c_{B0} - x$，即：

$$
\begin{array}{cccc}
 & A & + \quad B & \longrightarrow \quad P \\
t=0 & c_{A0} & c_{B0} & 0 \\
t=t & c_{A0} - x & c_{B0} - x & x
\end{array}
$$

反应速率方程可表示为：

$$-r_A = -\frac{dc_A}{dt} = -\frac{d(c_{A0} - x)}{dt} = kc_A c_B = k(c_{A0} - x)(c_{B0} - x) \tag{2-29}$$

式（2-28）中仅有 x 和 t 两个变量，其余均为已知常数，对式（2-29）进行积分得：

$$\int_0^x \frac{d(c_{A0} - x)}{(c_{A0} - x)(c_{B0} - x)} = \int_0^t -kdt \tag{2-30}$$

所以

$$kt = \frac{1}{c_{A0} - c_{B0}} \ln \frac{c_{B0}(c_{A0} - x)}{c_{A0}(c_{B0} - x)} \tag{2-31}$$

如果 A、B 的初始浓度相同，即 $c_{A0} = c_{B0}$，则式(2-29)可变化为：

$$\int_0^x \frac{d(c_{A0} - x)}{(c_{A0} - x)(c_{A0} - x)} = \int_0^t - k dt \tag{2-32}$$

对式(2-32)积分可得：

$$kt = \frac{1}{c_{A0} - x} - \frac{1}{c_{A0}} = \frac{1}{c_A} - \frac{1}{c_{A0}} \tag{2-33}$$

对比式(2-33)与式(2-26)可知，当两反应物初始浓度相同时，二级反应 A+B →P 与二级反应 2A →P 具有相同的速率方程积分表达形式。

表 2-3 汇总了简单级数反应的动力学方程。

表 2-3　几种简单级数反应的动力学方程

反　应	速率方程的积分形式	浓度与时间关系	半衰期 $t_{\frac{1}{2}}$
A-P（零级）	$kt = -\int_{c_{A0}}^{c_A} dc_A$	$c_A = c_{A0} - kt$	$\dfrac{c_{A0}}{2k}$
A-P（一级）	$kt = -\int_{c_{A0}}^{c_A} \dfrac{dc_A}{c_A}$	$c_A = c_{A0} e^{-kt}$	$\dfrac{\ln 2}{k}$
2A-P（二级）	$kt = -\int_{c_{A0}}^{c_A} \dfrac{dc_A}{c_A^2}$	$kt = \dfrac{1}{c_A} - \dfrac{1}{c_{A0}}$	$\dfrac{1}{kc_{A0}}$
A+B-P（二级）	$kt = -\int_0^x \dfrac{d(c_{A0} - x)}{(c_{A0} - x)(c_{B0} - x)}$	$kt = \dfrac{1}{c_{A0} - c_{B0}} \ln \dfrac{c_{B0}(c_{A0} - x)}{c_{A0}(c_{B0} - x)}$	$\dfrac{1}{kc_{A0}}$ $(\alpha = \beta = 1)$

2.4　反应与催化

2.4.1　反应速率与温度的关系

温度对化学反应速率的影响特别显著。例如氢气和氧气化合生成水的反应，在室温下氢气和氧气作用极慢，以致几年都观察不到有反应发生，但如果温度升高至 873K，则立即发生剧烈反应，甚至爆炸。实验表明，对于大多数反应，温度越高反应进行越快，温度越低反应进行越慢。

1889 年，瑞典化学家阿伦尼乌斯（Arrhenius）根据大量实验提出了反应速率常数与热力学温度间的关系（即阿伦尼乌斯公式），其计算公式为：

$$k = A e^{\frac{E_a}{RT}} \tag{2-34}$$

式中　k——反应速率常数；

$\quad\ \ E_a$——活化能；

$\quad\ \ R$——摩尔气体常数；

$\quad\ \ T$——绝对温度；

A——指前因子。

以对数关系表示，式(2-34)可变形为：

$$\ln k = \ln A - \frac{E_a}{RT} \tag{2-35}$$

或

$$\lg k = \lg A - \frac{E_a}{2.303RT} \tag{2-36}$$

式(2-35)表明反应速率常数与温度呈指数关系。对同一化学反应，A、E_a 为常数，则 $\ln k$ 与 $1/T$ 呈直线关系。若以 $\ln k$ 为纵坐标，以 $1/T$ 为横坐标作图，则直线的斜率为 $-E_a/R$，直线在纵轴上的截距即为 $\ln A$。因此，可通过作图法求出反应的活化能 E_a 和指前因子 A。

实际中，当实验数据较少时，可采用直接计算方法求解，只需分别测定在温度 T_1、T_2 时的速率常数 k_1、k_2，即可计算出反应的活化能；或已知活化能 E_a 和 T_1 温度下的反应速率常数 k_1，即可求出 T_2 温度下的速率常数 k_2，即：

$$\lg k_1 = \lg A - \frac{E_a}{2.303RT_1}$$

$$\lg k_2 = \lg A - \frac{E_a}{2.303RT_2}$$

两式相减，可得：

$$\lg \frac{k_2}{k_1} = \frac{E_a}{2.303R} \frac{T_2 - T_1}{T_1 T_2} \tag{2-37}$$

【例2-3】 已知某反应在 298.15K 时，$k_1 = 3.4 \times 10^{-5} s^{-1}$；328.15K 时，$k_2 = 1.5 \times 10^{-3} s^{-1}$。试求反应的活化能。

解： 将题中已知条件代入阿伦尼乌斯方程可得：

$$E_a = 2.303R \lg \frac{k_2}{k_1} \left(\frac{T_1 T_2}{T_2 - T_1} \right)$$

$$= 2.303 \times 8.314 \times \lg \frac{1.5 \times 10^{-3}}{3.4 \times 10^{-5}} \times \frac{328.15 \times 298.15}{328.15 - 298.15}$$

$$= 102.6 (kJ/mol)$$

2.4.2　反应机理

化学动力学除了直接研究反应速率、测定反应级数、速率常数和活化能之外，还在此基础上研究反应机理。反应机理就是对反应历程的描述，即反应经历了怎样的步骤才完成。从反应机理的角度考虑，化学反应可分为基元反应和非基元反应两大类。

基元反应是指一步完成的反应，它也是构成非基元反应历程的基本步骤，鲜明反映反应速率的规律性。若正向反应是基元反应，其逆向反应也是基元反应，并且中间活化体也相同。例如，一氧化碳分子与二氧化氮分子发生的反应是基元反应，即 CO 和 NO_2 反应有

效碰撞一步就生成 CO_2 和 NO, 其反应式为:

$$CO + NO_2 \longrightarrow CO_2 + NO$$

反应速率和碰撞次数成正比, 也就是和 CO、NO_2 的浓度成正比, 则反应速率为:

$$v = -\frac{d(CO)}{dt} = k(CO)(NO_2)$$

实际的化学反应大多经历很多反应步骤才完成, 例如, H_2 与 Cl_2 反应生成 HCl 的过程为:

$$Cl_2 \longrightarrow Cl + Cl$$
$$Cl + H_2 \longrightarrow HCl + H$$
$$H + Cl_2 \longrightarrow HCl + Cl$$
$$\cdots$$

首先, Cl_2 分子在某些因素 (如光照) 的激发下, 分裂成两个 Cl 原子 (自由基)。极不稳定的 Cl 自由基很快从 H_2 分子夺取一个 H 原子结合成 HCl 分子, H_2 分子剩下一个 H 原子 (自由基)。这个自由基也是极其不稳定的, 立即从 Cl_2 分子夺取一个 Cl 原子, 又形成一个 HCl 分子, 同时留下一个新的 Cl 原子。这样反复进行, 一个一个地生成 HCl 分子, 就像链条一样, 一环接一环地连接下去, 称为链反应。

由基元反应组成的反应机理是多种多样的, 有对行反应、平行反应、串联反应及上述链反应等方式。

如果把由多个步骤构成的反应称为总反应, 显然每一步骤的反应速率都可能影响总反应速率。例如, 如果有某一反应步骤进行的特别慢, 那么总反应的速率也将很慢。现在公认的 H_2 与 Br_2 反应生成 HBr 的反应历程是:

$$Br_2 \Longleftrightarrow Br + Br \ (快)$$
$$Br + H_2 \longrightarrow HBr + H \ (慢)$$
$$H + Br_2 \longrightarrow HBr + Br \ (快)$$

反应过程中 Br_2 分子首先分解生成活化 Br 原子, 但反应产率很低; 接着 Br 原子和 H_2 分子作用产生 HBr 和活化 H 原子, 后者又与 Br_2 分子作用生成 HBr 和活化 Br 原子; 如此循环往复, 直至 H_2 与 Br_2 生成 HBr 的反应趋于平衡, 上述理论可与实验结果相符, 可得对反应起决定性作用的是步骤 $Br+H_2 \rightarrow HBr+H$。

通过反应机理的研究可以了解反应速率的关键步骤, 以便主动控制反应速率, 能更多更快地制造产品。要确定一个反应的历程, 首先要系统地进行实验, 测定速率常数、反应级数、活化能、中间产物等; 综合实验结果, 参考理论, 利用经验规则推测反应历程, 再经过反复推敲, 才能初步确立一个反应的机理。然而, 反应的中间产物往往化学性质活泼, 存在时间极短, 在反应体系中的含量也较低, 分析检测也比较困难, 所以一些化学反应的机理还尚不清楚, 对化学机理的研究仍需加强。

2.4.3 催化

催化是化学科学中一个重要的领域。催化剂能够显著地改变反应速率, 但不影响化学平衡。

催化剂是能够显著增加化学反应速率, 而本身的组成、质量和化学性质在反应前后保持不变的物质。

　　为什么加入催化剂能显著加速化学反应速率，主要是因为催化剂能与反应物生成不稳定的中间化合物，改变了原来的反应历程，为反应提供一条能垒较低的反应途径，从而降低了反应的活化能。例如，合成氨生产中加入铁催化剂后（见图2-4），改变了反应途径，使反应分几步进行，进而每一步反应的活化能都大大低于原总反应的活化能，因而每一步反应的活化分子数大大增加，使每步反应的速率都加快，导致总反应速率的加快。

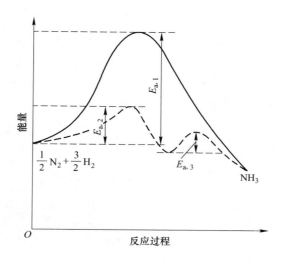

图 2-4　合成氨反应中铁催化剂改变反应过程降低活化能示意图

　　从图2-4中还可看出，催化剂的加入并没有改变反应的始态和终态，也就是说通过热力学计算不能进行的反应，使用任何催化剂都是徒劳的。催化剂不能改变反应的方向和限度，只能加速到达化学平衡的时间。

　　催化的基本原理就是通过引入的催化剂改变化学反应需要的活化能，从而改变化学反应的速率。因为阿伦尼乌斯方程中的活化能与反应速率常数间有 e 的指数关系，通常活化能较小的改变就可以引起化学反应速率很大的改变。

　　【例2-4】　某一级反应的反应速率和温度符合 $\ln k = -\dfrac{E_a}{RT} + 13$（$k$ 的单位是 min^{-1}），其中反应活化能 $E_a = 43.42\text{kJ/mol}$，在反应体系中添加催化剂，使活化能下降到原来的3/4。试求在 300K 时加入催化剂前后反应的半衰期。

　　解：一级反应的半衰期与反应物初始浓度无关，只与反应速率常数 k 有关。添加催化剂之前：

$$\ln k = -\frac{E_a}{RT} + 13 = -\frac{43420}{8.314 \times 300} + 13 = -4.41$$

　　则：

$$k = 0.0121\text{min}^{-1}, \quad t_{\frac{1}{2}} = \frac{\ln 2}{k} = 56.3\,(\text{min})$$

　　添加催化剂后：

$$\ln k' = -\frac{\frac{3}{4}E_a}{RT} + 13 = -\frac{\frac{3}{4} \times 43420}{8.314 \times 300} + 13 = -0.0563$$

则：

$$k' = 0.945\,\mathrm{min^{-1}}, \quad t'_{\frac{1}{2}} = \frac{\ln 2}{k'} = 0.73(\mathrm{min})$$

$$\frac{t'_{\frac{1}{2}}}{t_{\frac{1}{2}}} = \frac{0.73}{56.3} \times 100\% \approx 1.3\%$$

由例 2-4 可知，加入催化剂后反应活化能较小的改变（原来的 3/4）即显著地加快了化学反应速率，明显缩短了半衰期（仅为原来的 1.3%）。

阅读材料

范特霍夫与化学动力学

雅可布斯·范特霍夫（Jacobus Hendricus Van't Hoff，1852 年 8 月 30 日～1911 年 3 月 11 日）荷兰化学家，生于荷兰鹿特丹，逝于德国柏林。由于在化学动力学和化学热力学研究上的贡献，获得 1901 年的诺贝尔化学奖，成为第一位获得诺贝尔化学奖的科学家。

范特霍夫首先提出了碳的四面体结构学说，由于对化学平衡和温度关系的研究及溶液渗透压的发现于 1884 年出版了他写的《化学动力学研究》一书，并于 1885～1886 年发表一系列稀溶液理论研究论文，正是这些在物理化学上取得的成绩，使他获得首届（1901 年）诺贝尔化学奖。

一、人物生平

1852 年 8 月 30 日出生于荷兰鹿特丹。父亲是医学博士，范特霍夫从小聪明过人。中学时期，对化学实验有浓厚兴趣。经常在放学以后偷偷地溜进学校实验室，做化学实验。1869 年到德尔夫特高等工艺学校学习工业技术，以优异的成绩毕业，并受到该校任教的化学家 A. C. 奥德曼斯和物理学家范德·桑德·巴克胡依仁的重视。1872 年，范特霍夫在莱顿大学毕业，前往巴黎医学院的武兹实验室。

二、学术成就

1875 年发表了《空间化学》一文，提出分子的空间立体结构的假说，首创"不对称碳原子"概念，以及碳的正四面体构型假说（又称范特霍夫-勒·贝尔模型），即一个碳原子连接四个不同的原子或基团，初步解决了物质的旋光性与结构的关系，这项研究结果立刻在化学界引起了巨大的反响，而且是毁誉参半；有机化学家咸利森努斯教授写信给范特霍夫说："您在理论方面的研究成果使我感到非常高兴。我在您的文章中，不仅看到了说明迄今未弄清楚的事实的极其机智的尝试，而且我也相信，这种尝试在我们这门科学中……将具有划时代的意义。"德国莱比锡的赫尔曼·柯尔贝教授则认为："有一位乌德勒支兽医学院的范特霍夫博士，对精确的化学研究不感兴趣。在他的《立体化学》中宣告说，他认为最方便的是乘上他从兽医学院租来的飞马，当他勇敢地飞向化学的帕纳萨斯山的顶峰时，他发现，原子是如何自行地在宇宙空间中组合起来的。"不久，他被阿姆斯特丹大学聘为讲师，1878 年升化学教授，曾任化学系主任。

1877 年，范特霍夫开始注意研究化学动力学和化学亲和力问题。1884 年，出版《化学动力学研究》一书。1885 年被选为荷兰皇家科学院成员。1886 年范特霍夫根据实验数据提出范特霍夫定律——渗透压与溶液的浓度和温度成正比，它的比例常数就是气体状态方程式中的常数 R。1887 年 8 月，与德国科学家威廉·奥斯特瓦尔德共同创办《物理化学杂志》。

作为他在原子和分子理论领域的研究成果，范特霍夫做出了自道耳顿（Dalton）时代以来理论化学方面最重要的发现。范特霍夫在原子理论方面遵从巴斯德（Pasteur）的观点，提出了基本原子在空间有几何方向性的结合点这一假说。这一假说，就碳化合物而言，导致了碳原子不对称理论和立体化学的创立。更具革命性的是范特霍夫在分子理论领域方面的发现。范特霍夫的研究表明，如果我们以考虑气体中气压的同样方式来考虑溶液中的压力，即渗透压，那么以意大利人阿伏伽德罗（Avogadro）名字命名的定律（根据阿伏伽德罗定律，在同温同压下一定容积中的任何气体都有相同数目的分子）就不仅适合于气态物质，而且也适合于溶液。他证明气压和渗透压是一致的，因此分子本身在气相中和溶液中也是一致的。化学中分子这一概念的确定性和普遍有效性，也因此被证明达到了迄今为止令人意想不到的程度。他还发现了如何表达反应中的化学平衡态，和反应中所能产生的电动力，解释了含水量不同的水合物之间的各种元素的变更是如何转移的，以及复盐是如何形成的。

思 考 题

（1）化学反应速率是如何定义的？
（2）碰撞理论与过渡态理论的基本要点是什么，两者区别是什么？
（3）影响反应速率的因素有哪些？
（4）速率常数受哪些因素的影响，浓度和压力会影响速率常数吗？
（5）什么是反应级数，零级反应与一级反应各有什么特征？
（6）为什么使用催化剂不会改变体系的热力学性能？
（7）为什么不同的反应升高相同的温度，反应速率提高的程度不同？

习 题

2-1 判断题。
（1）反应速率常数仅与温度有关，与浓度、催化剂等均无关。　　（　　）
（2）反应速率常数 k 的单位由反应级数决定。　　（　　）
（3）化学反应的活化能越大，在一定条件下其反应速率越快。　　（　　）
（4）催化剂的使用可以提高化学反应的平衡转化率。　　（　　）
（5）催化剂能加快逆反应。　　（　　）

2-2 选择题。
（1）升高温度，使反应速率增大的本质原因是（　　）。
　　A. 分子的碰撞加剧　　　　B. 降低了反应的活化能
　　C. 促使反应向吸热方向移动　　D. 活化分子的百分数增加

（2）增大反应物浓度，使反应速率增大的原因是（ ）。

    A. 单位体积分子数增加   B. 单位体积内活化分子数增加

    C. 反应系统混乱度增加   D. 活化分子数增加

（3）有三个反应，其活化能（kJ/mol）分别为：A 反应 320，B 反应 40，C 反应 80。当温度升高相同数值时，以上反应的速率增加倍数的大小顺序为（ ）。

    A. A > C > B   B. A > B > C

    C. B > C > A   D. C > B > A

（4）在反应活化能测定实验中，对某一反应通过实验测得有关数据，按 $\lg k$ 对 $1/T$ 作图，所得直线的斜率为 -3655.9，则该反应的活化能为（ ）。

    A. 76kJ/mol   B. 70kJ/mol

    C. 76J/mol   D. 30.4kJ/mol

2-3 计算题。

（1）某反应 A→B，当反应物的浓度 $c_A = 0.200 mol/dm^3$ 时，反应速率为 $0.005 mol/(dm^3 \cdot s)$。试计算在下列情况下，反应速率常数各为多少？

    1）反应对 A 是零级；

    2）反应对 A 是一级。

（2）某一级反应在 300K 时完成 20% 需要 3.2min，在 260K 时完成 20% 需要 12.6min。试求该反应的活化能。

（3）已知气相反应 2A→2B+D 的半衰期 $t_{\frac{1}{2}}$ 与反应物 A 的初始压力 p_0 成反比，并测量得到以下数据：

T/K	p_0/kPa	$t_{\frac{1}{2}}/s$
900	39.2	1520
1000	48	212

    1）分别计算 900K 和 1000K 时该反应的速率常数；

    2）计算该反应的活化能 E_a。

（4）在某化学反应中，对物质 A 的含量进行随时检测，2h 后测定得到 A 的浓度减少到初始浓度的 75%，则 4h 后，剩余的 A 是初始含量的多少？

    假设该反应对于 A 是：1）一级反应；2）二级反应；3）零级反应。

（5）反应 $2NO + Cl_2 \rightarrow 2NOCl$，测得反应物浓度 [NO] 和 [Cl_2] 与反应速率 r 的关系如下：

$[NO]/mol \cdot L^{-1}$	$[Cl_2]/mol \cdot L^{-1}$	$r/mol \cdot (L \cdot s)^{-1}$
0.2	0.2	8×10^3
0.4	0.2	32×10^3
0.2	0.4	16×10^3

    1）求反应对于 NO 和 Cl_2 的反应级数；

    2）写出反应的速率方程；

    3）求反应的速率常数。

扫描二维码查看
本章数字资源

3　水溶液化学

教学目标

第 2 章已讨论了化学平衡的一般原理。由于许多重要的化学平衡或化学反应存在于水中，水溶液中的化学平衡或化学反应具有一些特殊的规律，因此需作进一步的讨论。本章着重介绍稀溶液的依数性及应用，进而讨论弱酸弱碱溶液在水溶液中的电离平衡，再讨论难溶电解质的沉淀溶解平衡。

教学重点与难点

（1）理解稀溶液的依数性（蒸汽压下降、沸点上升、凝固点下降及渗透压）。

（2）明确酸碱的解离平衡、分级解离和缓冲溶液的概念，能进行溶液 pH 值的基本运算，能进行同离子效应等离子平衡如缓冲溶液的计算。

（3）初步掌握溶度积和溶解度的基本计算。

（4）了解溶度积规则及其应用。

水是自然界中最普遍也是最基本的溶剂，存在于自然界中、生命过程中和工农业生产过程中。水溶液与人类的生产活动、科学实验及生命过程的关系都十分密切，大多数化学反应都是在水溶液中进行的，因此，水溶液就成为化学中研究的重点内容之一。

3.1　稀溶液的性质

溶液有两大类性质：一类性质与溶液中溶质的本性有关，如溶液的颜色、密度、酸碱性和导电性等；另一类与溶剂的性质有关，且大小关系与溶液中溶质的独立质点数呈正比，而与溶质本身性质无关，如溶液的蒸气压、凝固点、沸点和渗透压等。

3.1.1　非电解质稀溶液的依数性

对于难挥发的非电解质稀溶液来说，与纯溶剂相比，溶液的蒸气压下降、沸点上升、凝固点下降和渗透压等与一定量溶剂中所溶解溶质的物质的量成正比，这一性质称为稀溶液的依数性。

3.1.1.1　溶液的蒸气压下降

任何纯溶剂在一定温度下，都存在一个饱和蒸气压（p_A^*）。此时在单位溶剂的表面上，蒸发为气态的溶剂粒子数目与粒子凝聚成液态的溶剂粒子数目相等，即在溶剂表面存在着一个蒸发与凝聚的动态平衡。

　　如果在纯溶剂中加入一定量的难挥发的溶质，溶剂的表面就或多或少地被溶质粒子所占据，溶剂的表面积相对减小，单位时间内逸出液面的溶剂分子数相对比纯溶剂要少。所以，达到平衡时溶液的蒸气压就要比纯溶剂的饱和蒸气压低。

　　法国物理学家拉乌尔（Raoult F M）在1887年根据大量实验结果总结出：

$$\Delta p = p_A^* x_B \tag{3-1}$$

式中　Δp——溶液的蒸气压下降值，Pa；

　　　　p_A^*——纯溶剂的饱和蒸气压，Pa。

　　由式(3-1) 可知，在一定温度下，难挥发非电解质稀溶液的蒸气压下降与溶质的摩尔分数成正比，而与溶质的本性无关。

　　溶液的蒸气压降低对植物生长过程有着重要的作用。当外界气温突然升高时，引起有机体细胞中可溶物大量溶解，从而增加细胞汁液的物质的组成量度，降低了细胞汁液的蒸气压，使溶液沸点升高，使水分蒸发减慢，表现了一定的抗旱能力。下面就开始讨论溶液蒸气压的下降对沸点和凝固点的影响。

3.1.1.2　溶液的沸点升高和凝固点降低

　　沸点是指液体的饱和蒸气压等于外界大气压时的温度。若在纯水中加入少量难挥发的非电解质，由于溶液的蒸气压总是低于其纯溶剂的蒸气压，因此，溶液在373.15K 时并不沸腾。如图3-1 所示，只有将溶液温度升高到某一读数（如图中的 T_b 时），溶液的蒸气压等于外界大气压，溶液才会沸腾。这种现象叫溶液的沸点上升。因此，溶液的沸点升高时是蒸气压下降的必然结果。

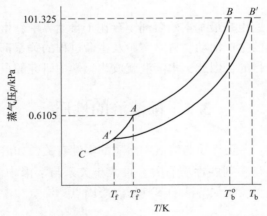

图 3-1　稀溶液的沸点升高、凝固点下降

AB—纯水的蒸气压曲线；$A'B'$—稀溶液的蒸气压曲线；AC—冰的蒸气压曲线

　　液体的沸点与外压有关的性质可用于实际工作中。在提取和精制对热不稳定的物质时，常采用减压蒸馏或减压浓缩的方法。这样操作可降低液体的沸点，降低蒸发温度，防止高温对这些物质的破坏。而对热稳定的药物灭菌时，则采用高温高压灭菌法，在高压下，液体沸点升高，温度升高，这样可提高灭菌效果。

　　在一定外压下，若某物质固态的蒸气压和液态的蒸气压相等，则液固两相平衡共存，这时的温度称为该物质的凝固点。

273.15K 时水和冰的蒸气压相等（为 0.6105kPa），冰水两相共存，273.15K 即为水的凝固点。若在冰水共存的水中加入少量难挥发的非电解质形成稀溶液，由于溶液的蒸气压下降，这时冰必然融化成水。只有使溶液的温度继续下降至如图 3-1 中的 T_f（溶液的蒸气压曲线 $A'B'$ 与冰的蒸气压曲线 AC 相交之点的温度）时，溶液的蒸气压与冰的蒸气压相等，溶液和其溶剂固体冰平衡共存，T_f 即为溶液的凝固点。溶液的凝固点比溶剂低的现象称为溶液凝固点下降。因此，溶液的凝固点是指溶液和其溶剂固体平衡共存时的温度。溶液的凝固点降低也是蒸气压下降的必然结果。

溶液的凝固点降低也常用于实际工作中。冬季建筑工地经常向混凝土中加入防冻剂，其目的是降低混凝土的凝固点，保证混凝土在零下的低温度下仍能正常工作。

由图 3-1 可看出，溶液的沸点上升和凝固点下降是由于溶液蒸气压下降的必然结果。拉乌尔总结出稀溶液的沸点升高度数 ΔT_b 或凝固点下降 ΔT_f 与溶液的质量摩尔浓度 b_B 成正比，与溶质的本性无关，即：

$$\Delta T_b = T_b - T_b^\circ = K_b b_B \tag{3-2}$$
$$\Delta T_f = T_f^\circ - T_f = K_f b_B \tag{3-3}$$

式中　T_b——溶液的沸点；

　　　T_b°——溶剂的沸点；

　　　K_b——溶剂的沸点升高常数，只与溶剂有关，不同的溶剂有不同的 K_b 值；

　　　K_f——溶剂的凝固点下降常数。

当 $b_B = 1mol/L$ 时，$\Delta T_b = K_b$，表示 1mol 溶质溶于 1kg 溶剂中所引起的沸点上升度数，此即 K_b 的物理意义，但不能在此条件下测定 K_b。

1kg 溶剂中所含溶质 B 的物质的量，称为溶质 B 的质量摩尔浓度。其计算公式为：

$$b_B = \frac{n_B}{m_A} \tag{3-4}$$

式中　b_B——质量摩尔浓度，mol/kg；

　　　m_A——溶剂的质量，kg。

不同溶剂的 K_b、K_f 值见表 3-1。

表 3-1　几种常见溶剂的 K_b 和 K_f 值

溶剂名称	水	苯	萘	乙酸	四氯化碳	环己烷
$K_b/K \cdot kg \cdot mol^{-1}$	0.52	2.53	4.88	1.71	3.61	2.16
$K_f/K \cdot kg \cdot mol^{-1}$	1.86	5.12	6.9	3.9	29.8	20.2

【例 3-1】　2.6g 尿素溶于 50g 水中，试计算此溶液的凝固点和沸点。(已知 $[CO(NH_2)_2]$ 的摩尔质量为 60g/mol)

解：查表 3-1 可知，水的 $K_b = 0.52K \cdot kg/mol$，$K_f = 1.86K \cdot kg/mol$，且

$$b_B = \frac{\frac{2.6}{60}}{\frac{50}{1000}} = 0.866(mol/kg)$$

则：

$$\Delta T_b = K_b b_B = 0.52 \times 0.866 = 0.45(K), \quad T_b = 373.15 + 0.45 = 373.60(K)$$

$$\Delta T_f = K_f b_B = 1.86 \times 0.866 = 1.61(K), \quad T_f = 273.15 - 1.61 = 271.54(K)$$

根据溶液的沸点升高和凝固点降低，可以测定物质的摩尔质量。由于凝固点降低常数比沸点升高常数大，实验误差小，且达到凝固点时有晶体析出，易于观察，故用凝固点降低法测定相对分子质量的应用较为广泛。

【例 3-2】 10g 蔗糖溶解于 100.7g 水中，实验测得其冰点为 272.61K。求蔗糖的摩尔质量。

解：因为 $\Delta T_f = 273.15 - 272.61 = 0.54(K)$，由 $\Delta T_f = K_f b_B$，$b_B = \dfrac{n_B}{m_A}$ 可得：

$$0.54 = 1.86 \times \frac{10.0 \times 1000}{M_{C_{12}H_{22}O_{11}} \times 100.7}$$

即

$$M_{C_{12}H_{22}O_{11}} = \frac{1.86 \times 10.0 \times 1000}{0.54 \times 100.7} = 342(g/mol)$$

3.1.1.3　溶液的渗透压

物质自发地由高浓度向低浓度迁移的现象称为扩散，扩散现象不仅存在于溶质与溶剂之间，也存在于不同浓度的溶液之间。这种由于半透膜的存在，使两种不同浓度溶液之间产生溶剂分子的从低浓度向高浓度的单向扩散现象称为渗透。当单位时间内从两个相反方向通过半透膜的溶剂分子数相等时，渗透达到平衡。渗透平衡时液面高度差所产生的压力称为渗透压，换句话说，渗透压就是阻止渗透作用进行所需加给溶液的额外压力。对于由两个不同浓度溶液构成的体系来说，只有当半透膜两侧溶液的浓度相等时，渗透才会终止。这时溶液两边的渗透压相等，该溶液称为等渗溶液。

范特霍夫（Van't Hoff）得出，稀溶液的渗透压 Π（kPa）与溶液的物质的量浓度 c_B、绝对温度 T 成正比，与溶质的本性无关，即：

$$\Pi = c_B RT \tag{3-5}$$

式中，$R = 8.314 kPa \cdot L/(mol \cdot K)$。

对于稀溶液来说，物质的量浓度约等于质量摩尔浓度，式(3-5)又可表示为：

$$\Pi = c_B RT \approx b_B RT \tag{3-6}$$

【例 3-3】 有一蛋白质的饱和水溶液，每升含有蛋白质 5.18g，已知在 298.15K 时，溶液的渗透压为 413Pa。求此蛋白质的相对分子质量。

解：根据公式 $\Pi = c_B RT$ 得：

$$M_B = \frac{mRT}{\pi V} = \frac{5.18 \times 8.314 \times 298.15}{413 \times 10^{-3} \times 1} = 31090(g/mol)$$

渗透压与生物的生长与发育有着密切的关系。例如，将淡水鱼放在海水中，因其细胞液浓度较低，渗透压较小，它在海水中就会因细胞大量失水而死亡。人体也是如此，在正常情况下，人体内血液和细胞液具有的渗透压大小相近。当人体发烧时，由于体内水分的大量蒸发，血液浓度增加，其渗透压加大，若此时不及时补充水分，细胞中的水分就会因为渗透压低而向血液渗透，于是就会造成细胞脱水，给生命带来危险。所以人体发高烧时，需要及时喝水或通过静脉注射与细胞液等渗的生理盐水和葡萄糖溶液以补充水分。

需要说明的是，如果外加的压力超过了渗透压，则反而会使溶液中的溶剂向纯溶剂方向流动，这个过程称为反渗透。反渗透为海水淡化、工业废水、污水处理和溶液浓缩等过程提供了重要的方法。

3.1.2 电解质溶液的依数性规律

电解质溶液的蒸气压、沸点、凝固点和渗透压的变化比相同浓度的非电解质溶液都大，这是因为电解质在溶液中会离解产生正负离子，因此它所具有总的粒子数就要多。此时稀溶液的依数性取决于溶质分子、离子的总组成量度，稀溶液通性所指定的定量关系不再存在，必须加以校正。

一般情况下，依数性变化大小有下列关系存在：

$$强电解质(AB_2) > 强电解质(AB) > 弱电解质 > 非电解质$$

3.2 酸 碱 平 衡

1887 年，在阿伦尼乌斯提出电离学说后，他从电离学说的角度出发提出："凡是在水溶液中能够电离产生 H^+ 物质称为酸，能电离产生 OH^- 的物质称为碱，酸碱中和反应的实质是氢离子和氢氧根离子结合生成水。"这就是酸碱电力理论的主要思想，这个理论的提出当时取得了很大成功，在当时使人们对酸碱的认识有了质的飞跃，对化学的发展也起了很大的作用，但这个理论也有它的局限性。首先并不是只有含 OH^- 的物质才具有碱性，比如 Na_2CO_3 水溶液也显碱性，另外，对废水体系的酸碱性，该理论也无能为力。

3.2.1 酸碱定义

针对电离理论的局限性，丹麦化学家布朗斯特和英国化学家老莱于 1923 年分别独立提出了酸碱的质子理论。该理论认为：凡能给出质子的物质都是酸，凡能接受质子的物质都是碱。比如：HCl、HAc、HSO_4^- 和 NH_4^+ 等都是酸，它们都能给出质子；NH_3、NaOH、Ac^-、CO_3^{2-} 和 Cl^- 等都是碱，它们都能接受质子。根据酸碱质子理论，酸和碱不是彼此孤立的，而是统一在一个质子的关系上。酸给出质子后余下的那部分就是碱；反之，碱接受质子后就变成了酸。其关系是：

$$酸 \rightleftharpoons 碱 + H^+$$

这种对应关系称为共轭酸碱对，右边的碱是左边的酸的共轭碱，左边的酸又是右边碱的共轭酸。例如：

$$HCl \rightleftharpoons Cl^- + H^+$$
$$HAc \rightleftharpoons Ac^- + H^+$$
$$NH_4^+ \rightleftharpoons NH_3 + H^+$$
$$H_2CO_3 \rightleftharpoons HCO_3^- + H^+$$
$$HCO_3^- \rightleftharpoons CO_3^{2-} + H^+$$

酸和碱可以是分子，也可以是阳离子或阴离子；有的物质在某个共轭酸碱对中是碱，而在另一共轭酸碱对中却是酸（如 HCO_3^- 等）；质子理论中没有盐的概念，酸碱解离理论中的盐，在质子理论中都变成了离子酸和离子碱，比如 NH_4Cl 中的 NH_4^+ 是酸，Cl^- 是碱。

3.2.2　弱酸、弱碱的强弱

弱酸弱碱的强弱不但取决于酸、碱本身给出质子和接受质子的能力，还取决于溶剂接受和给出质子的能力。因此，要比较酸碱的强弱，必须选定一定的溶剂，最常用的溶剂是水。

在一定温度下，弱电解质在水溶液中达到解离平衡时，解离所生成的各种离子浓度的乘积与溶液中未解离的分子的浓度之比是一个常数，称为解离平衡常数，简称解离常数（K_i）。弱酸的解离常数用 K_a 表示，称为酸常数。弱碱的解离常数用 K_b 表示，称为碱常数。在水溶液中，酸碱的强弱即可用它们在水中的酸常数和碱常数来衡量。

3.2.2.1　一元酸

以 HAc 为例：

$$HAc \rightleftharpoons H^+ + Ac^-$$

其平衡常数表达式为：

$$K_a^\ominus = \frac{\frac{c_{H^+}}{c^\ominus}\frac{c_{Ac^-}}{c^\ominus}}{\frac{c_{HAc}}{c^\ominus}} \tag{3-7}$$

若不考虑 $K_a^\ominus$ 的量纲，式(3-7)习惯上可简写为：

$$K_a = \frac{[H^+][Ac^-]}{[HAc]} \tag{3-8}$$

K_a 为 HAc 的解离常数，K_a 的大小反映了弱酸解离程度的强弱，K_a 越小，酸性越弱，反之亦然。K_a 与其他化学平衡常数一样，其数值大小与酸的浓度无关，仅取决于酸的本性和体系的温度，但 K_a 受温度的影响不大，常温范围内变化，通常不考虑温度对它的影响。常见弱酸的 K_a 值见附录 B。

3.2.2.2　一元碱

以 $NH_3 \cdot H_2O$（$NH_3 \cdot H_2O$ 是弱碱）为例：

$$NH_3 \cdot H_2O \rightleftharpoons NH_4^+ + OH^-, \quad K_b = \frac{[NH^{4+}][OH^-]}{[NH_3]} \tag{3-9}$$

K_b 为 $NH_3 \cdot H_2O$ 的解离常数，K_b 的大小反映了弱酸解离程度的强弱，K_b 越小，碱性越弱，反之亦然。K_b 与碱的浓度无关，仅取决于碱的本性和体系的温度，与 K_a 相同，通常不考虑温度对 K_b 的影响。常见弱碱的 K_b 值见附录 B。

3.2.2.3　共轭酸碱对的 K_a、K_b 的关系

以 HAc 及其共轭碱 Ac^- 为例讨论：

$$HAc \rightleftharpoons H^+ + Ac^-, \quad K_a = \frac{[H^+][Ac^-]}{[HAc]}$$

$$Ac^- + H_2O \rightleftharpoons HAc + OH^-, \quad K_b = \frac{[Ac^-][OH^-]}{[HAc]}$$

可以看出 $K_a K_b = K_w$，即共轭酸碱对的酸常数与碱常数的乘积在一定温度下是定值。

3.2.3 酸碱水溶液 pH 值的计算（稀释定律）

解离度就是当弱电解质在溶液中达到解离平衡时，溶液中已经解离的电解质分子数占原来总分子数的百分比，用符号 α 表示。其计算公式为：

$$\alpha = \frac{已电离的电解质分子数}{溶液中原有电解质的分子总数} \times 100\% \tag{3-10}$$

解离度的大小，主要取决于电解质的本性，同时又与溶液的浓度、温度等因素有关。以醋酸为例讨论弱电解质解离常数 K_i 和解离度 α 的关系，其反应式为：

$$HAc \rightleftharpoons H^+ + Ac^-$$

起始浓度 c 0   0

平衡浓度 $c-c\alpha$ $c\alpha$ $c\alpha$

$$K_a = \frac{c_{H^+} c_{Ac^-}}{c_{HAc}} = \frac{(c\alpha)^2}{c - c\alpha} = \frac{c\alpha^2}{1 - \alpha} \tag{3-11}$$

当 $\dfrac{c}{K_a} > 400$ 时可知，解离度 α 很小，即 $1-\alpha \approx 1$，所以式（3-11）可写成：

$$K_a = c\alpha^2$$

即可得出：

$$\alpha = \sqrt{\frac{K_a}{c}} \tag{3-12}$$

式（3-12）称为稀释定律。该定律表明，在一定温度下，弱电解质的解离度 α 与解离常数的平方根成正比，与溶液浓度的平方根成反比，即浓度越稀，解离度越大。这个关系称为稀释定律。稀释定律对于弱碱溶液也适用，此时 $\alpha = \sqrt{\dfrac{K_b}{c}}$。

由此可见，α 和 K_i 都可用来表示弱电解质的相对强弱，但 α 要随浓度而改变，而 K_i 在一定温度下是个常数，不随浓度而改变，所以 K_i 具有更广泛的实用意义。

将 $[H^+] = c\alpha$ 代入式（3-12），得：

$$[H^+] = \sqrt{cK_a} \tag{3-13}$$

式（3-13）为计算一元弱酸溶液 H^+ 浓度的最简式（此式成立的前提是 $\dfrac{c}{K_a} > 400$）。

对于一元弱碱，代入式（3-12），同理可得：

$$[OH^-] = \sqrt{cK_b} \tag{3-14}$$

式（3-14）为计算一元弱碱 OH^- 浓度的最简式（此式成立的前提是 $\dfrac{c}{K_b} > 400$）。

【例 3-4】 求 0.010mol/L HAc 溶液的 pH 值。（k_a 值见附录 B）

解：

$$\frac{c}{K_a} = 568 > 400$$

$$[H^+] = \sqrt{cK_a} = 4.2 \times 10^{-5} mol/L$$

$$pH = 3.38$$

【例 3-5】　298.15K 时，0.10mol/L 的 $NH_3 \cdot H_2O$ 的解离度为 1.33%，求 $NH_3 \cdot H_2O$ 的 K_b。

解：由已知得：

$$K_b \approx c\alpha^2 = 0.10 \times (1.33\%)^2 = 1.77 \times 10^{-5}$$

3.2.4　多元酸的电离

在水溶液中，一个分子能提供两个或两个以上 H^+ 的酸称为多元酸。多元酸在水中的解离是分步进行的，每步有相应的解离常数。以氢硫酸为例，H_2S 是二元弱酸，它的解离分两步。

第一步：　　$H_2S \rightleftharpoons H^+ + HS^-$，$K_{a_1} = \dfrac{c_{H^+} \cdot c_{HS^-}}{c_{H_2S}} = 9.1 \times 10^{-8}$

第二步：　　$HS^- \rightleftharpoons H^+ + S^{2-}$，$K_{a_2} = \dfrac{c_{H^+} \cdot c_{S^{2-}}}{c_{HS^-}} = 1.0 \times 10^{-12}$

可见 $K_{a_1} \gg K_{a_2}$，即第二步解离比第一步解离弱得多，这是因为带两个负电荷的 S^{2-} 对 H^+ 的吸引比带一个负电荷的 HS^- 对 H^+ 的吸引要强得多，同时，第一步解离出来的 H^+ 对第二步解离产生很大的抑制作用。因此，可以认为 H^+ 和 HS^- 的浓度近似相等，即 $[H^+] \approx [HS^-]$。

对多元酸，如果 $K_{a_1} \gg K_{a_2}$，溶液中的 H^+ 主要来自第一级解离，近似计算 $[H^+]$ 时，可把它当一元弱酸来处理。对二元酸，其酸根阴离子的浓度在数值上近似地等于 K_{a_2}。

【例 3-6】　在室温和 101.3kPa 下，H_2S 饱和溶液的浓度约为 0.10mol/L。试计算 H_2S 饱和溶液中 H^+、HS^- 和 S^{2-} 的浓度。

解：因为 $K_{a_1} = 9.1 \times 10^{-8}$，$K_{a_2} = 1.1 \times 10^{-2}$，$K_{a_1} \gg K_{a_2}$，$\dfrac{c}{K_{a_1}} > 400$，所以可忽略第二级解离，用最简公式计算，即：

$$[H^+] = \sqrt{cK_{a_1}} = \sqrt{0.10 \times 9.1 \times 10^{-8}} = 9.5 \times 10^{-5}(mol/L)$$
$$[HS^-] \approx [H^+] = 9.5 \times 10^{-5}(mol/L)$$
$$[S^{2-}] \approx K_{a_2} = 1.1 \times 10^{-12}(mol/L)$$

多元碱可按多元酸的方法类似处理。

【例 3-7】　求 0.10mol/L Na_2CO_3 溶液的 pH 值。（已知：H_2CO_3 的 $K_{a_1} = 4.3 \times 10^{-7}$，$K_{a_2} = 5.6 \times 10^{-11}$）

解：Na_2CO_3 的 $K_{b_1} = \dfrac{K_w}{K_{a_2}} = 1.8 \times 10^{-4}$，$K_{b_2} = \dfrac{K_w}{K_{a_1}} = 2.3 \times 10^{-8}$

因为 $K_{b_1} \gg K_{b_2}$，所以可当作一元碱处理。

又因为 $\dfrac{c}{K_b} = 560 > 400$，所以

$$[OH^-] = \sqrt{cK_{b_1}} = \sqrt{0.1 \times 4.3 \times 10^{-7}} = 4.2 \times 10^{-3}(mol/L)$$
$$pH = 14 - pOH = 11.62$$

3.3 缓冲溶液及其 pH 值

3.3.1 同离子效应和缓冲溶液

取两支试管，各加入 10mL 1mol/L 的 HAc 溶液及甲基橙指示剂 2 滴，溶液呈红色，然后在试管 1 中加少量 NaAc(s)，边振荡边与试管 2 比较，结果试管 1 中溶液的红色逐渐褪去，最后变成黄色。说明加入 NaAc 后，酸度降低了。HAc-NaAc 溶液中存在着下列关系：

$$HAc \rightleftharpoons H^+ + Ac^-$$
$$NaAc \rightleftharpoons Na^+ + Ac^-$$

由于 NaAc 在溶液中是以 Na^+ 和 Ac^- 存在，溶液中 Ac^- 的浓度增加，使 HAc 的解离平衡向左移动，结果使溶液中的 H^+ 减小，HAc 的解离度降低。

在弱电解质溶液中加入一种与该弱电解质具有相同离子的易溶强电解质后，使弱电解质的解离度降低的现象称为同离子效应。

在弱酸弱碱溶液中加入与该弱电解质具有相同离子的易溶强电解质，所得的混合液还具有一种重要的性质，即能够抵抗外加少量酸、碱或适量稀释，而本身的 pH 值不发生明显改变，这种溶液称为缓冲溶液。缓冲溶液所具有的这种性质，称为缓冲性。

缓冲溶液之所以具有缓冲性，是因为溶液中既含有足够量的能够对抗外加酸的成分即抗酸成分，又含有足够量的对抗外加碱的成分（即抗碱成分），通常把抗酸成分和抗碱成分称为缓冲对。根据缓冲组分的不同，缓冲溶液主要分为：

（1）弱酸及其共轭碱，比如 HAc-NaAc 缓冲溶液；

（2）弱碱及其共轭酸，比如 $NH_3 \cdot H_2O$-NH_4Cl 缓冲溶液；

（3）多元酸的两性物质组成的共轭酸碱对，比如 NaH_2PO_4-Na_2HPO_4 缓冲溶液。

3.3.2 缓冲溶液 pH 值的计算

缓冲溶液本身具有的 pH 值称为缓冲 pH 值。以 HAc-NaAc 缓冲溶液为例，设在该缓冲溶液中的 HAc 浓度为 c_a，NaAc 的浓度为 c_b，则：

	HAc	$\rightleftharpoons$	H^+	$+$	Ac^-
起始浓度/mol·L^{-1}	c_a		0		c_b
平衡浓度/mol·L^{-1}	$c_a - c_{H^+}$		c_{H^+}		$c_b + c_{H^+}$

因为一般的弱酸解离度本身就不大，再加上同离子效应，使它的解离度就更小，故：

$$c_b + c_{H^+} \approx c_b, \quad c_a - c_{H^+} \approx c_a$$

代入 K_a 表达式，整理得：

$$c_{H^+} = K_a \frac{c_a}{c_b} \tag{3-15}$$

$$pH = pK_a - \lg \frac{c_a}{c_b} \tag{3-16}$$

式中　c_a——弱酸的浓度；

　　　c_b——共轭碱的浓度；

$\dfrac{c_a}{c_b}$ —— 缓冲比。

式(3-16)为弱酸及其共轭碱所组成的缓冲溶液 pH 值计算公式。

同理，对弱碱及其共轭酸所组成的缓冲溶液可以导出：

$$pOH = pK_b - \lg \dfrac{c_b}{c_a}$$

或

$$pH = pK_w - pK_b + \lg \dfrac{c_b}{c_a}$$

式中　c_b —— 弱碱的浓度；

　　　　c_a —— 共轭酸的浓度；

　　$\dfrac{c_b}{c_a}$ —— 缓冲比。

【例 3-8】　若在 90mL 的 HAc-NaAc 缓冲溶液中（HAc 和 NaAc 的浓度皆为 0.1mol/L），加入 10mL 0.010mol/L HCl 后，求溶液的 pH 值，并比较加 HCl 前后溶液 pH 值的变化。

解： 加 HCl 之前，

$$pH = pK_a - \lg \dfrac{c_a}{c_b} = 4.75 - \lg \dfrac{0.10}{0.10} = 4.75$$

加 HCl 后，它与 NaAc 反应，生成 HAc，则：

$$c_a = \dfrac{0.10 \times 90 + 0.010 \times 10}{90 + 10} = 0.091(\text{mol/L})$$

$$c_b = \dfrac{0.10 \times 90 - 0.010 \times 10}{90 + 10} = 0.089(\text{mol/L})$$

$$pH = 4.75 - \lg \dfrac{0.091}{0.089} = 4.74$$

由此可见，在此缓冲溶液中加入 HCl 后，溶液的 pH 值仅降低了 0.01pH 值单位。

3.3.3　缓冲溶液的应用和选择

缓冲对的选择原则是：所要配制的缓冲溶液的 pH 值（或 pOH 值）要等于或接近所选缓冲对中弱酸的 pK_a（或弱碱的 pK_b）。如配制 pH=5 的缓冲溶液，可选 HAc-NaAc，因为 $pK_{HAc}=4.75$，与要配制的缓冲溶液的 pH 值接近。又比如，要配制 pH=9 的缓冲溶液，可选 $NH_3 \cdot H_2O$-NH_4Cl，因为 pH=9 时，pOH=5，而 $NH_3 \cdot H_2O$ 的 $pK_b=4.75$。为了使缓冲溶液具有足够的抗酸、抗碱成分，以便获得适当的缓冲容量，缓冲组分的浓度应适当地控制得稍大一些，一般选择在 0.01~0.5mol/L，其缓冲比接近 1 最好。

3.4　难溶电解质的沉淀溶解平衡

3.4.1　难溶电解质的溶度积

任何难溶电解质在水溶液中总是或多或少地溶解，绝对不溶的物质是不存在的。例如，将氯化银晶体投入水中，晶体表面的 Ag^+ 和 Cl^- 在水分子的作用下，不断从固体表面溶入水中，形成水合离子；同时，由于水合离子的热运动，当碰到固体的表面时又会沉积于固体表面，即：

$$AgCl(s) \underset{沉淀}{\overset{溶解}{\rightleftharpoons}} Ag^+(aq) + Cl^-(aq)$$

当溶解的速度和沉淀的速度相等时，体系达到平衡状态，此时的溶液为饱和溶液，溶液中有关离子的浓度不再随时间而变化。根据化学平衡原理，则：

$$K^{\ominus}_{sp,AgCl} = \frac{c_{Ag^+}}{c^{\ominus}} \frac{c_{Cl^-}}{c^{\ominus}} \qquad (3-17)$$

式中，$K^{\ominus}_{sp,AgCl}$ 称为 AgCl 的溶度积常数，简称溶度积。

若难溶电解质为 A_mB_n 型，在一定温度下其饱和溶液中的沉淀溶解平衡为：

$$A_mB_n(s) \rightleftharpoons mA^{n+}(aq) + nB^{m-}(aq)$$

不考虑 $K^{\ominus}_{sp}$ 的量纲时，溶度积常数的表达式可以简写为：

$$K_{sp} = c^m_{eqA^{n+}} c^n_{eqB^{m-}} \qquad (3-18)$$

式(3-18)表明，在一定温度下，难溶电解质的饱和溶液中，有关离子浓度（以计量系数为乘幂）的乘积为一常数，称溶度积常数。K_{sp} 的大小主要决定于难溶电解质的本性，也与温度有关，而与离子浓度改变无关。K_{sp} 的大小可以反映物质的溶解能力和生成沉淀的难易，K_{sp} 的值越大，表明该物质在水中溶解的趋势越大，生成沉淀的趋势越小，反之亦然。常见难溶电解质的 K_{sp} 值见附录 C。

K_{sp} 和 s 都反映了物质的溶解能力，二者可以相互换算，但单位必须统一为 mol/L。

【例 3-9】 25℃时，AgBr 在水中的溶解度为 $1.33×10^{-4}$ g/L，求该温度下 AgBr 的溶度积。（已知 $M_{AgBr} = 187.8$ g/mL）

解： 由题可知：

$$s = \frac{1.33 × 10^{-4}}{187.8} = 7.08 × 10^{-7} (mol/L)$$

因为 $\quad\quad AgBr(s) \rightleftharpoons Ag^+ \quad + \quad Br^-$

平衡浓度/mol · L^{-1} $\quad\quad\quad\quad s \quad\quad\quad\quad s$

所以

$$K_{sp} = s^2 = 5.0 × 10^{-13}$$

【例 3-10】 25℃时，AgCl 的 $K_{sp} = 1.8×10^{-10}$，Ag_2CO_3 的 $K_{sp} = 8.1×10^{-12}$。求 AgCl 和 Ag_2CO_3 的溶解度。

解： 设 AgCl 的溶解度为 x mol/L，则：

$$K_{sp,AgCl} = c_{Ag^+} · c_{Br^-} = x^2$$

$$x = \sqrt{K_{sp,AgCl}} = \sqrt{1.8 × 10^{-10}} = 1.3 × 10^{-5} (mol/L)$$

设 Ag_2CO_3 的溶解度为 y mol/L，则：

56

$$K_{sp,Ag_2CO_3} = c_{Ag^+}^2 \cdot c_{CO_3^{2-}} = (2y)^2 \cdot y = 4y^3$$

$$y = \sqrt[3]{\frac{K_{sp,Ag_2CO_3}}{4}} = \sqrt[3]{\frac{8.1 \times 10^{-12}}{4}} = 1.3 \times 10^{-4}(mol/L)$$

AgCl 比 Ag_2CO_3 的溶度积大，但 AgCl 比 Ag_2CO_3 的溶解度反而小。由此可见，溶度积大的难溶电解质其溶解度不一定也大，这与其类型有关。属同种类型时（如 AgCl、AgBr、AgI 都属 AB 型），可直接用 K_{sp} 的数值大小来比较它们溶解度的大小；但属不同类型时（如 AgCl 是 AB 型，Ag_2CO_3 是 A_2B 型），其溶解度的相对大小须经计算才能进行比较。需要注意的是，上述换算方法仅适用于溶液中不发生副反应或副反应程度不大的难溶电解质。

3.4.2　溶度积规则及其应用

3.4.2.1　溶度积规则

在某难溶电解质的溶液中，有关离子浓度幂次方的乘积称为离子积，用符号 Q_i 表示。例如：

$$A_mB_n(s) \rightleftharpoons mA^{n+} + nB^{m-}$$

则离子积为：

$$Q_i = c_{A^{n+}}^m \cdot c_{B^{m-}}^n \tag{3-19}$$

需要注意的是，Q_i 表示任意情况下的有关离子浓度方次的乘积，其数值不定；而 K_{sp} 仅表示达沉淀溶解平衡时有关离子浓度方次的乘积，二者有本质区别。在任何给定的难溶电解质的溶液中，Q_i 与 K_{sp} 作比较有三种情况：

（1）$Q_i<K_{sp}$ 时，为不饱和溶液，无沉淀析出，是沉淀溶解的条件；

（2）$Q_i=K_{sp}$ 时，是饱和溶液，处于动态平衡状态；

（3）$Q_i>K_{sp}$ 时，为过饱和溶液，有沉淀析出，直至饱和，是沉淀生成的条件。

以上三条称为溶度积规则，它是难溶电解质多相离子平衡移动规律的总结。据此可以判断体系中是否有沉淀生成或溶解，也可以通过控制离子的浓度，使沉淀生成或使沉淀溶解。

3.4.2.2　溶度积规则的应用

（1）沉淀的生成及同离子效应。根据溶度积规则，如果 $Q_i>K_{sp}$，就会生成沉淀，这是生成沉淀的必要条件。

【例 3-11】 把 50mL 含 Ba^{2+} 离子浓度为 0.01mol/L 的溶液与 30mL 浓度为 0.02mol/L 的 Na_2SO_4 混合。试问：

（1）是否会产生 $BaSO_4$ 沉淀？

（2）反应后溶液中的 Ba^{2+} 浓度为多少？（已知 $BaSO_4$ 的 $K_{sp}=1.1\times10^{-10}$）

解：（1）混合后：

$$c_{Ba^{2+}} = \frac{0.01 \times 50}{80} = 6.25 \times 10^{-3}(mol/L)$$

$$c_{SO_4^{2-}} = \frac{0.02 \times 30}{80} = 7.5 \times 10^{-3}(mol/L)$$

则：

$$Q_i = c_{Ba^{2+}} \cdot c_{SO_4^{2-}} = 6.25 \times 10^{-3} \times 7.5 \times 10^{-3}$$

$$= 4.7 \times 10^{-5} > K_{sp,BaSO_4} = 1.1 \times 10^{-10}$$

所以有 $BaSO_4$ 沉淀生成。

（2）设平衡时溶液中的 Ba^{2+} 离子浓度为 x mol/L，则：

$$BaSO_4(s) \rightleftharpoons Ba^{2+}(aq) + SO_4^{2-}(aq)$$

起始浓度/mol·L⁻¹　　　　　　　6.25×10^{-3}　　7.5×10^{-3}

平衡浓度/mol·L⁻¹　　　　　　　x　　$7.5 \times 10^{-3} - (6.25 \times 10^{-3} - x)$

故：　　　　　　　　　　　　　$= 1.25 \times 10^{-3} + x$

$$x(0.00125 + x) = 1.1 \times 10^{-10}$$

由于 $K_{sp,BaSO_4}$ 很小，即 x 很小，则：

$$0.00125 + x \approx 0.00125$$

代入上式，解得 $x = 8.8 \times 10^{-8}$ mol/L。

根据溶度积规则，若向 $BaSO_4$ 饱和溶液中加入 $BaCl_2$ 溶液，由于 Ba^{2+} 浓度增大，使得 $Q_i > K_{sp,BaSO_4}$，因此溶液中有沉淀析出，从而使 $BaSO_4$ 的溶解度降低。同样，若加入 Na_2SO_4，也会产生相同效果。这种加入含有相同离子的可溶性电解质，而引起难溶电解质溶解度降低的现象称为同离子效应。

【例3-12】　计算 $BaSO_4$ 在 0.1 mol/L Na_2SO_4 溶液中的溶解度。（已知 $BaSO_4$ 的 $K_{sp} = 1.1 \times 10^{-10}$）

解：　　　　　$BaSO_4(s) \rightleftharpoons Ba^{2+}(aq) + SO_4^{2-}(aq)$

平衡时　　　　　　　　　　　　　x　　　$x + 0.1$

则：

$$K_{sp,BaSO_4} = c_{Ba^{2+}} \cdot c_{SO_4^{2-}} = x(x + 0.1) = 1.08 \times 10^{-10}$$

由于 $BaSO_4$ 溶解度很小，故 $x + 0.1 \approx 0.1$，则：

$$0.1x = 1.08 \times 10^{-10} \quad x = 1.08 \times 10^{-9}(mol/L)$$

由例3-12可知，在 0.1 mol/L Na_2SO_4 溶液中，$BaSO_4$ 的溶解度（1.08×10^{-9} mol/L）比在纯水中的溶解度（1.04×10^{-5} mol/L）小近万倍，由此可知，同离子效应可使难溶电解质的溶解度大大降低。利用这一原理，在分析化学中使用沉淀剂分离溶液中的某种离子，并用含相同离子的强电解质溶液洗涤所得的沉淀，借以减少因溶解而引起的损失。

（2）沉淀的溶解。沉淀溶解的必要条件是使 $Q_i < K_{sp}$，因此，只要降低溶液中某种离子的浓度，就可使沉淀溶解。最常见的方法如下。

1）生成弱电解质或微溶气体。例如，$Mg(OH)_2$ 等难溶氢氧化物能溶于酸或铵盐中，即：

总反应　　　$Mg(OH)_2(s) + 2H^+ \rightleftharpoons Mg^{2+} + 2H_2O$

$$Mg(OH)_2(s) + 2NH_4^+ \rightleftharpoons Mg^{2+} + 2NH_3 \cdot H_2O$$

由于反应生成弱电解质 H_2O 或 $NH_3 \cdot H_2O$，从而大大降低了 OH^- 的浓度，致使 $Mg(OH)_2$ 的 $Q_i < K_{sp}$，沉淀溶解。只要加入足够量的酸或铵盐，可使沉淀全部溶解。对于 $Al(OH)_3$、$Fe(OH)_3$ 等溶解度很小的氢氧化物则难溶于铵盐而只能溶于酸中。

碳酸盐、亚硫酸盐和某些硫化物等难溶盐，溶于强酸，生成微溶气体而使沉淀溶解。例如：

总反应 $\qquad CaCO_3(s) + 2H^+ \rightleftharpoons Ca^{2+} + H_2O + CO_2\uparrow$

CO_3^{2-} 与 H^+ 结合生成 H_2CO_3，并分解为 H_2O 和 CO_2，从而降低了 CO_3^{2-} 的浓度，致使 $CaCO_3$ 的 $Q_i < K_{sp}$。

2）生成配合物。加入适当的配位剂与某一离子生成稳定的配合物，使沉淀溶解。例如 AgCl 沉淀溶于氨水中，其总反应为：

$$AgCl(s) + 2NH_3 \rightleftharpoons [Ag(NH_3)_2]^+ + Cl^-$$

3）发生氧化还原反应。加入氧化剂或还原剂，使某离子发生氧化还原反应，使沉淀溶解。例如，加入稀 HNO_3 将 CuS 中的 S^{2-} 氧化成 S，从而降低 S^{2-} 离子的浓度，使溶液中 Cu^{2+} 和 S^{2-} 的离子积小于其溶度积，CuS 溶解，其总反应为：

$$3CuS(s) + 8HNO_3 = 3Cu(NO_3)_3 + 3S\downarrow + 2NO\uparrow + 4H_2O$$

3.4.2.3 沉淀的转化

在含有 $PbSO_4$ 沉淀的溶液中，加入 Na_2S 溶液后，可观察到沉淀由白色转变为黑色，其反应式为：

$$PbSO_4(s) \rightleftharpoons Pb^{2+}(aq) + SO_4^{2-}(aq)$$
$$+$$
$$Na_2S = S^{2-} + 2Na^+$$
$$\Downarrow$$
$$PbS\downarrow$$

总反应 $\qquad PbSO_4(s) + S^{2-} \rightleftharpoons PbS\downarrow + SO_4^{2-}$

由于生成了更难溶的 PbS 沉淀，降低了溶液中的 Pb^{2+} 浓度，破坏了 $PbSO_4$ 的沉淀溶解平衡，使 $PbSO_4$ 沉淀转化为 PbS 沉淀。像这种由一种难溶电解质借助于某一试剂的作用，转变为另一更难溶电解质的过程称为沉淀的转化。

3.5 胶 体

3.5.1 胶体的结构

分散系是指一种或几种物质被分散成细小的粒子，分布在另一种物质中所形成的体系。分散系中被分散的物质称为分散质（或分散相）；起分散作用的物质（即分散质所处的介质）称为分散剂（或分散介质）。例如：黏土分散在水中成为泥浆；奶油分散在水中成为牛奶。按分散质粒子的大小，常把分散系分为三类，其分别是溶液（分散质粒径小于等于 1nm）、胶体（分散质粒径介于 1~100nm）和浊液（分散质粒径大于等于 100nm）。

在分散系内，分散质和分散剂都可以是液体、固体或气体，它们两两组合起来可构成九种类型的分散系，这是分散系的另一种分类方法，见表 3-2。

表 3-2 按聚集状态分类的各种分散系

分散质	分散剂	实　例
气	气	空气、家用煤气

分散质	分散剂	实　　例
液	气	云、雾
固	气	烟、灰尘
气	液	泡沫
液	液	牛奶、豆浆、农药乳浊液
固	液	泥浆、金溶胶
气	固	浮石、泡沫塑料、木炭
液	固	肉冻、珍珠（包藏着水的碳酸钙等）
固	固	红宝石、合金、有色玻璃

3.5.1.1　溶胶的制备

人工制备溶胶可以用各种物理、化学的方法控制分散相粒子的大小，使之在溶胶分散系范围之内。原则上有两种方法，其分别为分散法（将固体研细）和凝聚法（使分子聚结成溶胶粒子）。

（1）分散法。工业上常应用超声波的高频率振荡，或用装有高速反向旋转钨合金磨盘的胶体磨，把大的颗粒分散成溶胶粒子而制得溶胶。

（2）凝聚法。聚凝法根据产生溶胶的方式可分为以下四种方法：

1）化学反应法。化学反应法是指利用各种化学反应，生成难溶性化合物。在难溶性化合物从饱和溶液析出的过程中，使之聚集成溶胶粒子而制得溶胶的。例如水解反应 $FeCl_3$ 水解生成 $Fe(OH)_3$ 溶胶的反应，其反应式为：

$$FeCl_3 + 3H_2O \xrightarrow{煮沸} Fe(OH)_3（红棕色溶胶） + 3HCl$$

2）复分解反应。例如，三氧化二砷的饱和溶液中，通入 H_2S 气体生成硫化砷溶胶，其反应式为：

$$2H_3AsO_3 + 3H_2S = As_2S_3（黄色溶胶） + 6H_2O$$

3）氧化还原反应。例如，用甲醛还原金盐制得金溶胶，其反应为：

$$2KAuO_2 + 3HCHO + K_2CO_3 = 2Au（红色溶胶） + 3HCOOK + KHCO_3 + H_2O$$

4）改换溶剂法。改换溶剂法是指利用突然改变溶质的溶解度，使溶质不形成晶体而聚集成溶胶粒子的方法。例如将硫的无水酒精溶液滴入水中，由于硫在水中溶解度很低，溶质以溶胶粒子析出，形成硫溶胶。

3.5.1.2　胶团的结构

胶体的核心部分是不溶于水的粒子（称为胶核），胶核是电中性的，胶核上吸附了大量离子形成紧密层（称为胶粒）。由于吸附的正、负离子不相等，因此胶粒带电。胶粒周围分散着与胶粒带相反电荷的离子（自然也有其他离子）。胶粒及其带相反电荷的离子构成胶体的基本结构单元——胶团。

以碘化银胶体为例：

$$AgNO_3 + KI（过量） \longrightarrow KNO_3 + AgI \downarrow$$

过量的 KI 用作稳定剂，胶团的结构表达式为：

$(AgI)m$ 胶核

$[(AgI)m \cdot nI^- \cdot (n-x)K^+]^{x-}$ 胶粒

$[(AgI)m \cdot nI^- \cdot (n-x)K^+]^{x-} \cdot xK^+$ 胶团

同一种胶体，胶粒的结构可以因制备方法的不同而不同。胶体粒子带有电荷的原因是：胶体是一高度分散的系统，胶体粒子的总表面积非常大，因而具有高度的吸附能力，并能选择性地吸附某种离子。

3.5.1.3 溶胶的性质

（1）溶胶的光学性质——丁铎尔效应。当聚光光束射入溶胶时，从光束的侧面可以看到一条发亮的光柱，这个光柱略呈蓝色或紫色，是英国科学家丁铎尔（Tyndall）在1869年发现的。丁铎尔现象如图3-2所示。

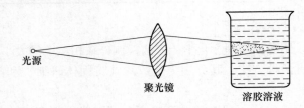

图3-2 丁铎尔现象

当光的波长小于粒子的直径时，会产生光的反射现象，粗分散体系不透明就是这个原因。

当光的波长略大于微粒直径时，会发生明显的散射现象，每个微粒就成为一个发光点，从侧面可看到一条光柱。一般情况下，可见光波长 400～760nm，胶体颗粒为 1～100nm，故胶体有明显的散射现象。溶液颗粒小，不会产生散射现象，这样就可以根据丁铎尔效应来区分胶体和真溶液。随着高科技的不断引入，同样可以用 4D-A 型氦氖激光器来代替丁铎尔灯的聚光光束，当将氦氖激光射入溶胶时，从光束的侧面可以看到一条发亮的红色的光柱，这是由于胶体颗粒有明显的散射现象。同样条件下，真溶液不会产生散射现象。

（2）动力学性质——布朗运动。在超显微镜下，观察溶胶粒子不断地做无规则的运动，这是英国植物学家布朗（Brown）在1827年观察花粉悬浮液时首先看到的，故称这种运动叫布朗运动，如图3-3所示。

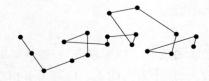

图3-3 花粉粒子的无规则运动

由于周围分散剂的分子从各个方向不断地撞击这些胶粒，而在每一瞬间受到的撞击力在各个方向是不相同的，因而胶体处于不断地无秩序地运动状态。

（3）电学性质（电泳和电渗）。

1）电泳。在外加电场的作用下，胶体溶液中的胶粒向电极移动的现象称为电泳现象。如图 3-4 所示，在一个 U 形管中装入金黄色的 As_2S_3 溶胶，在 U 形管的两端各插入一银电极，通电后可以观察到阳极附近的溶胶颜色逐渐变深，阴极附近的溶胶颜色逐渐变浅。实验表明，As_2S_3 胶粒是带电荷的，通过电泳实验可以测定胶粒是带正电还是带负电。

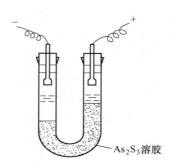

图 3-4 As_2S_3 的电泳现象

2）电渗。电渗是指分散介质的相对移动。将溶胶填充在多孔性薄膜中，胶粒将被吸附而固定，则分散介质由于带有与胶粒相反的电荷，则介质将通过多孔薄膜向着与介质电荷相反的电极方向移动。

3.5.2 胶体的稳定性

胶体具有稳定性，其原因如下。

（1）胶体带电的稳定作用。胶体和粗分散系不同，有相当大的稳定性，这是由于胶粒带有相同的电荷，在胶粒间产生了一定的静电斥力，从而阻止它们互相接触而聚沉。

（2）布朗运动。由于胶粒较小，胶粒能不停地作无规则运动。

（3）溶剂化的稳定作用。溶质与溶剂间的化合作用称为溶剂化，溶剂为水，则称为水化。

胶核吸附的离子和反离子都是水化的，这好像在胶粒周围形成了一层水化膜，而水化膜或多或少地具有定向排列的结构。当胶粒相互接近时，将使水化层受到挤压而变形，并有力图恢复原来那种程度的定向排列结构的趋向，即水化层表现出弹性，成为胶粒接近的机械阻力，这也阻止了胶粒的结合和聚沉，有利于溶胶的稳定。一般而言，胶体是稳定的，所以金溶胶一百多年不聚沉；牛奶也是一种稳定的胶体。

3.5.3 胶体的聚沉与保护

胶体的稳定性是相对的、有条件的。当改变条件，胶体的稳定性将被破坏，发生胶体的聚沉现象。

3.5.3.1 电解质的聚沉作用

能起聚沉作用的是与胶粒电荷相反的离子，反离子价态越高，聚沉能力越强。而同号离子可以降低反离子的聚沉作用，同号离子的价数越高，对溶胶的稳定能力越强。

3.5.3.2　溶胶的相互作用

当两种带有相反电荷的溶胶相互混合，则会发生聚沉。

阅读材料

飞机上的污水去哪了？

大家想必都会有过这样的疑问："飞机上的污水污物到底都去哪了？"不同人给出的答案五花八门，有人说飞机上有净化系统，可以将污水污物无害化处理，然后在高空排出机外，这样就会变成水汽漂浮在高空；有的说，飞机飞到高空时，会将污水污物排出机外，污水污物在高空下落过程中会被打散分解掉，倘若到地面前还没有被分解的话，就会形成传说中"便雨"；还有的说，飞机在经过森林或大海时，会将污水污物排出机外，这样可以为森林和大海提供"养分"。这些说法看似都有一定的合理性，但是事实上飞机上的污水污物处理过程并非如此。下面就以广州白云机场为例，来看看是如何处理飞机污水的。

旅客在飞机的标准卫生间"方便"后，按下按钮，马桶壁就会流出少量的清水（有的飞机还加入化粪剂，起稀释和冲刷作用），同时巨大的真空吸力将污水污物抽吸进飞机携带的"粪罐"中。飞机到达地面后，会有地面服务部门的专业排污车过来将污水污物收集和处理。他们将排污车上一条粗长的管子与飞机"粪罐"出口连接，打开保险开关后，飞机内的污水污物就会顺着管子留到排污车内。排污车装满飞机污水污物后，将开往位于白云机场南工作区的污水处理厂，然后将污水污物卸载到化粪池内。

航空污水污物卸载后，会连同机场的生活污水一起进入一级固液分离、除油除浮渣物理预处理。各种污水会先后被推送到粗格栅和细格栅进行过滤，去除其中的漂浮物和固体物质。然后，经过粗格栅和细格栅过滤的污水会被潜水提升泵推进曝气沉砂池进行处理，以去除污水中砂粒和浮油。

完成第一阶段的物理预处理后，污水会自流进入第二阶段的生化处理系统（厌氧池及曝气氧化沟），在此过程中，厌氧池及曝气氧化沟中微生物可以分解去除污水中的有机污染物、氨氮和磷。然后，经充分生化反应的混合液会自流入沉淀池，通过使用重力分离法，收集沉淀物与上浮物，使污水得到净化，这时经过处理的水称为中水，水质已达到了国家一级排放标准。

沉淀的生物污泥一部分回流到厌氧池做菌种，一部分作为剩余污泥输送到脱水机房进行压榨处理。污泥最终将被运输到有相关资质的工厂进行处理。白云机场污水处理厂对污水处理的要求相对更高，经过沉淀池净化后的中水，会进一步通入砂滤池进行过滤净化，这样出来的中水水质会更清澈。最后，中水会进入氯气间进行消毒，以杀死中水中的微生物。经过消毒的中水，可以排放到江河，也可以用来冲洗地面、浇花，使水资源得到循环利用。

思 考 题

（1）根据酸碱质子理论说明下列分子或离子中，哪些是酸，哪些是碱，哪些是两性物质？并写出各物质的共轭酸碱。

1）HS^-；2）CO_3^{2-}；3）$H_2PO_4^-$；4）NH_3；5）HCl；6）Ac^-；7）OH^-；8）H_2O。

（2）往氨水中加入少量下列物质时，$NH_3 \cdot H_2O$ 的解离度和溶液的 pH 值怎样变化？

1）NH_4Cl；2）$NaOH$；3）HCl；4）H_2O。

（3）什么叫缓冲溶液，缓冲溶液的缓冲能力与哪些因素有关？

（4）可以直接比较 $K_{sp}^\ominus$ 的大小来判断溶解度的大小吗？

（5）根据溶度积规则，解释下列事实。

1）$CaCO_3$ 沉淀能溶于 HCl 溶液；

2）AgCl 沉淀不溶于强酸，但可溶于氨水；

3）淡黄色的 AgBr 沉淀在 Na_2S 溶液中转化为黑色的 Ag_2S。

（6）对极稀的同浓度溶液，$MgSO_4$ 的摩尔电导率差不多 NaCl 摩尔电导率的两倍，而凝固点下降却大致相同。请解释其原因。

（7）冬季经常向汽车水箱中加入乙二醇作为防冻剂，试解释其原理。

习 题

3-1 判断题。

（1）质量摩尔浓度是指 1kg 溶液中含溶质的物质的量。 （ ）

（2）质量摩尔浓度相同的蔗糖溶液和葡萄糖溶液的沸点是不同的。 （ ）

（3）渗透压是任何溶液都具有的特性。 （ ）

（4）酸性缓冲溶液（$HAc\text{-}Ac^-$）可抵抗少量外加酸对 pH 值的影响，而不能抵抗少量外加碱的影响。 （ ）

（5）同离子效应可使溶液的 pH 值增大，也可使溶液的 pH 值减小，但一定会使弱电解质的解离度降低。 （ ）

（6）将氨水的浓度稀释一倍，溶液的 OH^- 浓度就减少为原来的 1/2。 （ ）

（7）PbI_2 和 $CaCO_3$ 的溶度积均近似为 10^{-9}，从而可知在它们的饱和溶液中，前者 Pb^{2+} 的浓度与后者 Ca^{2+} 的浓度近似相等。 （ ）

3-2 选择题。

（1）取相同质量的下列物质融化路面冰雪，（ ）最有效。

A. 氯化钠 B. 氯化钙 C. 尿素 $CO(NH_2)_2$

（2）各物质浓度均为 $0.10mol/dm^3$ 的下列水溶液中，其 pH 值最大的是（ ）。

（已知：$K_b^\ominus(NH_3) = 1.77×10^{-5}$，$K_a^\ominus(HAc) = 1.76×10^{-5}$，$K_{a_1}^\ominus(H_2S) = 9.1×10^{-8}$，$K_{a_2}^\ominus(H_2S) = 1.1×10^{-12}$）

A. Na_2S B. NH_3 C. CH_3COOH D. $CH_3COOH + CH_3COONa$

（3）往 $0.1mol/dm$ 的 $NH_3 \cdot H_2O$ 溶液中加入一些 NH_4Cl 固体并使其完全溶解后，（ ）。

A. $NH_3 \cdot H_2O$ 溶液的 K_b 值增大 B. 氨的解离度减小

C. 溶液的 NH_4^+ 降低 D. 溶液的 H^+ 浓度下降

（4）等浓度下列物质的水溶液的凝固点由高到低的顺序是（ ）。

A. HAc，$NaCl$，$C_6H_{12}O_6$，$CaCl_2$ B. $C_6H_{12}O_6$，HAc，$NaCl$，$CaCl_2$

C. $CaCl_2$，$NaCl$，HAc，$C_6H_{12}O_6$ D. $CaCl_2$，HAc，$C_6H_{12}O_6$，$NaCl$

（5）下列各对溶液中，可用于配制缓冲溶液的是（ ）。

A. HCl 和 NH_4Cl B. $NaOH$ 和 HCl

C. HF 和 NaOHD. NaCl 和 NaOH

(6) 下列弱酸或弱碱中，（　　）最适合于配制 pH＝9.0 的缓冲溶液。

A. 羟氨 $K_b^{\ominus}=1\times10^{-9}$B. 氨水 $K_b^{\ominus}=1.77\times10^{-5}$

C. 甲酸 $K_a^{\ominus}=1\times10^{-4}$D. 乙酸 $K_a^{\ominus}=1.7\times10^{-5}$

(7) 难溶电解质 AB_2 的 $S=1\times10^{-3}$ mol/L，则其 K_{sp} 是（　　）。

A. 1×10^{-6}　　　　B. 1×10^{-9}　　　　C. 4×10^{-6}　　　　D. 4×10^{-9}

(8) 设 AgCl 在水中，在 0.01mol/L $CaCl_2$ 中，在 0.01mol/L NaCl 中，以及在 0.05mol/L $AgNO_3$ 中的溶解度分别为 S_0、S_1、S_2、S_3。这些量之间的正确关系是（　　）。

A. $S_0>S_1>S_2>S_3$　　　B. $S_0>S_2>S_1>S_3$　　　C. $S_0>S_2=S_1>S_3$　　　D. $S_0>S_2>S_3>S_1$

(9) 在 $BaSO_4$ 饱和溶液中加入少量的 $BaCl_2$ 稀溶液，产生 $BaSO_4$ 沉淀，则平衡后溶液中（　　）。

A. $[Ba^{2+}]=[SO_4^{2-}]=(K_{sp})^{1/2}$

B. $[Ba^{2+}]=[SO_4^{2-}]$，$[Ba^{2+}]\cdot[SO_4^{2-}]>K_{sp}$

C. $[Ba^{2+}]\cdot[SO_4^{2-}]=K_{sp}$，$[Ba^{2+}]>[SO_4^{2-}]$

D. $[Ba^{2+}]\cdot[SO_4^{2-}]\neq K_{sp}$，$[Ba^{2+}]<[SO_4^{2-}]$

3-3 利用水蒸发器提高卧室的湿度，卧室温度为 25℃，体积为 3×10^4 L。假设开始时室内空气完全干燥，也没有潮气从室内逸出（假设水蒸气符合理想气体行为），则：

(1) 问需多少克水蒸气蒸发才能确保室内空气为水蒸气所饱和（25℃水蒸气压＝3.2kPa）；

(2) 如果将 800g 水放入蒸发器中，室内最终的水蒸气压力是多少？

(3) 如果将 400g 水放入蒸发器中，室内最终的水蒸气压力是多少？

3-4 将 1kg 乙二醇与 2kg 水相混合，可制得汽车的防冻剂。计算该防冻剂的凝固点。

3-5 计算 0.05mol/L 次氯酸（HClO）溶液中的 H^+ 浓度和次氯酸的解离度。

3-6 已知氨水溶液的浓度为 0.20mol/L，则：

(1) 求该溶液中的 OH^- 的浓度、pH 值和氨的解离度；

(2) 在上述溶液中加入 NH_4Cl 晶体，使其溶解后 NH_4Cl 的浓度为 0.20mol/L，求所得溶液的 OH^- 的浓度、pH 值和氨的解离度；

(3) 上述计算结果说明什么？

3-7 一学生需要 pH＝3.9 的缓冲溶液，若用甲酸及其盐配制该缓冲溶液，能否满足要求？若能，则酸根离子 HCO_2^- 与甲酸 HCOOH 的浓度比应为多少？

3-8 现有 125mL 1.0mol/L NaAc 溶液，欲配制 250mL pH＝5 的缓冲溶液，需加入 6mol/L HAc 溶液多少毫升？

3-9 常温下，Ag_2CO_3 在水中的溶解度为 3.49×10^{-2} g/L。求：

(1) Ag_2CO_3 的溶度积；

(2) 在 0.1mol/L K_2CO_3 溶液中的溶解度。

3-10 通过计算说明 10mL 0.001mol/L $BaCl_2$ 溶液和 10mL 0.002mol/L H_2SO_4 溶液混合，有无沉淀生成？

3-11 根据 PbI_2 的溶度积，计算：

(1) PbI_2 在水中的溶解度；

(2) PbI_2 饱和溶液中 Pb^{2+} 和 I^- 的浓度；

(3) PbI_2 在 0.010mol/L KI 饱和溶液中 Pb^{2+} 的浓度；

(4) PbI_2 在 0.010mol/L $Pb(NO_3)_2$ 溶液中的溶解度。

4　电化学基础

扫描二维码查看
本章数字资源

教学目标

　　熟练掌握原电池的组成、电对的表示方法、正确书写原电池符号；理解标准氢电极和标准电极电势的意义，熟悉电极电势的测定方法，熟练掌握能斯特方程的有关计算，熟悉电极电势的应用；了解电池的电动势和化学反应的自由能的关系，了解电池的电动势和化学反应的自由能的关系、氧化还原反应和腐蚀的成因与金属防护技术。

教学重点与难点

　　（1）原电池的组成、电对表示方法、正确书写原电池符号。
　　（2）标准氢电极、标准电极电势和掌握能斯特方程的有关计算。
　　（3）电池的电动势和化学反应的自由能的关系。

　　电化学是研究化学能和电能相互转变的一门科学，是化学与电学之间的交叉学科，其对工业生产和科学研究均起着重要的作用。自发进行的氧化还原反应过程中系统的吉布斯函数减少（$\Delta G < 0$）的反应，将化学能直接转变为电能（如原电池和各种化学电源）。非自发氧化还原反应中系统的吉布斯函数增加（$\Delta G \geq 0$）的反应，须使用外加电流而使反应发生，将电能转变为化学能（如电解、电镀、电解加工等）。

　　同时铁器生锈、银器表面变暗以及铜器表面生成铜绿等生活问题，均属于金属在环境中发生腐蚀的现象。金属腐蚀现象十分普遍，每年造成的损失巨大（如航空、海军、土建、机械等领域），这一系列问题都涉及电化学的相关知识。因此，研究氧化还原反应和腐蚀的成因与金属防护技术无疑具有十分重要的意义。

4.1　原电池和电极电势

4.1.1　原电池

　　利用自发的氧化还原化学反应产生电流的装置都称为原电池。1799 年，意大利物理学家伏达（Volta）用锌片和铜片放入盛有盐水的容器中，这种装置可以产生电流，后来被称为伏达电堆，制成了世界上第一个原电池伏达电池，为电化学的建立和发展开辟了道路；又比如将锌板放入硫酸铜溶液中，发生典型的自发反应，蓝色逐渐变浅，锌片周围有紫红色 Cu 出现，电子由锌极流向铜极，产生电流，其反应式为：

$$Cu^{2+} + Zn \longrightarrow Cu + Zn^{2+}$$

　　由于 Cu^{2+} 直接与锌接触，因此电子便由 Zn 直接传递给 Cu^{2+}，电子的转移是无序的，并没有电子的流动。在这个自发氧化还原反应过程中释放出化学能都转化成了热能。

如果两个金属通过导线连接，让电子传递便可产生电流，从而使化学能转变成电能。这种利用氧化还原反应产生电流的装置，即把化学能转变为电能的装置称为原电池。后来，人们利用能自发进行的化学反应制得了各种各样的电池，例如 Daniell 电池，Zn^{2+} 的氧化反应与 Cu^{2+} 的还原反应分别在两只烧杯中进行：一只烧杯中放入硫酸锌溶液和锌片，为氧化半电池，其中 Zn^{2+}/Zn 构成电对；另一只烧杯中放入硫酸铜溶液和铜片，为还原半电池，其中 Cu^{2+}/Cu 构成另一电对。用盐桥将两只烧杯中的溶液连接起来，用导线接通锌片和铜片形成通路，并连一只电流计，可以看到电流计的指针发生一定程度偏转，这说明此时化学能变为电能。根据热力学数据计算可知，该反应的 $\Delta G = -212kJ/mol$，是一个典型的自发反应，科学家利用能自发进行的化学反应制得了各种各样的电池。

4.1.1.1　原电池的组成

一个原电池由两个电极正极/负极和电解质溶液组成。对于给出电子发生氧化反应的电极，比如丹尼尔电池中的 Zn 极，由于其电势较低，被称为负极（Negative Electrode）；而接受电子发生还原反应的一极（如 Cu 极），由于其电势较高，而称作正极（Positive Electrode）；如果两个电极插在同一个电解质溶液中，则称作单液电池（One-Fluidcell）；若分别插在两个电解质溶液中，则称作双液电池（Double-Fluidcell）。对于双液电池，随着电极反应的不断进行，两个溶液中就会由于电极上所发生的氧化或还原反应，而使两溶液分别积累产生过剩的正电荷或负电荷，从而阻止电子继续从负极通过导线流向正极，导致反应终止。为了保持溶液呈电中性问题，使电流持续产生，对于双液电池，必须在两溶液中加放盐桥（Salt Bridge），使内电路接通。盐桥是一只装满饱和 KCl 电解质溶液（用胶冻状的琼脂固定）的倒置 U 形管，盐桥中的 Cl^- 和 K^+ 向两个电极扩散，使电极溶液中正负离子分别得到补充，消除了过剩电荷产生的阻力，使电流继续产生。

每个电极必须同时存在某一物质的氧化态和还原态，比如 Zn 电极的氧化态 Zn^{2+} 和还原态 Zn，Cu 极的氧化态 Cu^{2+} 和还原态 Cu，把组成电极的一对氧化态和还原态物质称为一对氧化还原电对（Redox Couple），简称电对，通常表示为氧化态/还原态（或 Ox/Red），如 Zn^{2+}/Zn，Cu^{2+}/Cu 等。Daniell 原电池示意图如图 4-1 所示。

4.1.1.2　原电池的半反应式和图式

为了表示方便，原电池可以用符号来表示，书写原电池符号的一般规则是：

（1）按惯例，负极写在左边，正极写在右边。

（2）按原电池中各种物质实际接触顺序用化学式从左到右依次排列，并列出各个物质的组成及聚集状态（气、液、固），溶液应注明浓度（c），气体则应标明分压（p）。

（3）以双垂线"‖"表示盐桥，以单垂线"｜"表示两个相之间的界面，盐桥的两边是半电池组成中的溶液。

（4）从负极开始沿着电池内部依次书写到正极。

例如，丹尼尔电池为：

$$(-)\ Zn\,|\,ZnSO_4(c_1)\ \|\ CuSO_4(c_2)\,|\,Cu(+)$$

若电极产物中有气体存在，还应标明气体的分压，比如：

$$(-)Zn\,|\,Zn^{2+}(c_1)\ \|\ H^+(c_2)\,|\,H_2(p)，Pt(+)$$

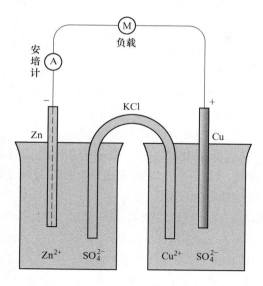

图 4-1　Daniell 原电池示意图

非金属单质及其对应的非金属离子（如 H_2 和 H^+、O_2 和 OH^-、Cl_2 和 Cl^-）、同一种金属不同价的离子（如 Fe^{3+} 和 Fe^{2+}、Sn^{4+} 和 Sn^{2+}）等，对于后两者在组成电极时常需外加惰性导电材料（如 Pt），由 $FeCl_3$ 溶液和 $SnCl_2$ 溶液所组成的原电池（假定各离子浓度为 $1mol/dm^3$，其浓度符号 c 可省略）可表示为：

$$(-)\ Pt\,|\,Sn^{2+},\ Sn^{4+}\ \|\ Fe^{3+},\ Fe^{2+}\,|\,Pt\,(+)$$

理论上任何一个氧化还原反应都可以设计成一个原电池，使氧化还原反应在原电池中进行，从而将化学能转变为电能。利用氧化还原反应设计原电池时，首先将氧化还原反应分解为两个半反应，从而确定两个相应的电极，然后根据失电子的为负极写在电池符号的左边，得电子的为正极写在电池符号的右边，即得原电池的符号。

【例 4-1】　对于下列氧化还原反应：

$$2Ag^+(aq) + Zn(s) = 2Ag(s) + Zn^{2+}(aq)$$
$$2Ag(s) + 2H^+(aq) + 2I^-(aq) = 2AgI(s) + H_2(g)$$

（1）写出对应的半反应式；

（2）按这些反应设计原电池，并写出原电池符号。

解：（1）对于反应 $2Ag^+(aq) + Zn(s) = 2Ag(s) + Zn^{2+}(aq)$，先将反应分解为两个半反应：

$$2Ag^+(aq) + 2e^- \longrightarrow 2Ag(s) \qquad (正极)$$
$$Zn(s) \longrightarrow Zn^{2+}(aq) + 2e^- \qquad (负极)$$

按半反应式确定相应的两个电极：正极为 $Ag^+|Ag$，负极为 $Zn^{2+}|Zn$。

依据电池符号的规定写出电池符号：$(-)Zn\,|\,Zn^{2+}(c)\ \|\ Ag^+(c)\,|\,Ag(+)$。

（2）对于反应 $2Ag(s) + 2H^+(aq) + 2I^-(aq) \rightarrow 2AgI(s) + H_2(g)$，确定两个电极：正极为 $H^+(aq)\,|\,H_2(g)\,|\,Pt$，负极为 $I^-(aq)\,|\,I(s)\,|\,Ag$。

电池符号为：

$$(-) \ \text{Ag} \mid \text{AgI(s)} \mid \text{I}^-(c_1) \parallel \text{H}^+(c_2) \mid \text{H}_2(p) \mid \text{Pt}(+)$$

$$2\text{H}^+(\text{aq}) + 2e^- \longrightarrow \text{H}_2(\text{g}) \qquad \text{（正极）}$$

$$2\text{Ag(s)} + 2\text{I}^-(\text{aq}) \longrightarrow 2\text{AgI(s)} + 2e^- \quad \text{（负极）}$$

4.1.1.3 原电池的电动势与吉布斯函数变

在恒温、恒压下，系统所做的最大有用功等于电池反应的吉布斯函数变（ΔG），而电功等于电量 Q 与电动势 E 的乘积，即：

$$\Delta G = W = QE = -nFE \tag{4-1}$$

式中，F 为法拉第常数，其值为 96485C/mol；负号表示系统向环境做功。当氧化还原反应中有 1mol 电子发生转移时，就产生 96485C 的电量。如果氧化还原反应中表示电子得失的计量系数为 n，则产生 96458n C 的电量。

如果当原电池处于标准态时，原电池的电动势为 $E^{\ominus}$，而此时的 ΔG 为 $\Delta G_{\text{m}}^{\ominus}$，于是

$$\Delta G_{\text{m}}^{\ominus} = W = QE^{\ominus} = -nFE^{\ominus} \tag{4-2}$$

这样热力学和电化学相互联系，由原电池的电动势 $E^{\ominus}$ 可以求出电池反应的 $\Delta G_{\text{m}}^{\ominus}$；反之，已知某氧化还原反应的 $\Delta G_{\text{m}}^{\ominus}$，就可以求得由该反应所组成的原电池的电动势 $E^{\ominus}$。需要注意的是，式(4-2)只适用于可逆电池。

4.1.2 电极电势

4.1.2.1 电极电势的产生

原电池能产生电流，电子由负极经外电路流向正极，说明两电极之间存在电势差，即两个电极的电势不同，即构成电池的两个电极的电势是不等的。

为解释原电池产生电流的机理，1889 年，德国科学家能斯特（W. Nernst）提出了一个金属在溶液中的双电层理论（Double Electrode Layer Theory），并用此理论定性地解释了电极电势产生的原因，对电极电势产生的机理做了较好的解释。

当金属插入其盐溶液时，金属与其盐溶液的界面上会发生两种不同的过程：一是金属表面的正离子受极性水分子的吸引变成溶剂化离子进入溶液而将电子留在金属表面；二是溶液中的金属离子从溶液中沉淀到金属表面。当溶解与沉淀这两个相反过程的速率相等时，即达到动态平衡状态，其反应式为：

$$\text{M(s)} \rightleftharpoons \text{M}^{n+}(\text{aq}) + ne^-$$

当金属溶解倾向速率大于金属离子沉淀速率时，金属表面带负电层，靠近金属表面附近处的溶液带正电层，这样便构成"双电层"，如图 4-2(a)所示。相反，若沉淀速率大于溶解速率，则在金属表面形成正电层，金属附近的溶液带负电层，也形成"双电层"，如图 4-2(b)所示。

无论形成何种双电层，在金属与其盐溶液之间都产生电势差，这种电势差称为金属电极的平衡电极电势，简称电极电势，用符号 $E(\text{M}^{n+}/\text{M})$ 表示。由于金属的活泼性不同，显然各种金属电极的电极电势是不同的，因此可以用电极电势来衡量金属失电子的能力。尽管每种金属电极单独的电极电势无法测定，但如果将电极电势不同的两种电极组成原电池，就能产生电流。原电池的电动势（E）等于两个电极电势之差，即：

$$E = E(+) - E(-)$$

式中　$E(+)$——正极电极电势；

　　　$E(-)$——负极电极电势。

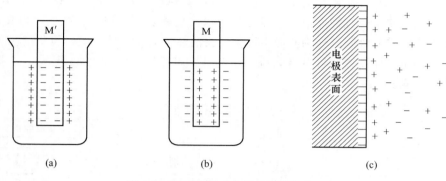

图 4-2　双电层图（金属表面带负电）

4.1.2.2　标准电极电势

不同电极的电极电势不同，电极电势的大小反映了金属得失电子能力的大小，但迄今为止，人们还无法直接测出单个电极电势的绝对值。实际上，人们并不关心单个电极的绝对电极电势的大小，而更关心的是不同电极的电势相对大小。为了比较不同电极的电极电势之间的相对大小，同时对所有电极的电极电势大小做系统的、定量的比较，按照 1953 年国际纯粹和应用化学联合会的建议，采用标准氢电极作为标准电极，规定其电极电势为 0，以此来衡量其他电极的电极电势，然后将任一电极与标准电极组成原电池，测定电动势，这样就可确定该电极的电极电势的相对值。

（1）标准氢电极。标准氢电极如图 4-3（a）所示，标准氢电极是将镀有一层海绵状铂黑的铂片浸入氢离子标准浓度的溶液中，并不断通入压力为 100kPa 的纯氢气，使铂黑吸附 H_2 至饱和。被铂黑吸附的 H_2 与溶液中的 H^+ 在 298.15K 时可建立如下平衡：

$$2H^+(1.0mol/L) + 2e^- \Longrightarrow H_2(100kPa)$$

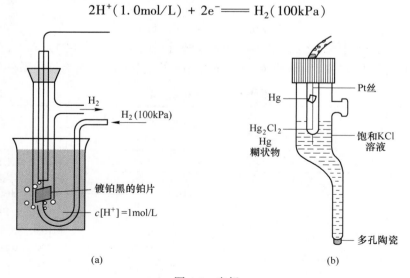

图 4-3　电极

（a）标准氢电极；（b）饱和甘汞电极

这样，在铂片上吸附的氢气与溶液中的 H^+ 组成电对 H^+/H_2，构成标准氢电极。铂片吸附的氢气与酸溶液 H^+ 之间的电极电势称为氢电极的标准电极电势，并规定标准氢电极的电极电势为零（但在氢电极与 H^+ 溶液间的电势差并不是零），即 $E(H^+/H_2)=0V$。

标准氢电极要求氢气纯度很高，压力要稳定，且铂要容易镀黑，从而可以良好吸氢。然而在溶液中，铂易吸附其他物质而中毒，失去活性，条件不易掌握。因此，在实际测定中常用易于制备、使用方便且电极电势稳定的甘汞电极，如图 4-3（b）所示。甘汞电极的电极电势见表 4-1。

表 4-1 甘汞电极的电极电势

电极名称	电极组成	电极电势 E/V
饱和甘汞电极	$Hg \mid Hg_2Cl_2(s) \mid KCl(饱和)$	+0.2415
1mol/L 甘汞电极	$Hg \mid Hg_2Cl_2(s) \mid KCl(1mol/L)$	+0.26808
0.1mol/L 甘汞电极	$Hg \mid Hg_2Cl_2(s) \mid KCl(0.1mol/L)$	+0.3337

（2）标准电极电势的测定。欲测定某电极的标准电极电势，可把该电极与标准氢电极组成原电池，测定该原电池的电动势。由于标准氢电极的电极电势规定为 0，通过计算就可确定待测电极的标准电极电势。测定时必须使待测电极处于标准态（若为溶液，其浓度为 1.0mol/L；若为气体，其压力为 100kPa），温度通常取 298.15K。例如，欲测锌电极的标准电极电势，可组成原电池：

$$(-)\ Zn \mid Zn^{2+}(1.0mol/L) \parallel H^+(1.0mol/L) \mid H_2(100kPa) \mid Pt(+)$$

测定时，通过电流计指针偏转方向，可知电子从锌电极流向氢电极。所以锌电极为负极，氢电极为正极。在 298.15K 时，测得该原电池的标准电动势为：

$$E = E(+) - E(-) = E(H^+/H_2) - E(Zn^{2+}/Zn) = 0.762V$$

因为

$$E(H^+/H_2) = 0V$$

所以

$$E(Zn^{2+}/Zn) = -0.762V$$

用类似的方法可测得许多电极的标准电极电势（见附录 D 和表 4-2）。表 4-2 是按标准电极电势代数值由小到大的顺序排列的，查阅标准电极电势数据时，要与所给条件相符。

表 4-2 标准电极电势表

电对	半电池反应	电极电势 $E^{\ominus}/V$	变化趋势
Li^+/Li	$Li^+ + e^- \rightleftharpoons Li$	-3.0401	（1）从上往下，氧化态氧化能力增强，还原态的还原能力减弱；
Na^+/Na	$Na^+ + e^- \rightleftharpoons Na$	-2.71	
Al^{3+}/Al	$Al^{3+} + 3e^- \rightleftharpoons Al$	-1.662	
H^+/H	$H^+ + e^- \rightleftharpoons H$	0	
Cu^{2+}/Cu	$Cu^{2+} + 2e^- \rightleftharpoons Cu$	+0.3419	（2）从下往上，还原态的还原性增强，氧化态的氧化能力减弱
Ag^+/Ag	$Ag^+ + e^- \rightleftharpoons Ag$	+0.7996	
F_2/F^-	$F_2 + 2e^- \rightleftharpoons 2F^-$	2.866	

4.2　电极电势的应用

4.2.1　Nernst 方程式

标准电极电势是在标准状态下测定的，而氧化还原反应不一定都是在标准状态下进行的，影响电极电势的因素很多（主要为温度，浓度等）。德国科学家 Nernst 从理论上推导出电池的电动势和电极电势与溶液中离子浓度（或气体分压）、温度的关系，对于一般的化学反应可表示为：

$$a_{氧化态} + ne^- \longrightarrow b_{还原态}$$

其电极电势 E 与标准电极电势 $E^\ominus$ 间的关系可用 Nernst 方程表示为：

$$E = E^\ominus + \frac{RT}{nF}\ln\frac{c^a_{氧化态}}{c^b_{还原态}} \tag{4-3}$$

式中　　　E——电对中离子在某一浓度（气体为某一分压）时的电极电势；

$\quad\quad\quad E^\ominus$——该电极的标准电极电势；

$\quad\quad\quad R$——通用气体常数，$R = 8.31\text{Pa}\cdot\text{mL}\cdot\text{K/mol}$；

$\quad\quad\quad T$——开尔文温度；

$\quad\quad\quad n$——电极反应中得失电子数；

$\quad\quad\quad F$——法拉第常数，$F = 96500\text{C/mol}$；

$c_{氧化态}, c_{还原态}$——电对中氧化态物质和还原态物质的相对浓度 $c/c^\ominus$（或相分压 $p/p^\ominus$）；

$\quad\quad\quad a, b$——电极反应中氧化态物质和还原态物质的计量系数。

在 298.15K 时，将上述三个常数 F、R、T 的值代入式（4-3）中，并进行对数底的换算，则式(4-3)可简化为：

$$E = E^\ominus + \frac{0.0592}{n}\lg\frac{c^a_{氧化态}}{c^b_{还原态}} \tag{4-4}$$

在应用 Nernst 方程式时，应注意以下几点：

（1）电极反应中各物质的计量系数为其相对浓度或相对分压的指数；

（2）电极反应中的纯固体或纯液体，不列入 Nernst 方程式中，由于反应常在稀的水溶液中进行，H_2O 也可作为纯物质看待而不列入式中；

（3）若在电极反应中有 H^+ 或 OH^- 参加反应，则这些离子的相对浓度应根据反应式计入 Nernst 方程式中，例如：

$$MnO_2(s) + 4H^+(aq) + 2e^- \longrightarrow Mn^{2+}(aq) + 2H_2O$$

$$E(MnO_2/Mn^{2+}) = E^\ominus(MnO_2/Mn^{2+}) + \frac{0.0592}{2}\lg\frac{c(H^+)^4}{c(Mn^{2+})}$$

$$O_2(g) + 2H_2O + 4e^- \longrightarrow 4OH^-(aq)$$

$$E(O_2/OH^-) = E^\ominus(O_2/OH^-) + \left(-\frac{0.0592}{4}\right)\lg\frac{p(O_2)}{p^\ominus}$$

【例 4-2】　若 Cu^{2+} 浓度为 0.01mol/L，试计算电对 Cu^{2+}/Cu 的电极电势。

解： 从附录 D 中查得：

$$Cu^{2+}(aq) + 2e^- \longrightarrow Cu(s), \quad E^{\ominus}(Cu^{2+}/Cu) = 0.3419V$$

则：

$$E(Cu^{2+}/Cu) = E^{\ominus}(Cu^{2+}/Cu) + \frac{0.0592}{2}\lg c(Cu^{2+})$$

$$= 0.3419 + \frac{0.0592}{2}\lg 0.01 = 0.2827(V)$$

【例 4-3】 计算 OH^- 浓度为 $0.1mol/L$、$p(O_2) = 100kPa$，$T = 298.15K$ 时，电对 O_2/OH^- 的电极电势。

解：从附录 D 中查得：

$$O_2(g) + 2H_2O + 4e^- \longrightarrow 4OH^-(aq), \quad E^{\ominus}(O_2/OH^-) = 0.401V$$

则：

$$E(O_2/OH^-) = E(O_2/OH^-) + \frac{0.0592}{4}\lg \frac{\dfrac{p(O_2)}{p^{\ominus}}}{c(OH^-)^4}$$

$$= 0.401 + \frac{0.0592}{4}\lg \frac{1}{0.1^4}$$

$$= 0.460(V)$$

注意：已配平的电极反应，反应式中各物质的化学计量数各乘以一定的倍数，对电极电势的数值并无影响。将电极反应式除以 2，即：$\frac{1}{2}O_2(g) + H_2O + 2e^- \rightarrow 2OH^-(aq)$，计算结果仍为 $E(O_2/OH^-) = 0.460V$。

氧化剂（含氧酸及其盐）在进行还原反应时，半反应式中有 H^+ 参与反应，H^+ 浓度越大，氧化剂的电极电势越高，换而言之，氧化剂（含氧酸及其盐）在酸性溶液中的氧化性比在碱性溶液中强。

【例 4-4】 分别计算电对 MnO_4^-/Mn^{2+} 在酸性 $[c(H^+) = 1.0mol/L]$、中性 $[c(H^+) = 10^{-7}mol/L]$ 时的电极电势（设其他物质均处于标准态）。

解：从附录 D 中查得：

$$MnO_4^-(aq) + 8H^+(aq) + 5e^- \longrightarrow Mn^{2+} + 4H_2O, \quad E^{\ominus}(MnO_4^-/Mn^{2+}) = 1.507V$$

当 $c(H^+) = 1.0mol/L$ 时，

$$E(MnO_4^-/Mn^{2+}) = E^{\ominus}(MnO_4^-/Mn^{2+}) = 1.507V$$

当 $c(H^+) = 10^{-7}mol/L$ 时，

$$E(MnO_4^-/Mn^{2+}) = E^{\ominus}(MnO_4^-/Mn^{2+}) + \frac{0.0592}{5}\lg \frac{c(MnO_4^-)c(H^+)^8}{c(Mn^{2+})}$$

$$= 1.507 + \frac{0.0592}{5}\lg(10^{-7})^8 = 0.844(V)$$

4.2.2　电极电势的应用

电极电势在电化学中有广泛的应用，是反映物质性质的一个重要数据，它与氧化还原反应之间的关系极为密切，在电化学中的应用也十分广泛。下面具体介绍几方面的应用。

4　电化学基础

4.2.2.1　计算原电池的电动势

判断原电池的正、负极和计算电动势在原电池中，正极发生还原反应，负极发生氧化反应。因此，电极电势代数值较大的电极是正极，电极电势代数值较小的电极是负极，正极电势与负极电势之差即为此原电池的电动势。

当电极中的物质均在标准状态时，电池中电极电势代数值大的为正极，代数值小的为负极，原电池的标准电动势为 $E = E(+) - E(-)$；当电极中的物质为非标准状态时，应先用 Nernst 方程计算出正、负极的电极电势，再由 $E = E(+) - E(-)$ 算出原电池的电动势。

【例 4-5】 在 298.15K 时，求下列原电池的电动势：

$$(-)Ag \mid Ag^+(0.010mol/L) \parallel Fe^{3+}(0.1mol/L), Fe^{2+}(1.0mol/L) \mid Pt(+)$$

解：由所给原电池的符号可知：

正极 $\qquad\qquad\qquad Fe^{3+} + e^- \longrightarrow Fe^{2+}$（还原反应）

负极 $\qquad\qquad\qquad Ag - e^- \longrightarrow Ag^+$（氧化反应）

查附录 D 得：

$$E^\ominus(Fe^{3+}/Fe^{2+}) = 0.770V, \quad E^\ominus(Ag^+/Ag) = 0.7396V$$

$$E(Fe^{3+}/Fe^{2+}) = E^\ominus(Fe^{3+}/Fe^{2+}) + 0.0592lg\frac{c(Fe^{3+})}{c(Fe^{2+})}$$

$$= 0.770 - 0.059 \times lg\frac{0.1}{1.0} = 0.7108(V)$$

$$E(Ag^+/Ag) = E^\ominus(Ag^+/Ag) + 0.0592lgc(Ag^+)$$

$$= 0.7396 + 0.0592 \times lg0.010 = 0.6112(V)$$

则：

$$E = E(+) - E(-) = 0.7108 - 0.6112 = 0.0996(V)$$

【例 4-6】 计算下列电池在 298.15K 时的电动势：

$$(-)Pt \mid H_2(100kPa) \mid H_2SO_4(0.017mol/L) \parallel Hg_2SO_4(s) \mid Hg(+)$$

解：由所给原电池的符号可知：

正极 $\quad Hg_2SO_4(s) + 2e^- \longrightarrow 2Hg(l) + SO_4^{2-}(aq)$ （还原反应）

负极 $\quad H_2(g) - 2e^- \longrightarrow 2H^+(aq)$ （氧化反应）

电池反应 $\quad H_2(g) + Hg_2SO_4(s) \longrightarrow 2H^+(aq) + 2Hg(l) + SO_4^{2-}(aq)$

查附录 D 得：

$$E(Hg/Hg_2SO_4) = 0.615V, \quad E(H^+/H_2) = 0.00(V)$$

则：

$$E(Hg/Hg_2SO_4) = E^\ominus(Hg/Hg_2SO_4) + \frac{0.0592}{2}lg\frac{1}{c(SO_4^{2-})}$$

$$= 0.615 + 0.0592 \times lg\frac{1}{0.017} = 0.667(V)$$

$$E(H^+/H_2) = E^\ominus(H^+/H_2) + \frac{0.0592}{2}lg\frac{c(H^+)^2}{\dfrac{p(H_2)}{p^\ominus}}$$

$$= 0 + \frac{0.0592}{2} \times \lg \frac{(2 \times 0.017)^2}{1} = -0.0869(V)$$

$$E = E(+) - E(-) = 0.667 - (-0.0869) = 0.7539(V)$$

4.2.2.2 判断氧化还原反应进行的方向

恒温、恒压下，电池可逆放电所做的最大电功 W 等于电池电动势 E 与所通过的电量 Q 的乘积。当电池反应中得失电子数为 n 时，则通过全电路的电量 $Q = nF$。

恒温、恒压下，电池反应发生过程中，吉布斯自由能（G）的降低等于该电池所做的最大电功，即：

$$-\Delta G = W$$

故：

$$\Delta G = -nFE = -nF[E(+) - E(-)] \tag{4-5}$$

由第 1 章可知，吉布斯自由能变化 ΔG 是判断化学反应自发性的判据，即：

(1) 当 $\Delta G < 0$ 时，过程自发；

(2) 当 $\Delta G \geq 0$ 时，过程非自发。

若电池反应中，各物质均处于标准状态，或 $E(+)$、$E(-)$ 相差较大（一般大于 0.2V），则可用标准电池电动势和标准电极电势来判断，即：

(1) 当 $E = E(+) - E(-) > 0$ 时，反应自发进行；

(2) 当 $E = E(+) - E(-) < 0$ 时，反应非自发进行。

ΔG 和 E 对反应情况的影响见表 4-3。

表 4-3 ΔG 和 E 对反应情况的影响

反应情况	ΔG	E	$E(+)$ 与 $E(-)$ 关系	E（氧化剂）与 E（还原剂）关系
反应自发	小于 0	大于 0	$E(+) > E(-)$	E（氧化剂）$> E$（还原剂）
反应非自发	大于 0	小于 0	$E(+) < E(-)$	E（氧化剂）$< E$（还原剂）
可逆过程或平衡态	等于 0	等于 0	$E(+) = E(-)$	E（氧化剂）$= E$（还原剂）

【例 4-7】 判断在 298.15K 的标准状态下，下述氧化还原反应能否自发进行：

$$I^-(aq) + Fe^{3+}(aq) \longrightarrow Fe^{2+}(aq) + \frac{1}{2}I_2(s)$$

解： 从给出反应可知，I^- 是还原剂，可作负极，Fe^{3+} 是氧化剂，可作正极，查附录 D 得：

$$E^{\ominus}(+) = E^{\ominus}(Fe^{3+}/Fe^{2+}) = 0.771V$$

$$E^{\ominus}(-) = E^{\ominus}(I_2/I^-) = 0.536V$$

$$E^{\ominus} = E^{\ominus}(+) - E^{\ominus}(-) = E^{\ominus}(Fe^{3+}/Fe^{2+}) - E^{\ominus}(I_2/I^-)$$

$$= 0.771 - 0.536 = 0.235(V) > 0$$

由此可见，上述反应是自发反应，逆反应是非自发的，即 Fe^{3+} 能使 I^- 氧化为碘 I_2。

【例 4-8】 当 $c(Pb^{2+}) = 0.010mol/L$，$c(Sn^{2+}) = 0.5mol/L$ 时，下述反应能否发生？

$$Sn(s) + Pb^{2+}(aq) \longrightarrow Sn^{2+}(aq) + Pb(s)$$

解： 按已知反应可知，Sn 是还原剂，可作负极，Pb^{2+} 是氧化剂，可作正极，且：

$$E^{\ominus}(\mathrm{Pb^{2+}/Pb}) = -0.1263\mathrm{V}, \quad E^{\ominus}(\mathrm{Sn^{2+}/Sn}) = -0.1364\mathrm{V}$$

$$E(+) = E(\mathrm{Pb^{2+}/Pb}) = E^{\ominus}(\mathrm{Pb^{2+}/Pb}) + \frac{0.0592}{2}\lg c(\mathrm{Pb^{2+}})$$

$$= -0.1263 + \frac{0.0592}{2} \times \lg 0.010 = -0.186(\mathrm{V})$$

$$E(-) = E(\mathrm{Sn^{2+}/Sn}) = E^{\ominus}(\mathrm{Sn^{2+}/Sn}) + \frac{0.0592}{2}\lg c(\mathrm{Sn^{2+}})$$

$$= -0.1364 + \frac{0.0592}{2} \times \lg 0.50 = -0.145(\mathrm{V})$$

故：

$$E = E(+) - E(-) = -0.186 - (-0.145) = -0.041(\mathrm{V}) < 0$$

因此，上述反应为非自发反应，相反，其逆反应是自发的。

4.2.2.3　比较氧化剂和还原剂的相对强弱

电极电势代数值的大小，反映了电对中氧化态与还原态物质得失电子的相对强弱。标准电极电势 E 的代数值越大，电对中的氧化态物质越易得到电子，氧化剂氧化性越强，对应的还原态物质越难失去电子，还原剂还原性越弱；反之，标准电极电势 E 的代数值越小，该电对中的还原态物质越易失去电子，还原剂还原性越强；对应的氧化态物质越难得到电子，氧化剂氧化性越弱。总之，电极电势代数值大的氧化态物质相对于电极电势代数值小的氧化态物质是更强的氧化剂；电极电势代数值小的还原态物质相对于电极电势代数值大的还原态物质是更强的还原剂。例如：

$$\mathrm{F_2(g)} + 2\mathrm{e^-} \longrightarrow 2\mathrm{F^-(aq)}, \quad E^{\ominus} = 2.87\mathrm{V}$$

氧化态物质 $\mathrm{F_2}$ 易得 2 个电子，$\mathrm{F_2}$ 是强氧化剂；还原态物质 $\mathrm{F^-}$ 难失去电子，$\mathrm{F^-}$ 是弱还原剂。

$$\mathrm{Li^+(aq)} + \mathrm{e^-} \longrightarrow \mathrm{Li}, \quad E^{\ominus} = -3.045\mathrm{V}$$

还原态物质 Li 易失去 1 个电子，Li 是强还原剂；氧化态物质 $\mathrm{Li^+}$ 难得到 1 个电子，$\mathrm{Li^+}$ 是弱氧化剂。

【例 4-9】　有下列五个电对，其标准电极电势为：$E(\mathrm{MnO_4^-/Mn^{2+}}) = 1.51\mathrm{V}$，$E(\mathrm{Fe^{2+}/Fe}) = 0.77\mathrm{V}$，$E(\mathrm{Sn^{2+}/Sn}) = 0.15\mathrm{V}$，$E(\mathrm{Cl_2/Cl^-}) = 1.36\mathrm{V}$，$E(\mathrm{I_2/I^-}) = 0.54\mathrm{V}$。比较这五个电对的氧化还原能力。

解：从它们的标准电极电势可以看出，在标准状态的条件下，$\mathrm{MnO_4^-}$ 是其中最强的氧化剂，$\mathrm{Sn^{2+}}$ 是其中最强的还原剂。

各氧化态物质的氧化能力：$\mathrm{KMnO_4} > \mathrm{Cl_2} > \mathrm{FeCl_2} > \mathrm{I_2} > \mathrm{SnCl_2}$

各还原态物质的还原能力：$\mathrm{SnCl_2} > \mathrm{KI} > \mathrm{FeCl_2} > \mathrm{HCl} > \mathrm{MnSO_4}$

如果各物质不是处于标准状态的条件下，应运用能斯特方程式计算出实际的电极电势值后，再比较氧化剂或还原剂的相对强弱。

4.2.2.4　确定氧化还原反应进行的程度

确定氧化还原反应可能进行的最大程度也就是计算该氧化还原反应的标准平衡常数。任一氧化还原反应，若在标准态下进行，则有 $\Delta_r G_m^{\ominus} = nFE^{\ominus}$；另外，根据标准平衡常数的定义，有 $\Delta_r G_m^{\ominus} = -2.303RT\lg K^{\ominus}$，则：

$$-nFE^{\ominus} = -2.303RT\lg K^{\ominus}$$

即：

$$\lg K^{\ominus} = \frac{nFE^{\ominus}}{2.303RT} \qquad (4-6)$$

在 $T = 298.15K$ 时，

$$\lg K^{\ominus} = \frac{nE^{\ominus}}{0.0592} \qquad (4-7)$$

从式(4-7)可以看出，在 $298.15K$ 时，氧化还原反应的标准平衡常数只与标准电动势有关，而与溶液的起始浓度（或分压）无关。只要知道氧化还原反应所组成的原电池的标准电动势，就可以确定氧化还原反应可能进行的最大限度。

【例 4-10】 计算 $298.15K$ 时反应 $Cu^{2+}(aq) + Fe \Longrightarrow Fe^{2+}(aq) + Cu$ 可能进行的最大限度。

解：将此反应分成两个半电池反应：

负极 $\quad Fe - 2e^- \longrightarrow Fe^{2+}(aq)$, $E(Fe^{2+}/Fe) = -0.4402V$

正极 $\quad Cu^{2+}(aq) + 2e^- \longrightarrow Cu$, $E(Cu^{2+}/Cu) = 0.3419V$

$\quad E^{\ominus} = E^{\ominus}(Cu^{2+}/Cu) - E^{\ominus}(Fe^{2+}/Fe) = 0.3419 - (-0.4402) = 0.7821(V)$

由 $\lg K^{\ominus} = \dfrac{nFE^{\ominus}}{2.303RT}$ 得：

$$\lg K^{\ominus} = \frac{nE^{\ominus}}{0.0592} - \frac{2 \times 0.7821}{0.0592} = 26.42$$

则：

$$K^{\ominus} = 2.63 \times 10^{25}$$

同理，根据式(4-2)还可以求得某些弱电解质的解离常数、难溶盐的溶度积和配合物的稳定常数等。

4.3 化学电源

化学电源又称电池，是一种能将化学能直接转变成电能的装置，它通过化学反应，消耗某种化学物质，输出电能，常见的电池大多是化学电源。电池在国民经济、科学技术、军事和日常生活方面均获得广泛应用，按其使用特点分为三大类，即一次电池/干电池、二次电池/蓄电池和燃料电池，按电池中电解质性质分为锂电池、碱性电池、酸性电池、中性电池。一次电池属于化学电池，电池中的活性物质用完后，电池即失去效用，而不能用简单的方法再生。

一次电池不能充电。干电池也称一次电池，也称原电池，即电池中的反应物质在进行一次电化学反应放电之后就失去效用而不能用简单的方法再生。常用的有铜锌电池、锌锰干电池、锌汞电池、镁锰干电池等。

二次电池又称蓄电池，也属于化学电池。电池中的活性物质经过反应后，可以用简单的方法（如通常以反方向的电流-充电）使其再生，恢复到放电前的状态。蓄电池是可以反复使用、放电后可以充电使活性物质复原、以便再重新放电的电池，其广泛用于汽车、发电站、火箭等部门。常见的蓄电池有铅酸蓄电池、碱性镉镍蓄电池、银锌蓄电池等。

　　燃料电池与前两类电池的主要差别在于它不是把还原剂、氧化剂物质全部贮藏在电池内，而是在工作时不断从外界输入氧化剂和还原剂，同时将电极反应产物不断排出电池。燃料电池是直接将燃烧反应的化学能转化为电能的装置，能量转化率高，可达80%以上，而一般火电站热机效率仅在30%~40%。燃料电池具有节约燃料、污染小的特点，燃料电池一般以氢气或含氢化合物以及煤等作为负极的反应物质，以空气中的氧或纯氧作为正极的反应物质，比如氢-氧燃料电池、有机化合物-空气燃料电池、氨-空气燃料电池等。

4.3.1　一次电池

4.3.1.1　锌锰电池

　　锌锰电池是民用的主要干电池，其负极是锌，正极是 MnO_2 石墨棒，电解液以 NH_4Cl（也有 $ZnCl_2$ 或者用苛性碱作电解液的）及淀粉糊状物为主，如图4-4所示。

图4-4　锌锰电池

例如：
$$(-)Zn\,|\,NH_4Cl,\ ZnCl_2\,\|\,MnO_2,\ C(+)$$

电极反应为：

负极反应
$$Zn - 2e^- \longrightarrow Zn^{2+}$$

正极反应
$$2MnO_2 + 2NH_4^+ + 2e^- \longrightarrow 2MnO(OH) + 2NH_3$$

电池反应
$$Zn + 2MnO_2 + 2NH_4^+ \longrightarrow 2MnO(OH) + [Zn(NH_3)_2]^{2+}$$

4.3.1.2　锌汞电池

　　锌汞电池是以锌为负极，氧化汞为正极，氢氧化钾溶液为电解液的原电池；锌汞电池是较新型的干电池，电池符号可表示为：
$$(-)\,Zn(s),\ ZnO(s)\,|\,KOH\ (c)\,\|\,HgO(s),\ Hg(+)$$

电极反应为：

负极反应
$$Zn + 2OH^- - 2e^- \longrightarrow Zn(OH)_2$$

正极反应
$$HgO + H_2O + 2e^- \longrightarrow Hg + 2OH^-$$

电池总反应
$$HgO + Zn + H_2O \longrightarrow Zn(OH)_2 + Hg$$

　　锌汞电池的正、负极活性物质利用率都接近100%，能量密度可达 $200\sim400W\cdot h/L$，电压平稳（约1.3V），常温下自放电缓慢。该电池可做成体积很小的钮扣电池，适用于

78

需小体积、大容量电池的场所，如计算器、助听器和照相机等之中。

4.3.2 二次电池

4.3.2.1 铅酸蓄电池

铅酸蓄电池由一组充满海绵状金属铅的铅锑合金格板做负极，由另一组充满二氧化铅的铅锑合金格板做正极，正、负极交替排列，两组格板相间浸泡在电解质27%~39%的稀硫酸中构成，如图4-5所示。

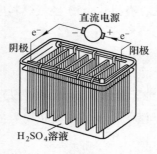

图4-5 铅酸蓄电池

铅酸蓄电池的电池符号为：

$$(-)Pb\,|\,H_2SO_4\,\|\,PbO_2,\ Pb(+)$$

电极反应为：

负极反应 $Pb(s) + SO_4^{2-} - 2e^- \longrightarrow PbSO_4$

正极反应 $PbO_2 + SO_4^{2-} + 4H^+ + 2e^- \longrightarrow PbSO_4 + 2H_2O$

电池总反应 $Pb(s) + PbO_2 + 2H_2SO_4 \longrightarrow 2PbSO_4 + 2H_2O$

放电后，正负极板上都沉积有一层$PbSO_4$，放电到一定程度之后又必须进行充电，充电时用一个电压略高于蓄电池电压的直流电源与蓄电池相接，将负极上的$PbSO_4$还原成Pb，而将正极上的$PbSO_4$氧化成PbO_2，充电时发生放电时的逆反应为：

阴极 $PbSO_4 + 2e^- \longrightarrow Pb(s) + SO_4^{2-}$

阳极 $PbSO_4 + 2H_2O \longrightarrow PbO_2 + SO_4^{2-} + 4H^+ + 2e^-$

总反应 $2PbSO_4 + 2H_2O \longrightarrow Pb(s) + PbO_2 + 2H_2SO_4$

正常情况下，铅蓄电池的电动势是2.1V，随着电池放电生成水，H_2SO_4的浓度要降低，故可以通过测量H_2SO_4的密度来检查蓄电池的放电情况。铅酸蓄电池具有充放电可逆性好、放电电流大、稳定可靠、价格便宜等优点，缺点是笨重。铅酸蓄电池常用作汽车和柴油机车的启动电源，坑道、矿山和潜艇的动力电源，以及变电站的备用电源。

4.3.2.2 爱迪生电池

爱迪生电池的正极是$Ni(OH)_3$，负极是Fe，电解液是质量分数为20%的KOH溶液，其电极反应为：

负极反应 $Fe + 2OH^- + 2e^- \longrightarrow Fe(OH)_2$

正极反应 $2Ni(OH)_3 + 2e^- \longrightarrow 2Ni(OH)_2 + 2OH^-$

电池总反应 $Fe + 2Ni(OH)_3 \longrightarrow 2Ni(OH)_2 + Fe(OH)_2$

从电池反应可见，电解液的浓度对电极反应无影响，它仅起着传递 OH^- 的媒介作用。当爱迪生电池中负极铁换成镉时，称为镉镍电池，其电池反应为：

$$Cd + 2Ni(OH)_3 \longrightarrow 2Ni(OH)_2 + Cd(OH)_2$$

4.3.2.3 银锌蓄电池

银锌蓄电池是一种新型的价格昂贵的高能碱性蓄电池，它以过氧化银为正极，锌为负极，KOH 溶液为电解液，配以锌酸盐的饱和水溶液，其符号为：

$$(-) Zn | KOH(w=40\%) \| Ag_2O_2, Ag(+)$$

银锌蓄电池放电时的电极反应为：

负极反应 $\qquad\qquad Zn + 2OH^- - 2e^- \longrightarrow Zn(OH)_2$

正极反应 $\qquad\quad Ag_2O_2 + H_2O + 2e^- \longrightarrow 2AgO + OH^-$ （第一阶段）

$\qquad\qquad\qquad Ag_2O + H_2O + 2e^- \longrightarrow 2Ag + OH^-$ （第二阶段）

与此同时，生成的银还会与过氧化银进行如下反应：

$$2Ag + Ag_2O_2 \longrightarrow 2Ag_2O$$

电池总反应 $\qquad\quad 2Zn + Ag_2O_2 + H_2O \longrightarrow 2Ag + 2Zn(OH)_2$

银锌蓄电池具有重量轻、体积小、能量大、电流放电时间长等优点，可作为人造卫星、宇宙火箭、潜水艇等的化学电源，银锌蓄电池的缺点是制造费用昂贵。银锌蓄电池如图 4-6 所示。

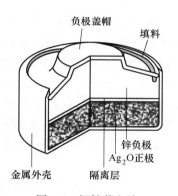

图 4-6 银锌蓄电池

4.3.3 燃料电池

燃料电池是引人注目的一种新型电池，以还原剂（氢气、煤气、天然气、甲醇等）为负极反应物，以氧化剂（氧气、空气等）为正极反应物。电极材料多采用多孔碳、多孔镍、铂、钯等贵重金属以及聚四氟乙烯，电解质则有碱性、酸性、熔融盐和固体电解质等数种。燃料电池的种类很多，包括固体燃料电池、氧化还原电极、燃料电池、气体等。

目前研制得比较成功的是氢氧燃料电池。氢氧燃料电池的正、负电极用多孔活性炭作为电极导体，负极吸附氢气（燃料），正极吸附氧气（氧化剂），用氢氧化钾溶液做电池溶液，燃料（氢气）连续输入负极，空气或氧同时输入正极，发生氧化还原反应，从而实现化学能向电能的转换，源源不断地发出电流。氢氧燃料电池如图 4-7 所示。

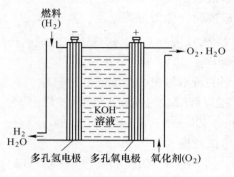

图 4-7　氢氧燃料电池

氢氧燃料电池的电池符号为：

$$(-)C \mid H_2 \mid KOH(w=35\%) \parallel O_2 \mid C(+)$$

电极反应为：

负极反应　　　　　　　　　$2H_2 + 4OH^- - 4e^- \longrightarrow 4H_2O$

正极反应　　　　　　　　　$O_2 + 2H_2O + 4e^- \longrightarrow 4OH^-$

电池总反应　　　　　　　　　　　$2H_2 + O_2 \longrightarrow 2H_2O$

　　燃料电池最大的优点是能量转换效率很高。例如，柴油机的能量利用率不超过 40%，火力发电的效率只有 34% 左右，而燃料电池的能量利用率可达 80% 以上，甚至可接近 100%，并且可以大功率供电。另外，燃料电池不需要锅炉发电机、汽轮机等，对大气不造成污染，电池的容量要比一般化学电源大得多。例如 10~20kW 的碱性燃料电池已应用于阿波罗登月飞行和航天飞机，目前已从磷酸型的第一代燃料电池发展到熔融碳酸盐型的第二代和固体电解质型的第三代燃料电池，并正向高温固体电解质的第四代燃料电池开拓。尽管燃料电池的成本很高，至今未能普遍使用，但随着科学技术的发展，其应用的前景将是十分广阔的，特别是在平衡人类社会的电力负荷方面。

4.3.4　绿色电池

　　除燃料电池外，其他新型电池也在研究开发之中，比如锂离子电池、钠硫电池以及银锌镍氢电池等。这些新型电池与铅电池相比，具有重量轻、体积小、储存能量大以及无污染等优点，被称为新一代无污染的绿色电池。这里主要介绍锂离子电池和钠硫电池。

4.3.4.1　锂离子电池

　　锂离子电池的负极是由嵌入锂离子的石墨层组成的，正极由 $LiCoO_2$ 组成，锂离子电池在充电或放电情况下，使锂离子往返于正负极之间。外界输入电能（充电），锂离子由能量较低的正极材料"强迫"迁移到石墨材料的负极层间面形成高能态；进行放电时，锂离子由能量较高的负极材料间脱出，迁回能量较低的正极材料层间，同时通过外电路释放电能。锂离子电池充电放电示意图如图 4-8 所示。

　　锂离子电池的电极反应为：

正极反应　　　　　　　$xLi^+ + Li_{1-x}CoO_2 + xe^- \longrightarrow LiCoO_2$

负极反应　　　　　　　　　　　$Li_xC_6 \longrightarrow xLi^+ + 6C + xe^-$

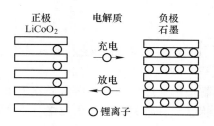

图 4-8　锂离子电池充电放电示意图

电池总反应　　　　　　　　$Li_xC_6 + Li_{1-x}CoO_2 \longrightarrow LiCoO_2 + 6C$

锂离子电池具有显著的优点：体积小，比能量（质量比能量）密度高，单电池的输出电压高达 4.2V；在 60℃左右的高温条件下仍能保持很好的电性能。锂离子电池主要用于便携式摄像机、液晶电视机、移动电话机和笔记本电脑等。

4.3.4.2　钠硫电池

钠硫电池以熔融的钠做电池的负极，熔融的多硫化钠和硫作正极，正极物质填充在多孔的碳中，两极之间用陶瓷管隔开，陶瓷管只允许 Na^+ 通过。钠硫电池示意图如图 4-9 所示。

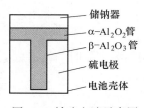

图 4-9　钠硫电池示意图

钠硫电池的电极反应为：

正极反应　　　　　　　　$2Na^+ + 2e^- \longrightarrow 2Na$

负极反应　　　　　　　　$S_5^{2-} + xS \longrightarrow (x+5)S + 2e^-$

电池总反应　　　　　　　$Na_2S_5 + xS \longrightarrow 2Na + (x+5)S$

钠硫电池作为一种新型高能密度的电池，具有相当高的比能量，钠硫电池的电动势为 2.08V，可作为机动车辆的动力电池。为使金属钠和多硫化钠保持液态，放电过程应维持在 300℃左右。在车辆驱动和电站储能方面展现了钠硫电池的广阔发展前景，通常情况下，钠硫电池由正极、负极、电解质、隔膜和外壳组成，与一般二次电池（铅酸电池、镍镉电池等）不同，钠硫电池是由熔融电极和固体电解质组成，负极的活性物质为熔融金属钠，正极活性物质为液态硫和多硫化钠熔盐。

4.4　电解技术

一个非自发进行的氧化还原反应可以用电流促使其氧化还原反应（$\Delta G \geqslant 0$）得以进行，从而实现电能到化学能的转变。实现这种转变的过程就是电解。

4.4.1　电解原理

电解是电流通过物质而引起化学变化的过程，化学变化是物质失去或获得电子（氧化或还原）的过程，电解过程是在电解池中进行的。

电解是将直流电通过电解质溶液或熔体，使电解质在电极上发生化学反应，以制备所需产品的反应过程。电解过程必须具备电解质、电解槽、直流电供给系统、分析控制系统和对产品的分离回收装置。电解过程应当尽可能采用较低成本的原料，提高反应的选择性，减少副产物的生成，缩短生产工序，便于产品的回收和净化。电解过程已广泛用于有色金属冶炼、氯碱和无机盐生产以及有机化学工业。

使电流通过电解质溶液（或熔融液），在两电极上分别发生氧化和还原反应的过程称为电解。这种将电能转化为化学能的装置称为电解池。电解池是由分别浸没在含有正、负离子的溶液中的阴、阳两个电极构成，电极以导线和直流电源相接。与电源负极相连接的电极称为阴极，与电源正极相连接的电极称为阳极，电子从直流电源的负极沿导线流至电解池的阴极；另一方面，电子又从电解池的阳极离开，沿导线流回电源的正极。这样在阴极上电子过剩，在阳极上电子缺少，因此，电解质溶液中的正离子移向阴极，从阴极上得到电子，发生还原反应；负离子移向阳极，在阳极上给出电子，发生氧化反应。离子在相应电极上得失电子的过程均称放电。

4.4.2　电解时电极上的反应

当电解池上外加电压由小到大逐渐变化时，将造成电解池阳极电势逐渐升高和阴极电势逐渐降低。

4.4.2.1　阴极反应

阴极反应在阴极上发生的是还原反应，即金属离子还原成金属，或 H^+ 还原成 H_2。如果电解液中含有多种金属离子，则电极电势越高的离子，越易获得电子而还原成金属，所以在阴极电势逐渐由高变低的过程中，各种离子是按其对应的电极电势由高到低的次序先后析出的。

例如，某电解液中含有浓度相同的 Ag^+、Cu^{2+} 和 Cd^{2+}，因 $E(Ag^+/Ag) > E(Cu^{2+}/Cu) > E(Cd^{2+}/Cd)$，首先析出 Ag，其次析出 Cu，最后析出 Cd。通常利用此原理，可以把几种金属依次分离。

4.4.2.2　阳极反应

阳极反应在阳极上发生的是氧化反应，电势越低的离子，越易在阳极上失去电子面氧化。因此在电解时，在阳极电势逐渐由低变高的过程中，各种不同的离子依其电势由低到高的顺序先后放电进行氧化反应。当阳极材料是 Pt 等惰性金属，则电解时的阳极反应只是负离子放电，即 Cl^-、Br^-、I^- 及 OH^- 等离子氧化成 Cl_2、Br_2、I_2 和 O_2；当阳极材料是 Zn、Cu 等较为活泼的金属，电解时的阳极反应既可能是电极分解为金属离子，又可能是 OH^- 等负离子放电，其中哪一个反应所要求的放电电势低，就将会发生哪一个反应。

【例 4-11】　用铜做电极，电解 $CuSO_4$ 水溶液，试指出两电极上的电解产物。

解：溶液中存在着四种离子，即 Cu^{2+}、SO_4^{2-}、H^+、OH^-，通电后，Cu^{2+}、H^+ 移向

阴极，查附录 D 得：

$$E^{\ominus}(Cu^{2+}/Cu) = 0.3402V, \quad E^{\ominus}(H^+/Hg) = 0V$$

因为

$$E(Cu^{2+}/Cu) > E(H^+/H_2), \quad c(Cu^{2+}) > c(H^+)$$

所以 Cu^{2+} 在阴极得电子析出 Cu。

电极反应为：

$$Cu^{2+} + 2e^- \longrightarrow Cu$$

溶液中的 SO_4^{2-}、OH^- 向阳极移动，除这两种离子在阳极可能发生放电外，铜电极也可能发生氧化反应，查附录 D 得：

$$E^{\ominus}(Cu^{2+}/Cu) = 0.3402V, \quad E^{\ominus}(O_2/OH^-) = 0.401V$$

其中 $E^{\ominus}$ 代数值小的还原物质为 Cu，首先在阳极失去电子，转变为 Cu^{2+}，发生阳极溶解，即：

$$Cu - 2e^- \longrightarrow Cu^{2+}$$

总反应为：

$$Cu(阳极) \longrightarrow Cu(阴极)$$

4.4.3 工业上电解食盐水

电解食盐水溶液生产氯气、烧碱和氢气的方法较多，其反应方程式均为：

$$2NaCl + 2H_2O \longrightarrow Cl_2\uparrow + 2NaOH + H_2\uparrow$$

4.4.3.1 电解过程

电解过程的主要反应在阳极（石墨或金属阳极）上发生氧化反应，即：

$$2Cl^- - 2e^- \longrightarrow Cl_2\uparrow$$

在阴极（如铁阴极）上发生还原反应，即：

$$2H^+ + 2e^- \longrightarrow H_2\uparrow$$

氯化钠在水溶液中以离子的形式存在，即：

$$NaCl \longrightarrow Na^+ + Cl^-$$

水中存在以下平衡：

$$H_2O \rightleftharpoons H^+ + OH^-$$

在外电场作用下，Na^+、H^+ 向阴极移动，Cl^-、OH^- 向阳极移动。由于 Cl^- 的放电，在阳极产生 Cl_2；H^+ 的放电，在阴极产生 H_2；溶液中的 OH^- 和 Na^+ 结合，生成氢氧化钠。其反应式为：

$$Na^+ + OH^- \longrightarrow NaOH$$

4.4.3.2 电解方法的发展

电解广泛应用于冶金工业中，比如从矿石或化合物提取金属（电解冶金）或提纯金属（电解提纯），以及从溶液中沉积出金属（电镀）。金属钠和氯气是由电解熔融氯化钠生成的；电解氯化钠的水溶液则产生氢氧化钠和氯气。电解水产生氢气和氧气，水的电解就是在外电场作用下将水分解为 $H_2(g)$ 和 $O_2(g)$。电解是一种非常强有力的促进氧化还原反应的手段，许多很难进行的氧化还原反应，都可以通过电解来实现。例如，可将熔融的氟化物在阳极上氧化成单质氟，熔融的锂盐在阴极上还原成金属锂。电解工业在国民经济中具有重要作用，许多有色金属（如钠、钾、镁、铝等）和稀有金属（如锆、铪等）的冶炼及金属（如铜、锌、铅等）的精炼，基本化工产品（如氢、氧、烧碱、氯酸钾、过氧化氢、乙二腈等）的制备，还有电镀、电抛光、阳极氧化等，都是通过电解实现的。

4.4.4 电化学技术

利用电解原理具体应用于工业生产实践中所形成的工业技术称为电化学技术。电化学技术主要包括电镀、电铸和电抛光等，下面简单介绍其中的几种。

4.4.4.1 金属电镀

电镀就是利用电解原理在某些金属表面上镀上一薄层其他金属或合金的过程，是利用电解作用使金属或其他材料制件的表面附着一层金属膜的工艺从而起到防止金属氧化（如锈蚀），提高耐磨性、导电性、反光性、抗腐蚀性（硫酸铜等）及增进美观等作用。电镀时，镀层金属或其他不溶性材料做阳极，待镀的工件做阴极，镀层金属的阳离子在待镀工件表面被还原形成镀层。电镀时，金属制件通常需要经过除锈、去油等处理，然后将其作为阴极放入电解槽中。阳极一般是镀层金属的板或棒，电解液是镀层金属的盐溶液。

（1）镀锌。电镀锌采用酸性电镀液镀锌和碱性电镀液镀锌两种。酸性电镀液镀锌的阳极使用纯锌，采用酸性电镀液（如硫酸锌），为增大导电性，可以添加硫酸盐。其优点是酸性电镀液价廉且电流效率大，电镀速率快，容易管理，缺点是均镀能力差。

镀锌液成分如下。

1）硫酸锌：240g/L；

2）氯化铵：15~20g/L；

3）硫酸铝：30g/L；

4）pH 值：3.5~4.5；

5）电流密度：1~3A/dm^2；

6）温度：20~30℃。

碱性电镀液虽然价格较高，但均镀能力好，因此也有一定应用。

（2）镀锡。工业生产上应用的镀锡电镀液有酸性溶液和碱性溶液之分。在酸性镀液中，锡以 Sn^{2+} 形式存在，允许的电流密度比碱性电镀液的大，同时阴极电流效率也高。碱性电镀液的主要成分是锡酸钠，以 $Sn(OH)_6^{2-}$ 形式存在，要得到同样质量的镀锡层，所消耗的电能将是酸性镀液的 2 倍，并且电流效率低，因此应用不如酸性镀液那样普遍。

（3）镀铬。镀铬液的成分如下。

1）铬酐（CrO_3）：200~300g/L；

2）硫酸：2~3g/L；

3）氟化铵：4.6g/L；

4）电流密度：25~35A/dm^2；

5）温度：50~55℃。

镀铬具有美丽的光泽，耐腐蚀，硬度高且摩擦系数小，故可用于装饰。由于锡资源的枯竭，国际上镀锡钢板的价格不断上涨，近年来出现了物美价廉的无锡钢板，而无锡钢板就是在普通镀铬工艺基础上发展起来的，因此镀铬在工业上应用越来越广泛。

4.4.4.2　塑料电镀

塑料电镀是在塑料基体上通过金属化处理沉积一层薄的金属层，然后在这薄的导电层上再进行电镀加工的方法。与金属制件相比，塑料电镀制品不仅可以实现很好的金属质感，而且能减轻制品重量，在有效改善塑料外观及装饰性的同时，也改善了其在电、热及耐蚀等方面的性能。

非导体塑料的金属化处理，最常用的方法是化学镀，即用化学还原的方法在塑料件表面的催化膜上沉积上一层导电的铜层或镍层，以便随后电镀各种金属。为了使镀层与塑料件具有良好的结合力，在化学镀前，必须对塑料表面进行特殊的前处理。

（1）塑料表面的前处理。塑料表面的前处理包括消除应力、脱脂、粗化、敏化、活化、还原或解胶等几个步骤。

粗化的目的是使其表面微观粗糙，并使高分子断裂，由长链变成短链，由憎水体变成亲水体，有利于粗化后各道工序的顺利进行，提高镀层与塑料的结合力。

敏化的目的是为了在非导体的塑料表面上吸附上一层容易汽化的物质，以便在活化处理时被氧化，而在塑料件表面上形成"催化膜"。常用的敏化剂是 $SnCl_2$ 的酸溶液，当用水清洗塑料时，生成 $Sn(OH)Cl$ 和 $Sn(OH)_2$ 凝胶状的复合物，在塑料表面形成一层薄膜。

活化处理是将经敏化处理的制件浸入含氧化剂（一般是贵金属盐）的水溶液中，贵金属离子被 Sn^{2+} 所还原，在制件表面上形成具有催化活性的金属膜以加速化学镀的还原反应，银、钯等贵金属都有这种催化能力，成为化学镀的结晶中心。

经活化处理的塑料制件在化学镀之前，还要先用化学镀液的还原剂溶液浸渍，使制件上未被水洗净的活化剂还原，这就是还原处理。

（2）化学镀。化学镀是指在无外电流通过，利用还原剂将溶液中的金属离子还原沉积在制件表面，形成金属镀层的方法。该方法不需电解设备，镀层厚度均匀，外观光亮，有特殊的耐蚀性，是非金属材料（塑料、玻璃、陶瓷等）电镀的关键步骤，也应用于各种金属材料的耐蚀金属层。化学镀的品种很多，有镀各种贵金属、合金层和复合镀层，最常用的是化学镀镍和化学镀铜。

1）化学镀镍。化学镀镍是用次亚硝酸钠或硼氢化物为还原剂，把溶液中的金属离子（Ni^+）还原为金属，沉积在经过一定处理具有催化活性的非金属基体的表面上。开始时，借助活化时建立的贵金属或钯的催化中心，催化氧化还原反应的进行，使镍沉积在塑料表面上，新沉积的镍具有催化作用，可使反应不断地进行下去，获得厚的金属镀层。其反应方程式为：

$$2H_2PO_2^- + Ni^{2+} + 4OH^- \longrightarrow 2HPO_3^{2-} + Ni + H_2 + 2H_2O$$

2）化学镀铜。化学镀铜是以甲醛作为还原剂，将溶液中 Cu^+ 还原为金属，溶液的主要成分是硫酸铜、氢氧化钠、酒石酸钾钠、甲醛、稳定剂等。其反应方程式为：

$$CuSO_4 + 2NaOH + NaKC_4H_4O_6 \longrightarrow NaKCuC_4H_2O_6 + Na_2SO_4 + 2H_2O$$

甲醛在经过活化的镀件表面上将 Cu^+ 还原成金属 Cu，沉积在塑料表面上。其反应方程式为：

$$NaKCuC_4H_2O_6 + HCHO + NaOH \longrightarrow Cu + HCOONa + NaKC_4H_4O_6$$

经过化学镀后的塑料件，其表面已具有导电的能力，因而可以像金属制品一样进行各种金属电镀。

（3）电抛光。电抛光的原理是阳极金属表面上凸出部分在电解过程中的溶解速率大于凹入部分的溶解速率，经过一段时间的电解，可使表面达到平滑有光泽的要求。

4.5　金属的腐蚀与防护

4.5.1　电化学腐蚀

电化学腐蚀可分为析氢腐蚀、吸氧腐蚀和差异充气腐蚀。下面以钢铁的电化学腐蚀为例，逐一进行简单介绍。

4.5.1.1　析氢腐蚀

析氢腐蚀（钢铁表面吸附水膜酸性较强时）是指在酸性较强的溶液中金属（含有碳）发生电化学腐蚀时放出氢气的腐蚀。在潮湿空气中，钢铁表面会吸附水汽而形成一层薄薄的水膜。水膜中溶有二氧化碳后就变成一种电解质溶液，使水里的氢离子增多，这就构成无数个以铁为负极、碳为正极、酸性水膜为电解质溶液的微小原电池。析氢腐蚀主要发生如下反应：

阳极（Fe）　　　　　　　$Fe(s) - 2e^- \longrightarrow Fe^{2+}(aq)$

$$Fe^{2+}(aq) + 2H_2O(l) \longrightarrow Fe(OH)_2(s) + 2H^+(aq)$$

阴极（杂质）　　　　　$2H^+(aq) + 2e^- \longrightarrow H_2(g)$

总反应　　　　　$Fe(s) + 2H_2O(l) \longrightarrow Fe(OH)_2(s) + H_2(g)$

4.5.1.2　吸氧腐蚀

吸氧腐蚀（钢铁表面吸附水膜酸性较弱时）又称吸氧腐蚀或氧去极化腐蚀。溶液中的中性氧分子（O_2）在阴极上还原反应引起的电化学腐蚀。当钢铁暴露在中性或弱酸性介质中，在氧气充足的条件下，由于 O_2/OH^- 电对的电极电势大于 H^+/H_2 电对的电极电势，故溶解在水中的氧气优先在阴极上得到电子被还原成 OH^-，阳极上仍然是铁被氧化为 Fe^{2+}。其主要发生如下反应：

阳极（Fe）　　　　　　　　　　　$Fe(s) - 2e^- \longrightarrow Fe^{2+}(aq)$

阴极（杂质）　　　　　$O_2(g) + 2H_2O(l) + 4e^- \longrightarrow 4OH^-(aq)$

总反应　　　　$2Fe(s) + O_2(g) + 2H_2O(l) \longrightarrow 2Fe(OH)_2(s)$

这类腐蚀主要消耗氧气，故称吸氧腐蚀。析氢腐蚀和吸氧腐蚀生成的 $Fe(OH)_2$ 还可被 O_2 氧化生成 $Fe(OH)_3$，脱水后形成 Fe_2O_3 铁锈。只有氧的电位比金属阳极电位正时，才可能发生耗氧腐蚀，所以，发生耗氧腐蚀的必要条件是金属的电位 E_M 低于氧化还原反应的电位 E_{O_2}。

一般情况下，水膜接近中性，吸氧腐蚀较析氢腐蚀更为普遍。因此，钢铁在大气中主要发生吸氧腐蚀。

4.5.1.3　差异充气腐蚀

差异充气腐蚀（钢铁表面氧气分布不均匀时）是由金属表面介质中氧气浓度的不同而产生的。例如，著名的艾万思（U. R. Evans）盐水滴试验，因为液滴边缘氧气浓度较大，所以边缘处金属为阴极，氧气被还原；而液滴中心部位氧气浓度较小，所以中心部位金属为阳极，对铁等较活泼金属而言，铁被氧化，也就是经常见到该部位的铁被腐蚀。生活中，置于水中或泥土中的铁桩，常常发现浸在水中的下部分或埋在泥土中的部分发生腐蚀，而水中靠近水面的部分或泥土上方却不被腐蚀。这是因为水中接近水面部分溶解的氧气浓度与在水下层和泥土中溶解的氧气浓度不同，相当于铁桩浸入含有氧气的溶液中，构成了氧电极。其电极电势表达式为：

$$O_2(g) + 2H_2O(l) + 4e^- \longrightarrow 4OH^-(aq)$$

$$E(O_2/OH^-) = E^{\ominus}(O_2/OH^-) + \frac{0.0592}{4\lg\frac{p(O_2)/p^{\ominus}}{c(OH^-)}}$$

显然，水中接近水面部分（上段）由于氧气浓度较大，电极电势代数值较大；而处于水下层（或泥土中部分）氧气浓度较小，电极电势代数值也较小。这样便构成了以铁桩下段为阳极，上段为阴极的腐蚀电池，其结果是铁桩浸在水中下段或埋在泥土中的部分被腐蚀，而接近水面处不被腐蚀。其主要反应为：

阳极（下段）　　　　　　　　　　　$Fe(s) \longrightarrow Fe^{2+}(aq) + 2e^-$

阴极（上段）　　　　$O_2(g) + 2H_2O(l) + 4e^- \longrightarrow 4OH^-(aq)$

总反应　　　　$2Fe(s) + O_2(g) + 2H_2O(l) \longrightarrow 2Fe(OH)_2(s)$

差异充气腐蚀是生产实践中危害性大而又难以防止的一种腐蚀。地下管道、海上采油平台、桥桩、船体等处于水下或地下部分，往往因差异充气腐蚀而遭受严重破坏。

4.5.2　金属防腐技术

防腐蚀技术对在腐蚀性介质中的金属材料及其制品，采用各种不同的防腐蚀技术，延长金属制品的使用寿命，保证工艺设备的安全和顺利运行。影响金属腐蚀的因素有内因和外因，内因指金属的活泼性和纯度；外因指电解质的浓度、酸性强弱和温度的高低等。金属腐蚀的防护就是根据腐蚀的成因，通过提高金属本身的耐腐蚀能力、降低金属活性、减缓腐蚀速率等手段达到防护的目的。金属腐蚀的防护方法很多，下面介绍几种常用的防腐方法。

4.5.2.1　组成合金

此法可直接提高金属本身的耐腐蚀性，例如不锈钢就是铁与铬、镍等的合金。合金能提高电极电势，降低阳极活性，从而使金属的稳定性大大提高。

4.5.2.2　金属镀层

金属材料及其制品表面经处理后形成防护层，可以使金属表面与外界介质隔开，阻止两者发生作用，同时还能取得装饰性外观。表面防护是防止或减轻基体金属腐蚀应用最普遍的方法，表面防护层常见的有金属镀层（镀铬、镀镍等）和非金属涂层（油漆、搪瓷、塑料膜等）两类，其中还包括金属表面钝化（如钢铁的发蓝处理和磷化处理）等。

4.5.2.3　缓蚀剂法

在腐蚀介质中加入少量能减缓腐蚀速率的物质来防止金属腐蚀的方法称为缓蚀剂法，所加的物质称为缓蚀剂。按化学成分分类，缓蚀剂可分为无机缓蚀剂和有机缓蚀剂两类。

无机缓蚀剂的作用主要是在金属表面形成氧化膜或难溶物质，使金属与介质隔开，通常在碱性介质中使用硝酸盐、亚硝酸盐、磷酸盐、碳酸氢盐等，在中性介质中用亚硝酸盐、铬酸盐、重铬酸盐等。

在酸性介质中，无机缓蚀剂的效果较差，因此常用有机缓蚀剂。常用的有机缓蚀剂有苯胺、乌洛托品［六次甲基四胺（CH_2)$_6$$N_4$］、动物胶、琼脂等，它们一般是含有 N、S 和 O 等成分的有机化合物。

有机缓蚀剂的缓蚀作用机理较复杂，目前还不很清楚。最简单的一种机理认为，缓蚀剂被吸附在阴极表面上，阻碍了 H^+ 在阴极放电，从而使金属的腐蚀减缓。

缓蚀剂法在石油开采、石油化工、酸洗除锈、建筑施工、工业用水等方面得到广泛应用。

4.5.2.4　电化学保护法

鉴于金属电化学腐蚀是阳极金属（较活泼金属）被腐蚀，可以使用外加阳极将被保护的金属作为阴极保护起来，因此电化学保护法亦称阴极保护法。根据外加的阳极不同，该法又分为牺牲阳极保护法和外加电流法两种。牺牲阳极保护法是将较活泼金属或合金连接在被保护的金属设备上形成腐蚀电池，较活泼金属作为腐蚀电池的阳极面被腐蚀，被保护金属作为阴极而得到保护，常用的牺牲阳极材料有 Mg、Al、Zn 及其合金。牺牲阳极法常用于蒸汽锅炉的内壁、海船的外壳和海底设备等。通常牺牲阳极占有被保护金属表面积的 1%~5%，分散布置在被保护金属的表面上，如图 4-10 所示。

锌合金

图 4-10　牺牲阳极保护法示意图

外加电流法是将被保护金属与另一附加电极（常用废钢或石墨）组成电解池，外加直流电源的负极接被保护金属作阴极，附加电极作阳极，在直流电作用下，阴极发生还原反应而受到保护。这种保护法广泛应用于防止土壤、海水及河流中的金属设备的腐蚀。外加电流法示意图如图 4-11 所示。

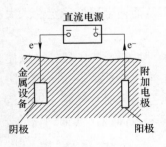

直流电源

金属设备　　　附加电极

阴极　　　　　阳极

图 4-11　外加电流法示意图

4.5.3 防蚀设计

防蚀设计时需要考虑：
（1）合理选材；
（2）防蚀方法的选择；
（3）防蚀构造设计；
（4）防蚀强度设计；
（5）根据防蚀要求考虑加工方法；
（6）提出正常生产中防蚀管理的要求。

其中，防蚀构造设计在防腐设计中居于重要地位，如果在结构的设计上不从防腐蚀的角度考虑，常会引起机械应力和热应力增高、管道等中流体物质的停滞和聚集浓缩、局部过热以及电偶腐蚀等现象而加速腐蚀过程。改变设备构件的几何形状，确定合理的材料匹配和装配工艺等，可减轻或防止腐蚀。

阅读材料

航空知识：无人机的六大动力来源：各有千秋

一、锂离子电池（Batteries）

目前，市场上的大多数无人机都使用锂离子电池（LiPos）维持动力，根据负载的多少，飞行时间也有所不同，一般情况下，飞行时间大概20min。锂离子电池具有能量密度高、更小型化、超薄化、轻量化，以及高安全性和低成本等多种明显优势，是一种新型电池。但是因为动力锂离子电池的特性是，体积越大容量越大，重量也越重，因此要增加容量才能增加续航，而增大容量，重量又会随之增加，而飞行时间就会大大缩短。

二、太阳能（Solar Power）

一般使用太阳能做动力的无人机都会在机翼部位安装有太阳能电池。在阳光充足的情况下，太阳能电池会自动吸收能量，并储存在电池内部作为备用。这是最理想的无人机动力来源，因此各个国家都在不断开发太阳能无人机。

三、氢燃料电池（Hydro Fuel Cell）

不久前，英国 Intelligent Energy 公司已经研制出了一种氢燃料电池，这种无人机氢燃料电池加满燃料差不多只有1.6kg，相比锂电池还更轻。这种电池能够让无人机在天上连续飞行2h，并且在着陆之后可以立即补充燃料，继续飞行，甚至可以实现无人机的不间断作业。氢燃料电池相对于锂电池的优势在于续航时间长、低温环境下更稳定等。但其劣势也相当明显，氢燃料电池在工作时会产生很高的热能，如果长期处于高温环境下，极易发生事故。

四、内燃机（Combustion Engine）

使用内燃机发电可支持无人机以100km/h的速度飞行1h，但也存在问题，比如噪声大。此外，由于无人机内有可燃气体，也存在安全隐患。

五、有线电缆（Tethered）

使用有线电缆供电的无人机能够"长久"的工作，而且也加快了无人机向电脑传输数据的速度，安全性也更高。缺点就是由于受到有线连接的限制，无法完成远距离飞行。

六、激光发射器（Laser Transmitter）

　　使用激光发射器为无人机供电，从地面发射的激光光束被机身上的接收器转化成动力，几乎可以支持无人机一直工作。与太阳光相比，激光在能量传输上更具优势。例如其照射时间和角度能够人为的控制，从而为无人机提供 24h 不间断的电力。激光发射器在提供无人机动力时具有的效果显著、安全系数高的特点，使其备受研发群体的青睐。

思 考 题

　　（1）什么是标准电极电势，标准电极电势的正负号是怎么确定的？

　　（2）下列说法是否正确？

　　1）电池正极所发生的反应是氧化反应。　　　　　　　　　　　　　　　　（　　）

　　2）E 值越大则电对中氧化型物质的氧化能力越强。　　　　　　　　　　　（　　）

　　3）E 值越小则电对中还原型物质的还原能力越弱。　　　　　　　　　　　（　　）

　　4）电对中氧化型物质的氧化能力越强则还原型物质的还原能力越强。　　　（　　）

　　（3）书写电池符号应遵循哪些规定？

　　（4）简述电池的种类，并举例说明。

　　（5）怎样利用电极电势来确定原电池的正、负极，计算原电池的电动势？

　　（6）举例说明电极电势与有关物质浓度（气体压力）之间的关系。

　　（7）正极的电极电势总是正值，负极的电极电势总是负值，这种说法是否正确？

　　（8）标准氢电极，其电极电势规定为零，那么为什么作为参比电极常采用甘汞电极面不用标准氢电极？

　　（9）同种金属及其盐溶液能否组成原电池？若能组成，盐溶液的浓度必须具备什么条件？

　　（10）判断氧化还原反应进行方向的原则是什么，什么情况下必须用 E 值，什么情况下可以用 E 值？

　　（11）由标准锌半电池和标准钢半电池组成原电池：

$$(-)Zn \mid ZnSO_4(1mol/L) \parallel [CuSO_4(1mol/L) \mid Cu(+)$$

　　1）改变下列条件时电池电动势有何影响？

　　①增加 $ZnSO_4$ 溶液的浓度；

　　②增加 $CuSO_4$ 溶液的浓度；

　　③在 $CuSO_4$ 溶液中通入 H_2S。

　　2）当电池工作 10min 后，其电动势是否发生变化，为什么？

　　3）在电池工作过程中，锌的溶解与钢的析出，质量上有什么关系？

　　（12）试述原电池与电解槽的结构和原理，并从电极名称、电极反应和电子流动方向等方面进行比较。

　　（13）影响电解产物的主要因素是什么，当电解不同金属的卤化物和含氧酸盐水溶液时，所得的电解产物一般规律如何？

　　（14）金属发生电化学腐蚀的实质是什么，为什么电化学腐蚀是常见的而且危害又很大的腐蚀？

　　（15）通常金属在大气中的腐蚀是析氢腐蚀还是吸氧腐蚀？分别写出这两种腐蚀的化学反应式。

　　（16）镀层破裂后，为什么镀锌铁（白铁）比镀锡铁（马口铁）耐腐蚀？

　　（17）为什么铁制的工具在沾有泥土处很容易生锈？

　　（18）用标准电极电势解释：

　　1）将铁钉投入 $CuSO_4$ 溶液时，Fe 被氧化为 Fe^{2+} 而不是 Fe^{3+}；

2) 铁与过量的氯气反应生成 $FeCl_3$ 而不是 $FeCl_2$。

（19）一电对中氧化型或还原型物质发生下列变化时，电极电势将发生怎样的变化？

1) 还原型物质生成沉淀；

2) 氧化型物质生成配离子；

3) 氧化型物质生成弱电解质；

4) 氧化型物质生成沉淀。

（20）分别举例说明一次电池、二次电池和燃料电池的特点。

（21）简述各类电池的特点。

（22）什么是电镀，其基本原理是什么？

（23）金属的电化学腐蚀是怎样产生的，它与化学腐蚀的主要区别是什么？

（24）金属防护的方法有哪些？并简述之。

（25）什么是电解抛光，什么是电解加工，两者有何区别？

习　题

4-1　将下列氧化还原反应装配成原电池，试以电池符号表示。

（1）$Cl_2 + 2I^- \longrightarrow I_2 + 2Cl^-$；

（2）$MnO_4^- + 5Fe^{2+} + 8H^+ \longrightarrow Mn^{2+} + 5Fe^{3+} + 4H_2O$；

（3）$Zn + CdSO_4 \longrightarrow ZnSO_4 + Cd$；

（4）$Pb + 2HI \longrightarrow PbI_2 + H_2$。

4-2　写出下列原电池的电极反应和电池反应。

（1）$(-)Ag \mid AgCl(s) \mid Cl^- \parallel Fe^{2+}, Fe^{3+} \mid Pt(+)$；

（2）$(-)Pt \mid Fe^{2+}, Fe^{3+} \parallel Cr_2O_7^{2-}, Cr^{3+}, H^+ \mid Pt(+)$。

4-3　由标准氢电极和镍电极组成原电池，当 $c(Ni^{2+}) = 0.01mol/L$ 时，电池电动势为 0.316V，其中镍为负极。试计算镍电极的标准电极电势。

4-4　由标准钴电极和标准氧电极组成原电池，测得其电动势为 1.64V，此时钴为负极，已知 $E(Cl_2/Cl^-) = 1.36V$。试问：

（1）此时电极反应方向如何？

（2）$E(Co^{2+}/Co)$ 为多少？（不查表）

（3）当氯气分压增大或减小时，电池电动势将怎样变化？

（4）当 Co^{2+} 的浓度降低到 0.01mol/L 时，原电池的电动势如何变化，数值是多少？

4-5　判断下列氧化还原反应进行的方向（设离子浓度均为 1mol/L）。

（1）$2Cr^{3+} + 3I_2 + 7H_2O \longrightarrow Cr_2O_7^{2-} + 6I^- + 14H^+$；

（2）$Cu + 2FeCl_3 \longrightarrow CuCl_2 + 2FeCl_2$。

4-6　下列物质中，(a)通常作氧化剂，(b)通常作还原剂：

（a）$FeCl_3$、F_2、$K_2Cr_2O_7$、$KMnO_4$；

（b）$SnCl_2$、H_2、$FeCl_3$、Mg、Al、KI。

试分别将(a)按它们的氧化能力，(b)按其还原能力大小排列顺序，并写出它们在酸性介质中的还原产物或氧化产物。

4-7　在下列氧化剂中，随着 H^+ 浓度增加，哪些氧化能力增加，哪些无变化？写出能斯特方程式，并说明理由。

$$Fe^{3+}、H_2O_2、KMnO_4、K_2Cr_2O_7$$

4-8 已知下列反应均按正向进行：

$$2Fe^{3+} + Sn^{2+} \longrightarrow 2Fe^{2+} + Sn^{4+}$$

$$5Fe^{2+} + MnO_4^- + 8H^+ \longrightarrow 5Fe^{3+} + Mn^{2+} + 4H_2O$$

比较 Fe^{3+}/Fe^{2+}、Sn^{4+}/Sn^{2+}、MnO_4^-/Mn^{2+} 三个电对电极电势的大小，并指出哪个物质是最强的氧化剂，哪个物质是最强的还原剂。(不查表)

4-9 利用电极电势的概念解释下列现象。

(1) 亚铁盐在空气中不稳定，配好的 Fe^{2+} 溶液要加入一些铁钉以便保存。

(2) H_2SO_3 溶液不易保存，只能在使用时临时配制。

(3) 海上舰船镶嵌镁块、锌块或铝块防止船只壳体的腐蚀。

4-10 用两极反应表示下列物质的主要电解产物。

(1) 电解 $NiSO_4$ 溶液，阳极用镍，阴极用铁；

(2) 电解熔融 $MgCl_2$，阳极用石墨，阴极用铁；

(3) 电解 KOH 溶液，两极都用铂。

4-11 粗钢片中常含有杂质 Zn、Pb、Fe、Ag 等，将粗钢作阳极，纯铜作阴极，进行电解精炼，可得到纯度为 99.99%的铜。试用电化学原理说明这四种杂质是怎样与铜分离的。

扫描二维码查看
本章数字资源

5 物质结构基础

教学目标

本章主要是为了使学生了解薛定谔方程描述核外电子运动的思维方法、离子键和金属键的基本概念，熟悉共价键理论体系的形成过程和应用范围，理解原子结构与元素周期分布的关系、分子间作用方式，以及掌握多电子原子的电子排布方式。

教学重点与难点

（1）原子轨道与核外电子排布方式、分子间作用方式。

（2）多电子原子的电子排布方式、共价键理论。

物质是由分子组成的，而分子是由原子（Atom）组成的，原子又是由带正电荷的原子核和核外带负电的电子组成的。因此，物质结构的研究内容包括以下三个层次：

（1）原子结构研究主要关注核外电子的排放方式和运动规律，以及其与元素性质的关系。化学反应的实质是核外电子运动状态发生了改变，除核反应外，其他化学反应中只发生核外电子的转移，而原子核则并不发生变化。

（2）原子之间通过核外电子的重新分布以各类化学键的形式发生相互作用，进而形成分子。

（3）分子之间通过一种与化学键结合能力相比较弱的相互作用组成各类物质。

原子之间和分子之间作用方式的不同造成了物质性质的差异。

5.1 原 子 结 构

5.1.1 原子结构理论的发展历程

人们对原子结构的认识是逐步深入的。早在 1803 年，英国科学家道尔顿（Dalton）创立了"原子学说"。1811 年，意大利物理学家阿伏伽德罗（Avogadro）将其发展为"原子-分子论"。

1897 年，英国物理学家汤姆森（Thomson）提出"电子是带有负电荷的基本粒子"。1909 年，密立根（Millikam）通过油滴实验测出了电子的质量为 $9.1×10^{-31}$ kg。

1911 年，英国物理学家卢瑟福（Rutherford）和他的学生借助一个放射源，用 α 粒子轰击金箔的散射实验，发现了原子核，并根据电子的发现提出了最早的原子模型。卢瑟福原子模型认为，微观的原子好比一个小的太阳系，在原子的中心有一个像太阳一样的很小的带正电的原子核，核的质量几乎等于原子的质量，而电子则像行星绕太阳运转一样，以不同轨道绕原子核旋转。原子的直径后来经测定约 10^{-10}m。

　　1913 年，英国物理学家莫塞莱（Moseley）证明元素的原子序数等于原子核中的正电荷数和核外电子数。1932 年，英国物理学家查德威克（Chadwick）证实了原子核中不仅含有带正电荷的质子，还含有不带电的中子。

　　至此，人们认识到原子由原子核和电子组成，原子核由质子和中子组成，原子序数等于原子核内质子数，也等于核外电子数。由于化学变化中通常发生核外电子的转移，除核反应外，化学反应过程中，原子核并不发生变化，所以化学家对原子核外电子的运动方式的关心多于对原子核的关心。

　　1913 年，玻尔在卢瑟福原子模型的基础上，结合普朗克的能量量子化（能量不是连续变化）思想，大胆地提出了原子结构的新设想。玻尔假设的主要内容包括如下。

　　（1）电子在原子核外一些特定半径的轨道上运行，半径 r（nm）需满足：

$$r = 0.053n^2 \quad (n = 1, 2, 3, \cdots) \tag{5-1}$$

　　（2）在上述特定轨道上运行的电子具有稳定的能量 E，且满足：

$$E = -2.18 \times 10^{-18} \frac{1}{n^2} \tag{5-2}$$

　　（3）当电子从一个轨道跃迁到另一个轨道时，原子就以电磁波的形式吸收或发射能量。电磁波的频率 ν 满足：

$$h\nu = \Delta E \tag{5-3}$$

式中　h——普朗克常量，$h = 6.62618 \times 10^{-34}$J·s。

　　例如，当电子从 $n = 2$ 的轨道跃迁到 $n = 1$ 的轨道时，原子向外界辐射的电磁波的频率 ν 为：

$$\nu = \frac{\Delta E}{h} = \frac{1}{h} \times (-2.18) \times 10^{-18} \times \left(\frac{1}{4} - 1\right) = 2.4773 \times 10^{15}(\text{s}^{-1})$$

　　该电磁波的波长 λ 为：

$$\lambda = \frac{c}{\nu} = \frac{30 \times 10^{16}}{2.4773 \times 10^{15}} = 121(\text{nm})$$

　　玻尔根据自己的理论对氢原子结构做了计算，得到氢原子核外电子在各轨道间跃迁时辐射的频率 ν，计算结果完全符合氢原子发射光谱（见图 5-1）的实验数据。

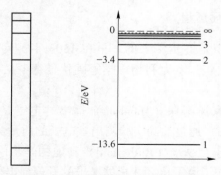

图 5-1　氢原子光谱和能级示意图

该理论在当时的科学界引起了巨大震动，这是因为玻尔的设想显然违背了经典的牛顿力学，也违背了麦克斯韦的电磁理论。据牛顿力学的原理，质点应该可以在任何半径的圆形轨道上运行，没有理由对轨道的半径做特殊的限制。根据牛顿力学的原理，任何带电粒子在圆形轨道上运行时都具有向心加速度；而根据麦克斯韦的电磁理论，做加速运动的电荷必定以电磁波的形式向外界发射能量，本身具有的能量将逐渐减小。因此，在玻尔轨道上运行的电子，其轨道半径将逐渐变小，最终电子将落入原子核中。有人根据麦克斯韦的理论进行了计算，得到的结论是，电子在玻尔轨道上运行的时间只有 10^{-12} s，这就意味着电子几乎不可能在玻尔的轨道上存在。

总之，虽然玻尔在对电子运动的研究中摆脱了牛顿力学等传统物理学理论的束缚，但是他把电子运动想象成小质点在圆形轨道上的运动，仍是按照传统的牛顿力学体系在思考问题，这就使得他的新理论在发展过程中受到了限制。

5.1.2 微观粒子波粒二象性与薛定谔方程

1926 年，薛定谔提出了描述氢原子核外电子运动的波动方程（又称薛定谔方程），其方程式为：

$$\frac{\partial^2 \psi}{\partial x^2} + \frac{\partial^2 \psi}{\partial y^2} + \frac{\partial^2 \psi}{\partial z^2} + \frac{8\pi^2 m}{h^2}(E - V)\psi = 0 \tag{5-4}$$

式中 m——电子的质量；

　　　E——电子的总能量；

　　　V——电子的势能。

薛定谔方程中的 ψ 称为波函数，ψ 是坐标 x、y、z 的函数，即 $\psi(x, y, z)$。波函数的物理意义现在已经公认与电子在某处出现的概率的大小有关。描述原子核外电子的运动规律时，不能像用牛顿力学描述宏观物体那样明确指出物体某瞬间存在于什么位置，而只能描述某瞬间电子在某位置上出现的概率有多大。

波函数 ψ 是描述原子核外空间位置的函数，某位置 (x, y, z) 处的 ψ 数值的平方 ψ^2 代表了电子在该位置的体积元中出现的概率的大小。也就是说，(x, y, z) 处的 ψ^2 数值代表了该处电子云的概率密度。因此，通过求解薛定谔方程，就可以了解原子核外各个不同地方电子出现的概率的大小。电子出现概率大的地方称为电子云密度大；电子出现概率小的地方称为电子云密度小。容易想象，离原子核较近处，电子出现的概率较大；远离原子核处，电子出现的概率必定很小。但是，过于靠近原子核的地方，电子出现的概率显然也不会大。

求解薛定谔方程后，就能了解原子核外电子云分布的情况，知道原子核外哪些地方电子云密度大，哪些地方电子云密度小。由于电子云在原子核外是对称地分布的，因此解薛定谔方程时使用球坐标比使用直角坐标更为方便。

球坐标与直角坐标的变换关系（见图 5-2）为：

$$\begin{cases} x = r\sin\theta\cos\varphi \\ y = r\sin\theta\sin\varphi \\ z = r\cos\theta \end{cases} \tag{5-5}$$

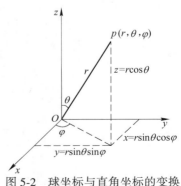

图 5-2 球坐标与直角坐标的变换

经过坐标变换，薛定谔方程将变成另一种形式，方程的解也变成以 r、θ、ψ 为自变量的形式，即 $\psi = \psi(r, \theta, \varphi)$。

假设方程的解可以表示为两个函数的乘积，即：

$$\psi(r, \theta, \varphi) = R(r)Y(\theta, \varphi) \tag{5-6}$$

式中，函数 $R(r)$ 只与 r 有关，称为径向分布函数（沿着半径方向分布的函数）；$Y(\theta, \varphi)$ 与角度 θ、φ 有关，称为角度分布函数。

薛定谔方程有多个解，分别对应于：

$$\begin{cases} n = 0, 1, 2, 3, \cdots \\ l = 0, 1, 2, \cdots, n-1 \\ m = 0, \pm 1, \pm 2, \cdots, \pm l \end{cases}$$

n、l、m 在物理上分别称为主量子数、角量子数、磁量子数。其中 n 可以取任何自然数，而 l 的取值范围受到 n 数值的限制，最大只能是 $n-1$；m 的取值范围受到 l 数值的限制，可以取 $-l \sim +l$ 的任何整数。三个量子数的物理意义如下：

（1）主量子数 n 表示核外的电子层数，确定电子到核的平均距离，决定了单电子原子的电子运动的能量。求解 H 原子薛定谔方程可得，每一个对应原子轨道中电子的能量只与 n 有关，表达式为 $E_n = (-1312/n^2)\,\text{kJ/mol}$。由此可见，$n$ 的值越大，电子能级就越高。

（2）角量子数 l 表示核外的电子亚层，确定原子轨道的形状，对于多电子原子，与 n 共同确定原子轨道的能量。

（3）磁量子数 m 确定原子轨道的伸展方向，m 共可取 $2l+1$ 个值。

表 5-1 列出了氢原子薛定谔方程的解，即部分的波函数 $\psi(x, y, z)$。

表 5-1　氢原子的部分波函数

n	l	m	轨道	$\psi(r, \theta, \varphi)$	$R(r)$	$Y(\theta, \varphi)$
1	0	0	1s	$\sqrt{\dfrac{1}{\pi a_0^3}}\,e^{-\frac{r}{a_0}}$	$2\sqrt{\dfrac{1}{a_0^3}}\,e^{-\frac{r}{2a_0}}$	$\sqrt{\dfrac{1}{4\pi}}$
2	0	0	2s	$\dfrac{1}{4}\sqrt{\dfrac{1}{2\pi a_0^3}}\left(2 - \dfrac{r}{a_0}\right)e^{-\frac{r}{2a_0}}$	$\sqrt{\dfrac{1}{8a_0^3}}\left(2 - \dfrac{r}{a_0}\right)e^{-\frac{r}{2a_0}}$	$\sqrt{\dfrac{1}{4\pi}}$
2	1	0	2p$_z$	$\dfrac{1}{4}\sqrt{\dfrac{1}{2\pi a_0^3}}\left(\dfrac{r}{a_0}\right)e^{-\frac{r}{2a_0}}\cos\theta$		$\sqrt{\dfrac{3}{4\pi}}\cos\theta$
2	1	±1	2p$_x$	$\dfrac{1}{4}\sqrt{\dfrac{1}{2\pi a_0^3}}\left(\dfrac{r}{a_0}\right)e^{-\frac{r}{2a_0}}\sin\theta\cos\varphi$	$\sqrt{\dfrac{1}{24a_0^3}}\left(\dfrac{r}{a_0}\right)e^{-\frac{r}{2a_0}}$	$\sqrt{\dfrac{3}{4\pi}}\sin\theta\cos\varphi$
			2p$_y$	$\dfrac{1}{4}\sqrt{\dfrac{1}{2\pi a_0^3}}\left(\dfrac{r}{a_0}\right)e^{-\frac{r}{2a_0}}\sin\theta\sin\varphi$		$\sqrt{\dfrac{3}{4\pi}}\sin\theta\sin\varphi$

注：$a_0 = 0.053\text{nm}$。

从表 5-1 可知，当 $n=1$ 时，径向分布函数 $R(r)$ 和角度分布函数 $Y(\theta, \varphi)$ 分别为：

$$\begin{cases} R(r) = 2\sqrt{\dfrac{1}{a_0^3}}\,\mathrm{e}^{-\frac{r}{a_0}} \\[3mm] Y(\theta,\ \varphi) = \sqrt{\dfrac{1}{4\pi}} \end{cases} \tag{5-7}$$

所以，在距离原点 r 处的厚度为 $\mathrm{d}r$ 的球壳中，电子云出现的概率 P 为：

$$\begin{aligned} P \propto \psi^2 \mathrm{d}V &= Y^2(\theta,\ \varphi) R^2(r)\mathrm{d}V \\[2mm] &= \frac{1}{4\pi}\left(2\sqrt{\frac{1}{a_0^3}}\,\mathrm{e}^{-\frac{r}{a_0}}\right)^2 \mathrm{d}V \\[2mm] &= \frac{1}{4\pi}\left(2\sqrt{\frac{1}{a_0^3}}\,\mathrm{e}^{-\frac{r}{a_0}}\right)^2 4\pi r^2 \mathrm{d}r \end{aligned} \tag{5-8}$$

由式 (5-8) 可知，当 $r=a_0$ 时，概率 P 取得极（大）值。也就是说，当主量子数 $n=l$ 时，在距离氢原子核 a_0 处电子云出现的概率最大；类似可以计算得出，当主量子数 $n=2$ 时，在距离氢原子核 0.21nm 处电子云出现的概率最大。

与原子核相距不同远近的地方，电子云出现的概率的大小也不同，这一结论可以用径向分布图（见图 5-3）直观地表示。

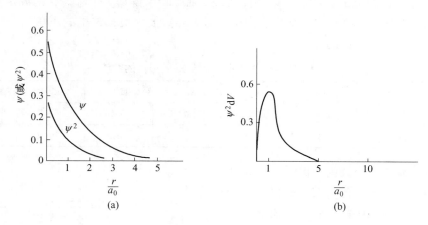

图 5-3 径向分布图

（a）电子云密度径向分布；（b）电子云径向分布

由图 5-3 可以看出，氢原子核外的电子云主要集中在距核 0.053nm 处，或者集中在距核 0.21nm 处，这与玻尔的"原子核外电子分层排布"理论是一致的。主量子数 $n=1$、2、3 等数值分别对应于原子核外的第 1 电子层、第 2 电子层、第 3 电子层等。从以上讨论可知，径向分布图给出了"电子云主要出现在离原子核多远的地方"的直观概念。

以下讨论角度 θ 和 φ 对电子云出现概率的影响，即电子云按角度分布的情况。当主量子数 $n=1$ 时，角量子数 $l=0$，从表 5-1 可知，这时的角度分布函数为：

$$Y(\theta,\ \varphi) = \sqrt{\frac{1}{4\pi}} \tag{5-9}$$

由此可见，角度分布函数的数值与 θ、φ 都无关，在不同方向 $Y(\theta,\ \varphi)$ 都有相同的

数值 $\left(\dfrac{1}{4\pi}\right)^{\frac{1}{2}}$ ，这就是说，$l=0$ 时的角度分布函数是球形对称的。当主量子数 $n=2$ 时，如

果角量子数 $l=0$，从表5-1可知，角度分布函数的数值为 $\left(\dfrac{1}{4\pi}\right)^{\frac{1}{2}}$ ，仍是球形对称的。但是，

当 $n=2$，$l=1$，$m=0$ 时，角度分布函数为：

$$Y(\theta,\varphi)=\sqrt{\frac{3}{4\pi}}\cos\theta \qquad (5-10)$$

所以，这时的角度分布函数数值与 θ 有关，当 θ 为 $0°$ 或 $180°$ 时，数值最大。由于电子云密度与波函数平方成正比，角度分布函数取得极大值的方向也就是电子云密度极大的方向。

如果按以下方法作图，就可以直观地了解电子云密度按角度分布的情况：

（1）计算出不同 θ 值所对应的角度分布函数 $Y(\theta,\varphi)$ 的数值，见表5-2。

（2）根据表5-2的数值，在球坐标系中作图。从原子核（原点）出发，以 z 轴正方向作为 θ 角起始边，按不同的 θ 角画射线；以原点为起点在射线上截取 Y 长度的线段。

（3）将各线段的端点连接成光滑曲线。

由于 Y 值与 φ 角无关，所以可以将曲线绕 z 轴旋转，得到一个哑铃状的波函数角度分布图，如图5-4所示。哑铃的一侧数值为正，另一侧数值为负，这里的正负只是指波函数的数值，并不意味着电荷的正负。

表 5-2　波函数角度分布函数 $Y(\theta,\varphi)$ 的数值

θ	$0°$	$30°$	$60°$	$90°$	$120°$	$150°$	$180°$
$\cos\theta$	1.00	0.87	0.50	0	−0.50	0.87	−1.00
Y_{p_z}	0.49	0.42	0.24	0	−0.24	−0.42	−0.49

由于电子云密度与波函数的平方成正比，电子云密度按角度分布的情况与波函数按角度分布情况是一致的。因此，波函数角度分布图给出了"电子云主要出现在哪个方向"的直观概念。在图5-4中，沿 z 轴的正方向和反方向电子云出现的概率最大，与 z 轴垂直的方向上电子云出现的概率为零。

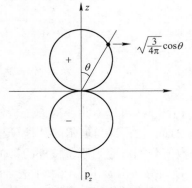

图 5-4　$l=1$ 时的波函数角度分布图

5.1.3　原子轨道与核外电子排布方式

5.1.3.1　原子轨道

波函数角度分布图直观地看出电子云主要出现在哪些方向，几乎不会出现在哪些方向，所以通常可以近似地认为波函数角度分布图描述了电子出现的区域，或者说是电子运行的"轨道"。这样的"轨道"通常称为原子轨道，其含义是原子核外电子运行的轨道。

由前面的讨论可知，角量子数 l 不同，波函数角度分布图不同，原子轨道的形状不同。为了以后讨论方便起见，不同形状的原子轨道被赋予不同的名称，典型原子轨道示意

图如图 5-5 所示。

由图 5-5 所示，当 $l=0$ 时，原子轨道为球形，称为 s 原子轨道，简称 s 轨道；当 $l=1$ 时，原子轨道为哑铃形，称为 p 原子轨道，简称 p 轨道；当 $l=2$ 时，原子轨道为十字形，称为 d 原子轨道，简称 d 轨道。

对于角量子数相同而主量子 n 不同的原子轨道，结合 n 的取值来命名，例如：

（1）$n=1$，$l=0$ 的原子轨道称为 1s 轨道；

（2）$n=2$，$l=0$ 的原子轨道称为 2s 轨道；

（3）$n=2$，$l=1$ 的原子轨道称为 2p 轨道。

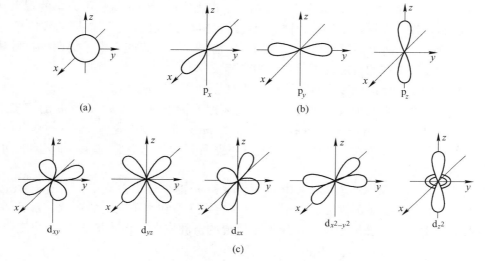

图 5-5　s、p、d 轨道示意图
（a）s 轨道；（b）p 轨道；（c）d 轨道

原子核外存在的这些原子轨道中，有些轨道填充了电子，有些轨道没有填充电子。没有填充电子的轨道称为空轨道。填充在某原子轨道上的电子通常采用该轨道的名称。例如，填充在 2s 轨道上的电子通常称为 2s 电子，填充在 3d 轨道上的电子通常称为 3d 电子等。常见的原子轨道及对应的量子数见表 5-3。

表 5-3　常见的原子轨道及对应的量子数

n	l	m	轨道名称	轨道数
1	0	0	1s	1
2	0	0	2s	1
	1	0，±1	2p	3
3	0	0	3s	1
	1	0，±1	3p	3
	2	0，±1，±2	3d	5
4	0	0	4s	1
	1	0，±1	4p	3
	2	0，±1，±2	4d	5
	3	0，±1，±2，±3	4f	7

在 n、l、m 三种量子数中，主量子数 n 与原子轨道的层数有关，角量子数 l 与原子轨道的形状有关，磁量子数 m 与原子轨道在空间的取向有关。例如，当 $l=1$ 时原子轨道为哑铃形，此时 m 可取的数值为 0 和 ± 1。三个不同的 m 值对应哑铃形 p 轨道在空间的 3 种不同取向，3 种取向的角度分布函数的极大值分别指向 z、x 和 y 轴的正方向。这 3 种不同空间取向的 p 轨道分别称为 p_z、p_x、p_y 轨道，如图 5-5 所示。当 $l=2$ 时，m 可以取 5 个不同的数值，即 -2、-1、0、$+1$ 和 $+2$，对应的 5 种 d 轨道如图 5-5 所示。当 $l=0$ 时，m 只能取数值 0，因此 s 轨道没有不同的空间取向。

除上述确定轨道运动状态的三个量子数外，量子力学中还引入第四个量子数——自旋量子数 m_s，这是从研究原子光谱线的精细结构中提出来的，但是从量子力学的观点来看，电子并不存在像地球那样绕以自身为轴而旋转的经典的自旋概念。可以取的数值只有 $+1/2$ 和 $-1/2$，通常可用向上的箭头"↑"和向下的箭头"↓"来表示电子的两种自旋状态。如果两个电子处于不同的自旋状态，则称为自旋反平行，用符号"↑↓"或"↓↑"表示；处于相同的自旋状态则称为自旋平行，用符号"↑↑"或"↓↓"表示。

由于上述四个参数的取值是非连续的，故被称为量子数。当 n、l 和 m 的值确定时，波函数（原子轨道）便可确定。加上自旋量子数 m_s，即可以确定电子的一种运动状态。由波函数的单值性可知，在一个原子中，电子的某种运动状态是唯一的，即不能有两个波函数具有相同的量子数。

综上所述，电子在核外运动状态由 n、l、m 和 m_s 四个量子数确定：主量子数 n 决定电子主要出现在离核多远的地方；角量子数 l 决定电子所在原子轨道的形状，常见的有球形、哑铃形及十字形；磁量子数 m 决定原子轨道的空间取向；自旋量子数 m_s 决定电子的自旋状态。

在多电子原子中，电子不仅受到原子核的吸引，而且还受到其他电子的排斥。多电子原子中核外电子的排布方式显然比氢原子更复杂。考虑电子在核外的排布方式时，低能量原则总是需要遵循的。

由薛定谔方程可知，波函数 ψ 与能量 V 有关，所以每一个原子轨道都有确定的能量，不同的原子轨道有不同的能量。这里所说的轨道的能量，其实指的是在该轨道上的电子的能量。容易想象，电子应该优先填充到低能量的原子轨道上，但是，如果原子核外的所有电子都填充到最低能量的轨道上，电子的相互排斥作用也会使原子的总能量升高。因此，除能量因素外，还应该有其他因素决定电子在原子轨道上排布的规律。

对于单电子的氢原子，求解薛定谔方程得到各种波函数以后，可以求得各波函数所对应的能量。多电子原子中各原子轨道的能量数据主要来自光谱实验，多电子原子中各原子轨道的能量既与主量子数 n 有关，还与角量子数 l 有关。可归纳出以下四条轨道能量大小的规律。

（1）主量子数 n 相同时，角量子数 l 越大，轨道能量越高，例如：
$$E(n\mathrm{s}) < E(n\mathrm{p}) < E(n\mathrm{d}) < E(n\mathrm{f})$$
（2）角量子数 l 相同时，主量子数 n 越大，轨道能量越高，例如：
$$E(1\mathrm{s}) < E(2\mathrm{s}) < E(3\mathrm{s})$$
（3）n 和 l 都相同的轨道，能量相同，称为等价轨道，例如：
$$E(2\mathrm{p}_x) < E(2\mathrm{p}_y) < E(2\mathrm{p}_z)$$

（4）当 n 和 l 都不同时，有时出现能级交错现象，例如：

$$E(4s) < E(3d)$$

$$E(5s) < E(4d) < E(6s) < E(4f) < E(5d)$$

各轨道能量的相对大小如图 5-6 所示。

影响多电子原子能级的因素很多，随着原子序数的递增，各原子轨道能级的相对大小还会发生改变。从图 5-6 可以看出，自 7 号元素氮（N）开始至 20 号元素钙（Ca），3d 轨道能量高于 4s 轨道能量，出现了交错现象。从 21 号元素钪（Sc）开始，3d 能量急剧下降，出现了 3d 轨道能量又低于 4s 轨道能量的现象。由此可知，3d 和 4s 轨道能级交错并不发生在所有元素之中，像 4d 和 5s 轨道、5d 和 6s 轨道等，也有类似情况。

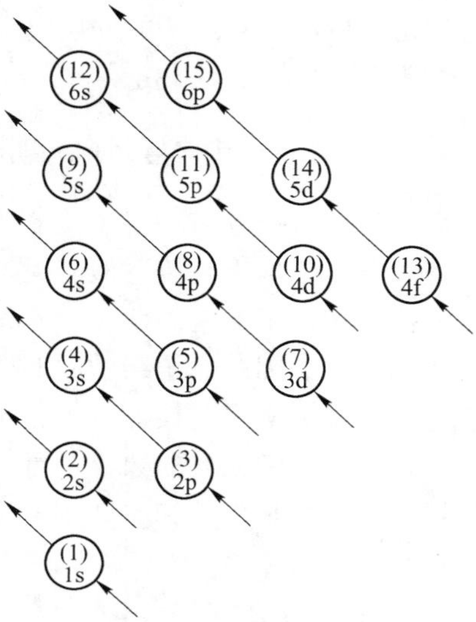

5.1.3.2 核外电子排布的三原则

各元素原子核外电子的排布基本上服从以下三个原则。

（1）泡利不相容原理：任何原子中都不允许有两个电子的量子数完全相同。根据这一原理可知，

图 5-6 原子轨道近似能级图

同一原子轨道中最多能容纳两个电子，而且它们的自旋量子数必须相反。进一步地，根据表 5-3 中归纳的各电子层原子轨道数可知，第 n 电子层上可容纳的电子数最多为 $2n^2$。

（2）能量最低原理：核外电子尽可能优先占据能级较低的轨道，以使系统能量处于最低。例如，氢原子的电子应该处在 1s 轨道，而不是 2s 或 2p 轨道。

（3）洪德规则：若有多个等价轨道，电子优先占据磁量子数不同的轨道，且自旋平行。例如，碳原子核外的六个电子中，四个占据 1s 和 2s 轨道，另外两个分别占据 $2p_x$ 和 $2p_y$ 轨道，且自旋平行。洪德规则虽然是一个经验规律，但运用量子力学理论，也可证明电子按洪德规则排列可使原子体系的能量最低。其中，等价轨道在电子全充满状态（p^6、d^{10}、f^{14}）、半充满状态（p^3、d^5、f^7）或全空状态（p^0、d^0、f^0）时比较稳定。

综上所述，按照上述电子分布的三个基本原理，可以确定很多元素的原子核外电子排布的方式。为了方便起见，常用以下两种方式书面表达电子排布的方式。

（1）电子构型。例如，氧原子的电子构型表示为：

$$1s^2 2s^2 2p^4$$

（2）电子轨道图。例如，氧原子的电子轨道图如图 5-7 所示。

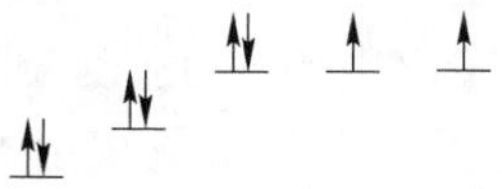

图 5-7 氧原子的电子轨道

书面表示原子核外电子排布方式时，一般还有以下两个约定。

（1）按电子层从内层到外层的顺序书写。例如，钛（Ti）原子有 22 个电子，虽然按近似能级顺序，4s 轨道上的电子能量比 3d 轨道低，电子先填充满 4s 层，再填充 3d 层。但是书写电子构型时，先写 3d 后写 4s，即 $1s^22s^22p^63s^23p^63d^24s^2$。

（2）反应中通常涉及外层电子的转移，所以可以简化书写，只表达外层电子的排布方式即可。例如，氯原子的外层电子排布为 $3s^23p^5$；或者用稀有气体元素符号加外层电子构型表示，即 $[Ne]3s^23p^5$。

5.1.4 元素的原子结构与元素周期表

原子核外电子分布决定了元素的性质，特别是最外层电子分布对元素性质有极大影响。核外电子基本上是按近似能级图规律进行分布，从而使原子电子层结构出现周期性的变化规律，构成了元素周期表。元素周期表是元素周期律的体现形式，能全面地反映元素性质的周期性，因此原子结构周期性变化是元素周期表的核心。现以常用的维尔纳长式周期表讨论元素周期表与核外电子分布的关系。

根据各周期中元素的数目，可以把周期表主表分成一个特短周期、两个短周期、两个长周期、一个特长周期和一个不完全周期，共七个周期，18 列分成主族和副族，副表包含镧系和锕系元素。

（1）第一周期元素：元素从原子序数为 1 的 H 到原子序数为 2 的 He，原子的电子分布在第一能级组仅有的一个 1s 轨道上，最多只能容纳 2 个电子，只有两种元素，形成特短周期。

（2）第二周期元素：元素从原子序数为 3 的 Li 到原子序数为 10 的 Ne，元素原子增加的电子依次分布在第二能级组的 2s 和 2p 轨道上。电子从 $2s^1$ 依次分布到 $2s^22p^6$，共 8 种元素，形成短周期。

（3）第三周期元素：元素从原子序数为 11 的 Na 到原子序数为 18 的 Ar，元素原子新增加的电子依次分布在第三能级组 3s3p 轨道上。电子从 $3s^1$ 到 $3s^23p^6$ 的 Ar，共 8 种元素，仍属短周期。

（4）第四周期元素：元素从原子序数为 19 的 K 到原子序数为 36 的 Kr，元素原子新增加的电子分布在第四能级组 4s3d4p 上，电子分布依次由 $4s^1$ 到 $4s^23d^{10}4p^6$ 的 Kr，共 18 种元素，属长周期。但 Cr 以 3d 半充满稳定结构 $3d^54s^1$ 而存在，不是 $3d^44s^2$；Cu 是以 3d 全充满的稳定结构 $3d^{10}4s^1$ 而存在，而不是 $3d^94s^2$。

（5）第五周期元素：元素从原子序数为 37 的 Rb 到原子序数为 54 的 Xe，元素原子新增加的电子分布在第五能级组 5s4d5p 上。电子分布依次由 $5s^1$ 到 $5s^24d^{10}5p^6$ 的 Xe，共 18 种元素，也属长周期。但根据光谱实验，Nb、Ru、Rh、Pd 等原子的电子分布规律不完全与前述分布原则符合。

（6）第六周期元素：元素从原子序数为 55 的 Cs 到 86 的 Rn，元素原子新增加的电子依次分布在第六能级组 6s4f5d6p 上，电子分布依次由 $6s^1$ 到 $6s^24f^{14}5d^{10}6p^6$ 的 Rn，共 32 种元素，属于特长周期。

（7）第七周期元素：元素从原子序数为 87 的 Fr 到已发现的 112 号元素，新增加的电子分布在第七能级组 7s5f6d7p 上。由于该周期已发现只有 26 个元素，少于电子的最大容量（32），故称为不完全周期。其中原子序数由 89 到 103，全是放射性元素（称为锕系元素），它们也只占据周期表一格的位置。这周期元素的原子，除 Fr、Ra、Ac、Th 外，电子分布在 5f 轨道上。原子序数从 89 起，电子还分布于 6d 轨道。此周期电子分布例外的更多。

由于化学反应中一般只涉及原子的外层电子，因此熟悉外层电子结构尤为重要。周期表中的元素除了按周期和族划分外，还可按元素的原子在哪一亚层上新增加电子，把它们划分为 s、p、d、ds、f 五个区，其中：

（1）s 区元素包括ⅠA 和ⅡA 族元素，电子层结构是 ns^1 和 ns^2 型；

（2）p 区元素包括ⅢA 到零族元素，电子层结构是 $ns^2np^{1\sim6}$（He 为 $1s^2$）；

（3）d 区元素包括ⅢB 到Ⅷ族，电子层结构是 $(n-1)d^{1\sim8}ns^2$ 型（Pd、Pt 等例外）；

（4）ds 区元素包括ⅠB 和ⅡB 族，电子层结构是 $(n-1)d^{10}ns^{1\sim2}$ 型；

（5）f 区元素包括镧系和锕系元素，电子层结构在 f 亚层上增加电子，价电子构型为 $(n-2)f^{0\sim14}(n-1)d^{0\sim2}ns^2$。

依照周期表中原子的电子分布规律，能从元素的内在本质上认识周期律。

（1）元素的原子序数等于该元素原子的核电荷数或核外电子数。

（2）元素的周期数=该元素原子的电子层数=最高能级组数。

（3）各周期元素的数目=最高能级组中所有原子轨道所能容纳的电子总数。

（4）由于同一周期元素的原子结构依次递变，所以它们的性质也依次递变，各元素的性质出现周期性，就是由于它们的原子随着原子序数的增大，周期地重复着相似的电子层结构的缘故。

（5）元素的原子序数逐一增大，其原子核电荷和核外电子数也逐一增加。如果元素的原子最后增加的电子是在最外层的 s 亚层和 p 亚层上，便属主族元素，以 A 表示，A 前面的罗马数表示主族的族数；如果最后增加的电子是在次外层的 d 亚层上，称为过渡元素，属于副族元素，以 B 表示，B 前面的罗马数表示副族的族数；如果所增加的电子是在外数第三层的 f 亚层上，称为内过渡元素，或次副族元素。主族元素的价电子数=该元素在周期表的族数。

（6）同族元素在化学性质和物理性质上的类似性，取决于原子最外电子层结构的类似性，而同族元素在性质上的递变则取决于电子层数的依次增加。

总之，元素性质的周期性，取决于原子电子层结构的周期性，这就是周期律的实质。

5.2 原子间作用与分子结构

5.2.1 离子键

当电负性较小的活泼金属元素的原子与活泼的非金属元素的原子相互靠近时，由于两个原子的电负性相差较大，它们之间容易发生电子的失得而产生正、负离子。正、负离子由于静电引力结合起来形成离子型化合物，这种由正、负离子之间的静电引力形成的化学键称为离子键（Ionic Bond）。

以 KCl 为例，离子键的形成过程为：

$$n\mathrm{K}(3s^23p^64s^1) \longrightarrow n\mathrm{K}^+(3s^23p^64s^0) + ne^-$$

$$nCl(3s^2 3p^5) + ne^- \longrightarrow nCl^- (3s^2 3p^6)$$

$$nK^+ + nCl^- \longrightarrow nKCl$$

形成键的两个原子的电负性相差较大，一般在 1.7 以上才能形成典型的离子型化合物。例如，碱金属和碱土金属（Be 除外）的卤化物是典型的离子型化合物。

离子键的本质是静电引力。这种引力 F 与两种离子电荷（q^+ 和 q^-）的乘积成正比，而与离子间距离 R 的平方成反比，即：

$$F = \frac{q^+ q^-}{R^2} \tag{5-11}$$

由此可见，离子的电荷越大，离子间的距离越小（在一定范围内），则离子间的引力越强。离子键的特点包括以下几个方面。

（1）离子键没有方向性。因为离子键是由带正、负电荷的离子通过静电引力结合而形成的，且带电离子的电荷分布是球形对称的，所以在任何方向上都可与带相反电荷的离子发生电性吸引作用，所以说离子键没有方向性。

（2）离子键没有饱和性。只要空间条件许可，每个离子将尽可能地与带相反电荷的离子相互吸引。

（3）离子键是强的极性键，且成键两个原子的元素电负性差值越大，键的极性越大。由于存在正、负离子，其电子云基本上属于正离子或负离子，正、负离子分别为键的两极，所以离子键是具有极性的。但离子间也不是纯粹的静电作用，仍有部分电子云重叠，即离子键不完全是离子性，而具有部分共价性。离子性的大小取决于成键原子元素电负性差值的大小，差值越大，离子性越大，键的极性也大。

5.2.2 共价键

离子键理论能很好地说明离子化合物的形成，但对电负性相同的同种原子组成的非金属单质分子（如 H_2）和电负性相差很小的不同非金属分子（如 HCl）或晶体（如 SiO_2），它们的原子不可能形成正、负离子以离子键结合，这些分子的形成就不能用离子键理论说明。

以 H_2 分子为例说明共价键的形成及其本质。根据量子力学原理，氢分子的基态之所以能成键，是因为两个氢原子的原子轨道（ψ_{1s}）都是正值，核间 ψ_A 和 ψ_B 值均大，故 $\psi_A + \psi_B$ 值也大，互相重叠后使两个核间的概率密度有所增加，在核间出现了一个概率密度最大的区域。一方面降低了两核间的正电排斥，另一方面增加了两个原子核对核间负电荷区域的吸引，都有利于系统能量的降低，有利于共价键的形成。对不同双原子分子，如两原子重叠部分越多，键越牢固。而 H_2 分子的推斥态，则相当于两氢原子的原子轨道重叠部分相互抵消，在两核间出现了概率密度稀疏的区域，从而增大了两核之间的排斥能，使系统的能量升高，因而不能形成共价键。氢分子的两种状态如图 5-8 所示。

综上所述，共价键的形成是由于原子相互靠近时，两个自旋相反的未成对电子的相应原子轨道相互重叠，电子云密集在两原子核之间对两核的吸引力使系统能量降低，因而形成稳定的共价键，这就是共价键的本质。

5.2.2.1 价键理论

价键理论（Valence Bond Theory）又称电子配对理论（简称 VB 法），由鲍林和斯莱

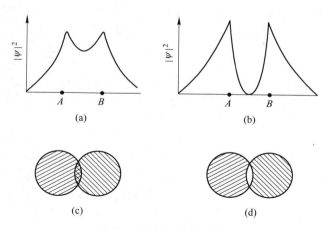

图 5-8　氢分子的两种状态

（a），（c）基态；（b），（d）推斥态

特把伦敦对氢分子处理的方法和结果定性地推广到其他分子。

（1）共价键成键原理。

1）电子配对原理。两原子具有自旋相反的未成对电子，是化合成键的先决条件。各具有自旋相反的一个电子的两个原子，可以相互配对形成稳定的单键，这对电子为两个原子所共有。如果各有两个或三个未成对的电子，则自旋相反的未成对电子可以两两配对形成共价双键或主键；如果两原子中没有未成对电子，则它们不能形成共价键。

2）能量最低原理。在成键中能量越低，越稳定。成键过程中自旋相反的未成对电子配对以后，放出能量，使体系能量降低，从而形成稳定的化学键。

3）重叠成键。重叠成键包括以下三个原则。

①能量相等相近原则。只有能量相等或相近原子轨道才能重叠成键。

②对称性匹配原则。原子轨道重叠必须考虑原子轨道的正、负号，只有同号原子轨道才能进行有效的重叠。

③最大重叠原则。原子轨道相互重叠时，总是沿着重叠最多的方向进行，重叠越多，共价键越牢固，这就是原子轨道的最大重叠原则。

（2）共价键的特征。

1）共价键具有饱和性。如果原子中的一个未成对电子与另一原子中的未成对电子已配对，已经形成了一个共价单键，就不能再与此原子或另一原子中的未成对电子配对成键，这就是共价键的饱和性。例如，HCl 分子中 H 原子的一个电子（1s）和 Cl 原子的一个 3p 未成对电子配对形成共价单键，已没有未成对电子，故 HCl 分子不能再与 H 或 Cl 原子结合。

2）共价键具有方向性。原子轨道相互重叠成键，必须符合三个原则，决定了原子轨道重叠具有一定的方向。例如，HCl 分子的形成是由于氢原子的 1s 轨道和氯原子的 3p 轨道能量相近，如图 5-9 所示四种重叠方式。其中，图 5-9（c）为异号重叠，对称性不匹配，图 5-9（d）因为同号重叠加强和异号重叠减弱的两部分相互抵消为零，所以，图 5-9（c）和（d）不可能有效重叠而成键，只有图 5-9（a）和（b）为同号重叠，符合对称性原则，但两核的距离一定，图 5-9(a)比(b)重叠多，为最大重叠，故 HCl 分子中 H 的 1s 轨道和氯的 3p 轨道采取图 5-9(a)的方式重叠成键，使 HCl 成为直线形分子。

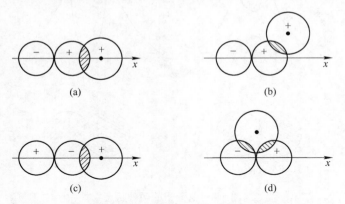

图 5-9　HCl 分子中 s 轨道和 p_x 轨道重叠方式示意图

由于原子轨道的形状不同，它们可以采取不同方式重叠，可以形成不同种类的共价键。根据重叠方式不同，共价键可分为 σ 和 π 键。例如，s 与 p 原子轨道有两种不同的重叠方式，形成两种键型的共价键。

①σ 键。成键的两个原子的核间连线称为键轴，两原子轨道沿键轴的方向，进行"头碰头"同号重叠而形成的共价键称为 σ 键。σ 键的特征是轨道重叠部分沿着键轴呈圆柱形对称分布的，如 s-s（H_2 分子中的键）、s-p_x（如 HCl 分子中的键）、p_x-p_y（如 F_2 分子中的键）重叠形成 σ 键，如图 5-10 所示。

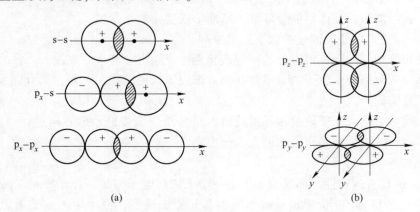

图 5-10　σ 键和 π 键形成示意图
(a) σ 键；(b) π 键

②π 键。两原子轨道垂直键轴并相互平行而进行"肩并肩"同号重叠所形成的共价键称为 π 键。π 键的特征是轨道重叠部分对通过一个键轴的平面具有镜面反对称性，如 p_z-p_z、p_y-p_y 轨道重叠形成，如图 5-10 所示。

有些分子中既有 σ 键，也有 π 键。例如，N_2 分子的结构中有一个 σ 键和两个 π 键。N 原子的电子层结构为 $1s^2 2s^2 2p_x^1 2p_y^1 2p_z^1$。当两个 N 原子相互靠近化合时，N 原子 p_x 轨道

沿 z 轴方向以"头碰头"的方式重叠形成 σ 键，而 p_y-p_y、p_z-p_z 分别沿 y 轴和 z 轴相互平行或"肩并肩"方式重叠形成 π 键，如图 5-11 所示。通常 π 键的重叠程度小于 σ 键，π 键的强度小于 σ 键，故 π 键的稳定性低于 σ 键，π 电子的活动性较高，它是化学反应的积极参加者。

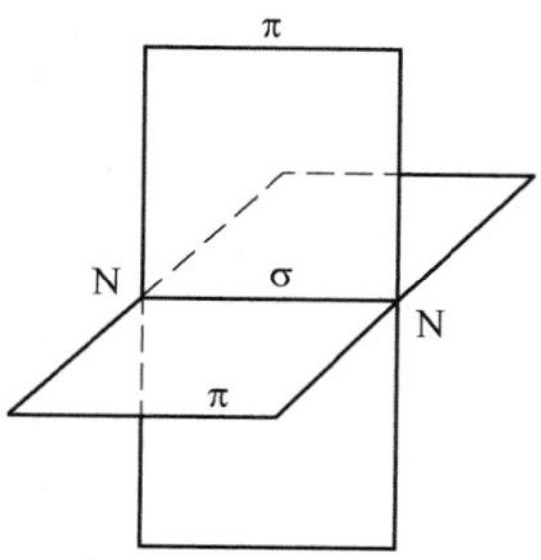

图 5-11　N_2 分子形成示意图

5.2.2.2　杂化轨道理论

价键理论较简明地阐述了共价键的形成过程和本质，并成功地解释了共价键的方向性和饱和性等特点，但在解释分子的空间结构方面却遇到了困难。例如，根据近代实验测定结果表明，甲烷（CH_4）分子的空间构型是一个正四面体，碳原子位于四面体的中心，四个氢原子占据四面体的四个顶点。CH_4 分子中形成四个稳定的 C—H 键，键角 ∠HCH 为 109° 28′，四个键的强度相同。但是根据价键理论，由于碳原子的电子层结构是 $1s^2 2s^2 2p_x^1 2p_y^1$，只有两个未成对的电子，所以它只能与两个氢原子形成两个共价单键。如果将碳原子的一个 2s 电子激发到 2p 轨道上，则碳原子的电子层结构为 $1s^2 2s^1 2p_x^1 2p_y^1 2p_z^1$，则有四个未成对电子，它可与四个氢原子的 1s 电子配对形成四个 C—H 键。由于碳原子的 2s 电子与 2p 电子的能量是不同的，则这四个 C—H 键应当不是等同的，这与实验测定 CH_4 中四个 C—H 键是等同的不相符合，这是价键理论所不能解释的。

为了解释上述实验现象和其他多原子分子和离子的空间构型的形成过程，鲍林于 1931 年提出了杂化轨道理论（Hybrid Orbital Theory）。杂化轨道理论较好地解释了已知分子的空间构型，杂化轨道理论认为，在形成多原子分子过程中，中心原子若干能量相近的原子轨道"混合"起来，重新分配能量，重新形成空间取向而组成一组新轨道的过程称为杂化，所形成的新轨道称为杂化轨道。杂化轨道与其他原子的原子轨道或杂化轨道重叠形成共价键，杂化过程的实质是波函数 ψ 的线性组合，得到新的波函数，即杂化轨道的波函数。

需要指出的是，原子轨道的杂化是与激发、轨道重叠成键等过程同时发生的，发生在形成分子的过程中，而孤立的原子是不可能发生杂化的。另外，n 个能量相近的原子轨道可以而且只能形成 n 个杂化轨道，同时原子轨道的杂化是有条件的，只有同一原子中能量相近的不同种类的原子轨道才能杂化，还必须具备增强原子成键的能力或增加键的强度，使系统能量降低，分子更稳定等条件。

根据参加杂化的原子轨道的种类和数目不同，可以把杂化轨道分成不同的类型。下面仅就 s 和 p 原子轨道组成的基本类型 sp^n（$n=1$，2，3）杂化轨道分别加以介绍。

（1）sp 杂化。sp 杂化是由一个 ns 和一个 np 轨道杂化形成两个 sp 杂化轨道，其中每一个 sp 杂化轨道含有 1/2s 和 1/2p 轨道成分。sp 杂化轨道间的夹角为 180°，空间构型为直线形。sp 杂化成键过程示意如图 5-12 所示。

例如，气态 $BeCl_2$ 分子结构的形成，Be 原子的电子层结构是 $1s^2 2s^2$。根据价键理论 Be 原子无未成对电子，不应形成共价键。而杂化轨道理论认为，当 Be 与 Cl 原子成键时，Be 原子中的 2s 轨道上一个电子可以激发到 2p 空轨道成为激发态，激发能量可由成键释放能量补偿而有余。Be 原子激发态电子层结构变为 $1s^2 2s^1 2p^1$，有两个未成对电子，故可以与其他原子未成对电子形成共价键。同时一个 2s 和一个 2p 轨道杂化，形成两个 sp 杂

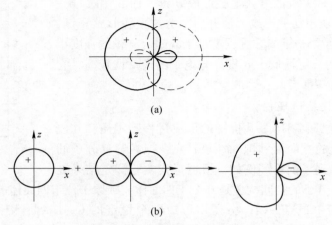

图 5-12 sp 杂化成键过程示意图

（a）2 个 sp 杂化轨道的角度分布图；（b）sp 杂化过程

化轨道，每个杂化轨道与氯原子（$1s^2 2s^2 2p^6 3s^2 3p_x^1 3p_y^2 3p_z^2$）中未成对电子轨道 $3p_x$ 进行"头碰头"的重叠形成两个 σ 键。由于杂化轨道间夹角是 180°，所以形成的 $BeCl_2$ 分子的空间结构是直线形分子，如图 5-13 所示。原子轨道要杂化是因为杂化可使杂化轨道电子云分布发生变化。例如，上述 sp 杂化使原来均分在 z 轴两侧的 p 轨道电子云，变为每个 sp 杂化轨道电子云密集于一头增大、一头减小分布，可使成键在概率密度大的一头重叠，如上述成键过程示意图 5-13 所示，比未杂化的原子轨道成键能力增加，系统能量降低，分子更稳定。

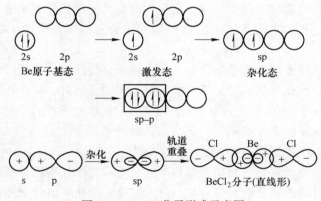

图 5-13 $BeCl_2$ 分子形成示意图

（2）sp^2 杂化。sp^2 杂化轨道是由一个 ns 和两个 np 轨道杂化而形成的三个 sp^2 杂化轨道。每个 sp^2 杂化轨道含有 1/3s 和 2/3p 轨道成分，杂化轨道间的夹角为 120°，空间构型为平面三角形。例如，BF_3 分子的形成示意如图 5-14 所示。

硼原子的电子层结构为 $1s^2 2s^2 2p_x^1$ 时，当硼与氟反应时，硼原子的一个 2s 电子激发到空的 2p 轨道中，使硼原子的电子层结构为 $1s^2 2s^1 2p_x^1 2p_y^1$。硼原子的一个 2s 轨道和两个 2p 轨道杂化形成三个 sp^2 杂化轨道，硼原子的三个 sp^2 杂化轨道分别与三个 F（$1s^2 2s^2 2p_x^1 2p_y^2 2p_z^2$）原子中未成对电子的 2p 轨道重叠形成 sp^2–p 的 σ 键。由于三个 sp^2 杂化轨道在同一平面

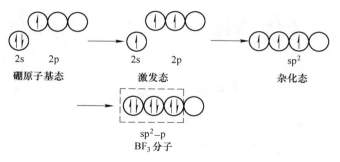

图 5-14 BF_3 分子形成示意图

上，而且夹角为 $120°$，如图 5-15 所示，因此 BF_3 分子具有平面三角形的空间构型，如图 5-16 所示。实验也证实上述结果。

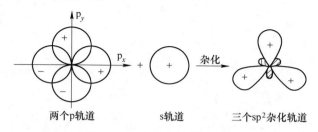

图 5-15 sp^2 杂化轨道的形成

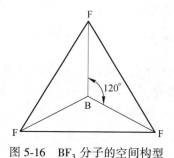

图 5-16 BF_3 分子的空间构型

（3） sp^3 杂化。sp^3 杂化轨道是由一个 ns 轨道和三个 np 轨道杂化而成的四个 sp^3 杂化轨道。每个 sp^3 杂化轨道含有 $1/4s$ 和 $3/4p$ 轨道成分，sp^3 杂化轨道间的夹角为 $109°28'$，空间构型为正四面体。例如，甲烷 CH_4 分子的形成过程示意图如图 5-17 所示。

碳原子的电子层结构为 $1s^2 2s^2 2p_x^1 2p_y^1$。杂化轨道理论认为，在形成 CH_4 分子时，碳原子的 $2s$ 轨道中一个电子激发到空的 $2p_z^1$ 轨道，使碳原子的电子层结构成为 $1s^2 2s^1 2p_x^1 2p_y^1 2p_z^1$。碳原子的一个 $2s$ 轨道和三个 $2p$ 轨道杂化，形成四个 sp^3 杂化轨道。sp^3 杂化轨道与氢原子的 $1s$ 轨道形成四个的 sp^3–s 的 σ 键。杂化后电子云分布更为集中，可使成键的原子轨道间的重叠部分增大，成键能力增强，因此碳原子与四个氢原子能结合成稳定的 CH_4 分子。由于 sp^3 杂化轨道间的夹角为 $109°28'$，因此 CH_4 分子为正四面体的空间构型。CH_4 分子形成示意图如图 5-18 所示，其与实验测定结果一致。

110

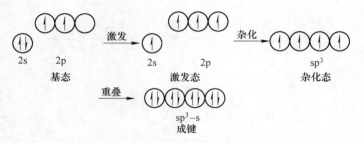

图 5-17　甲烷 CH_4 分子的形成过程

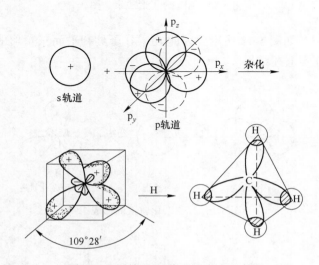

图 5-18　甲烷 CH_4 分子的形成示意图

综上所述，sp^n 杂化参加杂化的原子轨道中各含一个未成对的电子，杂化轨道成分相等，能量相等。但有些分子的杂化，参加的原子轨道有偶合成对的原子轨道，杂化轨道的成分和能量不完全相等。为此，同种类型的杂化轨道又可分为等性杂化和不等性杂化两种类型，凡杂化轨道成分相同的杂化称为等性杂化。例如，上述 sp^n 杂化轨道，它们所含 s 成分皆为 $\dfrac{1}{1+n}$，含 p 成分皆为 $\dfrac{n}{1+n}$，属于等性杂化（Equivalent Hybridization）。另一类杂化轨道，中心原子中有孤对电子存在，使所含 s 和 p 成分不完全相同，因而空间分布不是完全对称、均匀的，这种杂化称为不等性杂化，其轨道称为不等性杂化轨道。例如，H_2O 和 NH_3 中心原子 O 和 N 原子是不等性杂化成键的。在 NH_3 分子中，N 原子的电子层结构为 $1s^2 2s^2 2p_x^1 2p_y^1 2p_z^1$，氮原子的 2s 电子配对（称孤对电子）不参加成键，3 个 2p 轨道与 H 原子 1s 轨道成键，其键角由于氮原子 2p 轨道相互垂直似乎应为 90°，但实测为 107°18′，这是电子配对理论不能满意解释的。杂化轨道理论认为在形成 NH_3 分子过程中，氮原子的 2s 轨道和 3 个 2p 轨道也采取 sp^3 杂化，形成 4 个所含 s 和 p 成分不完全等同的杂化轨道，其中一个杂化轨道已为孤对电子占据，所含 s 成分大于另外三个等同的杂化轨道，所含 p 成分则小于另外三个等同的杂化轨道，因此是不等性杂化。由于占据孤对电子的杂化轨道，它们不参加成键作用，称为非键轨道，电子云较密集于氮的周围，由于这一对孤对电子与成键电子对之间的排斥作用较大，使三个 N—H 键间的夹角不是 109°28′，而是小于 109°28′、大于 90°的 107°18′，如图 5-19 所示。在描述分子的空间构型时，由于观察不到孤对电子，而只能观察到原子的位置，因此 NH_3 分子的空间构型为三角锥形。在 H_2O 分子中，氧原子的 2s 轨道和三个 2p 轨道也是采取 sp^3 杂化的，但由于氧原子中有两对孤对电子，因此对成键电子对有更大的排斥作用，所以 O—H 键间的键角更小，为 104°40′。如图 5-20 所示，水分子的空间构型为 V 形。

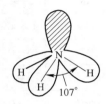

图 5-19 　NH_3 分子的空间构型

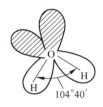

图 5-20 　H_2O 分子的空间构型

5.2.2.3 化学键的基本参数

表征化学键性质的物理量统称为键参数。对共价键型分子，键参数常指键级、键能、键角、键长、键的极性等物理量，它们定性或半定量地解释分子的性质。键参数可以由实验直接或间接测定，也可通过理论计算求得，一般可查阅有关化学手册。

键级是表示两个原子间成键强度的物理量。在价键理论中，用键的数目来表示键级，通常只取整数，如单键、双键、全键等。一般来说，在同一周期和同一区内（如 s 区或 p 区）的元素组成的双原子分子，键级越大，键的强度越大，键越牢固，分子也越稳定。

共价键强弱可以用键能数值的大小来衡量。一般规定，在 298.15K 和 100kPa 下，理想气态物质（如 Cl_2 分子），每断开单位物质的量的化学键而生成气态原子所吸收的能量称为键解离能。离子键、共价键和下面介绍的金属键，这三大类型化学键都是原子间比较强的相互作用，键能为 100~800kJ/mol。通常键能越大，键越牢固，由此键构成的分子也就越稳定。通常键能数据是通过热化学法（或光谱法）测定的，表 5-4 列出了一些键的键能数值。

分子中两个原子核间的平衡距离称为键长或核间距。理论上用量子力学近似方法可以算出键长，实际上对于复杂分子往往是通过光谱或 X 射线衍射等实验方法来测定键长。键长与键的强度（或键能）有关，一般说来，键长越短表示键越强，由此键形成的分子越稳定。

在分子中键与键之间的夹角称为键角，分子的空间构型与键长和键角有关。一般说来，如果已知一个分子中的键长和键角的数据，那么这个分子的几何构型就确定了。例如，NH_3 分子∠HNH 为 107°18′，N—H 键长是 101.9pm❶，那么就可以断定 NH_3 分子是一个三角锥形的极性分子。键角也可以用量子力学近似方法算出，但对复杂分子目前也仍然通过光谱、衍射等结构实验测定求出键角。

---

❶ $1pm = 1 \times 10^{-12}m$

表 5-4　298K 时一些键的键能

键名	键能/kJ·mol⁻¹	键名	键能/kJ·mol⁻¹	键名	键能/kJ·mol⁻¹	键名	键能/kJ·mol⁻¹
H—H	432.0	Sb—Sb	1217	P—H	约 322	P—Cl	326
F—F	154.8	C—C	345.6	As—H	约 247	As—Cl	321.7
Cl—Cl	239.7	C＝C	602	C—H	411	C—Cl	327.2
Br—Br	190.16	C≡C	835.1	Si—H	318	Si—Cl	381
I—I	148.95	Si—Si	222	C—F	485	Ge—Cl	348.9
O—O	约 142	B—B	293	Si—F	318	N—O	201
O＝O	493.59	F—H	565	B—F	613.1	N＝O	607
S—S	268	Cl—H	428.02	O—F	189.5	C—O	357.7
Se—Se	172	Br—H	362.3	N—F	283	C＝O	798.9
Te—Te	126	I—H	294.6	P—F	490	Si—O	452
N—N	167	O—H	464.8	As—F	406	C＝N	615
N＝N	418	S—H	363.5	Sb—F	402	C≡N	887
N≡N	946	Se—H	276	O—Cl	218	C＝S	573
P—P	201	Te—H	238	S—Cl	255	—	—
As—As	146	N—H	386	N—Cl	313	—	—

5.2.3　金属键

　　大多数金属元素的价电子都少于 4 个（多数只有 1 或 2 个），而在金属晶格中每个原子要被 8 个或 12 个相邻原子包围，这样少的价电子不足以使金属原子间形成共价键。金属晶格是由同种原子组成的，其电负性相同，不可能形成正、负离子而以离子键结合。为了说明金属键的本质，人们经历了两个认识阶段：第一阶段是"自由电子模型"，又称改性共价理论或电子海模型，该理论较好地解释了金属光泽、导电、传热、延展、可塑等共同特性，但未能深入阐述金属导体、绝缘体和半导体性质之间的差异；第二阶段的现代能带理论则对上述缺陷予以克服，做出了较好的阐释，下面分别予以介绍。

5.2.3.1　改性共价理论

　　金属键（Metallic Bond）的改性共价键理论或自由电子理论也称电子海模型。金属键理论认为，在固态和液态金属中，价电子可以自由地从一个原子脱落下来，形成正离子。这些在正离子和原子间的电子不是固定在某个金属离子周围，而是能够在离子晶格中相对自由地运动，这些电子称为自由电子。由于自由电子不停地运动，把金属的原子或离子联系起来，形成金属晶体。在金属晶体中，这种由多个原子或正离子共用一些能够流动的自由电子之间的作用力称为金属键。对金属键的一种形象说法是"金属离子沉浸在电子的海洋中"，此模型称为电子海模型。金属键也可以看成是由许多原子（或离子）共用许多电子的一种特殊形式的少电子多中心的共价键，但与共价键不同，金属键并不具有饱和性和方向性，故称为改性共价键。在金属中，每个原子在空间允许条件下，与尽可能多数目的原子形成金属键，因此金属结构一般以紧密的方式堆积起来，具有较大的密度。

5.2.3.2　能带理论

以分子轨道理论为基础发展起来的金属键的分子轨道模型称为金属的分子轨道理论，也称能带理论（Energy Theory）。按照分子轨道理论，把整个晶体看成一个大分子，把能级相同的金属原子轨道线性组合起来，成为整个晶体共有的若干分子轨道，合称为能带。按照分子轨道法，形成多原子离域键（指生成的键不再局限于 2 个原子，而是属于一个多原子系统）时，n 个原子轨道线性组合得到 n 个分子轨道，每个分子轨道可容纳 2 个电子，共可容纳 2 个电子。n 的数值越大，分子轨道能级间的能量差越小。

按原子轨道能级不同，金属晶体中可以形成不同的能带。n 个原子中的每一种能量相等的原子轨道重叠，将形成 n 个分子轨道，合称为一个能带。例如，金属钠是由 n 个 Na 原子组成的体心立方晶格，Na 的电子层结构 $1s^2 2s^2 2p^6 3s^1$。n 个 1s 轨道彼此重叠，可以形成 n 个分子轨道，称为 1s 能带，可容纳 $2n$ 个电子；同样 2s 与 2s 轨道重叠，可以形成 n 个分子轨道，称为 2s 能带；由于 p 轨道有三个等价的 p_x、p_y、p_z 轨道，故 n 个原子的 2p 轨道重叠，形成 $3n$ 个分子轨道，称为 2p 能带，共可容纳 $6n$ 个电子；同理，n 个 3s 与 3s 轨道重叠，可形成 η 个分子轨道，称为 3s 能带。钠晶体能带形成示意图如图 5-21 所示。每个能带具有一定能量范围，把它们按能量高低排列起来，即形成能带结构示意图，钠和镁能带结构示意图如图 5-22 所示。

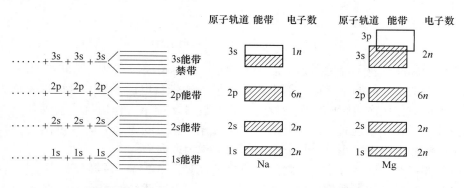

图 5-21　钠能带形成示意图　　　　图 5-22　钠和镁能带结构示意图

按照组成能带的原子轨道以及电子在能带中分布不同，可分为满带、导带、禁带和空带、价带。由充满电子的原子轨道重叠所形成的能带称为满带；由未充满电子的原子轨道重叠所形成的高能量能带称为导带。能带与能带之间的间隔是电子不能存在的区域，称为禁带（Forbidden Band）；凡无电子的原子轨道重叠所形成的能带称为空带，凡价电子所在的能带称为价带（Valence Band）；相邻两个能带相互重叠的区域称为重带或叠带。满带与空带重叠，会使满带变成导带（Conductor Band）。例如，钠晶体中 2p 是满带，3s 能带只有半满电子是导带也是价带，3p 能带是空带，3s 能带和 2p 能带之间的间隔是禁带。镁晶体中 3s 满带和 3p 空带重叠是重带，从而使 3s 和 3p 总的成为导带。

5.3　分子间作用

离子键、金属键和共价键都是原子间比较强的相互作用，键能为 100～800kJ/mol。此外，在分子之间还存在着一种较弱的相互作用，其结合能大约只有几到几十千焦每摩尔，比化学键小 1～2 个数量级。气体分子能凝聚成液体和固体是分子间存在相互作用力的最简单的证据。水有一定密度而不容易被压缩到更小的体积，这是因为在更短的距离内分子间的相互作用力以排斥为主。

分子间作用力在固态和液态物质中普遍存在。更准确地说，分子间作用力是存在于不同分子的原子之间的力。这类似于两个人握手时的"握力"，与其说成是两个人之间的力，不如说是两只手之间的力。分子间作用力比化学键作用力弱得多，分子间作用力主要有范德华力、氢键等几种形式。

5.3.1　范德华力

范德华力的本质是正、负电荷的静电作用，普遍存在于分子之间。范德华力的静电作用与离子键的静电作用不同，离子键中的静电作用来自带电的正、负离子，但范德华力的静电作用发生在电中性的分子或原子之间。根据静电作用发生原因的不同，范德华力可分为色散力、取向力和诱导力三类。极性分子相互作用示意图如图 5-23 所示。

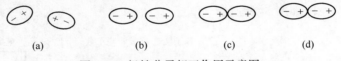

$$(a)\qquad\qquad (b)\qquad\qquad (c)\qquad\qquad (d)$$

图 5-23　极性分子相互作用示意图

由于电子和原子核不停地运动，原子中的正、负电荷中心在某一瞬间可能发生不重合的现象，使得电中性的原子变成一侧带正电、另一侧带负电的现象，这种现象称为色散。相邻原子因色散作用产生瞬间电荷而发生的相互吸引（排斥）作用就是色散力。

当极性分子互相靠近时，极性分子在空间按异性相吸的原理取向（见图 5-23），从而产生分子间的静电吸引作用，这种分子间作用力称为取向力。

取向力的存在使极性分子互相之间靠得更近（见图 5-23），诱导分子中正、负电荷中心分得更开，分子间的静电作用也就变得更强。由于上述诱导作用而产生的分子间作用力称为诱导力，诱导力也存在于非极性分子与极性分子之间。

从以上分析可知，范德华力没有方向性和饱和性，范德华力本质上是不成键的原子之间的吸引力。范德华力的作用范围很近，是一种近程作用力，当分子间距离较远时，范德华力几乎不存在。

在液体和固体中，分子依靠范德华力聚集在一起。科学家通过晶体结构，推算出原子的范德华半径，常见原子的范德华半径见表 5-5。

表 5-5　常见原子的范德华半径

原子（团）	H	N	O	P	S	Cl	Br	CH_3
范德华半径/Å	1.2	1.5	1.4	1.9	1.85	1.8	1.95	2.0

注：$1Å = 10^{-10}m$。

5.3.2　氢键

当氢原子与电负性❶较大的 X 原子（如 Cl、O、N 原子等）以共价键结合时，由于 X 原子的吸引电子能力强，共价键中的共用电子对偏向 X 原子一侧，氢原子相应地显示正电性。这样，带有部分正电荷的氢原子能够与另一个电负性较大的 Y 原子（如 Cl、O、N 原子等）发生静电吸引，形成的氢键为：

$$X—H\cdots Y$$

式中，虚线表示氢键，短实线是普通的共价键。不过，通常把 X—H⋯Y 整体称为氢键系统，简称氢键。氢键中 X 原子与 Y 原子可以相同，也可以不相同。

在氢键中，H⋯Y 的距离通常比 H 原子和 Y 原子的范德华半径之和小得多，X—H—Y 角度通常大于 130°。根据 H⋯Y 距离及 X—H—Y 角度，可以判断分子间是否存在氢键。目前比较公认判断标准是，X—H—Y 角度不小于 120°，同时 H⋯Y 距离比 H 原子和 Y 原子范德华半径之和小 0.01nm。

氢键虽然比共价键弱得多，但比范德华力强得多。电负性越强的原子，参与形成的氢键也越强。氢键除了可以存在于相邻分子之间，也能存在于分子内部没有化学键直接连接的两部分，这种氢键称为分子内氢键，如图 5-24 所示。

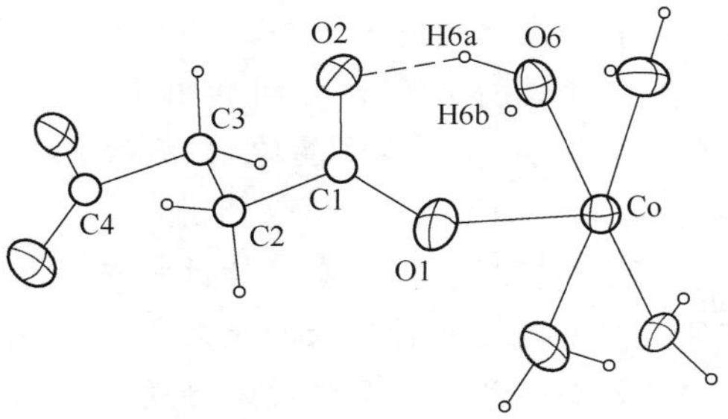

图 5-24　分子内氢键

分子间形成氢键时，使分子间产生了较强的结合力，形成缔合分子，因而使液体化合物汽化或固体熔化，必须给予额外的能量去破坏分子间的氢键，因此使物质的沸点和熔点升高。H_2O、HF 的沸点都比同族氢化物的沸点高，就是由于产生了氢键。水分子间形成氢键，使表面张力加大、汽化热加大，因此海洋、江河、湖泊中水可以调节气温。硝酸的熔点和沸点较低，酸性比其他强酸弱，都与硝酸形成分子内氢键有关。氢键在许多有机化合物（包括蛋白质）中起着重要作用，在常温下氢键容易形成和破坏，这在生理过程中是重要的。

---

❶ 为了衡量分子中各原子吸引电子的能力，鲍林在 1932 年引入了电负性的概念。电负性数值越大，表明原子在分子中吸引电子的能力越强；电负性数值越小，表明原子在分子中吸引电子的能力越弱。元素的电负性较全面地反映了元素的金属性和非金属性的强弱。一般金属元素（除铂系外）的电负性数值小于 2.0，而非金属元素（除 Si 外）则大于 2.0。

阅读材料

晶　体

一、离子晶体

由离子键结合而形成的晶体称为离子晶体。在离子晶格结点上是正、负离子，离子之间的作用力是静电引力。因为正、负离子的静电作用较强，所以离子晶体具有较高的熔点、沸点和硬度。离子的电荷越高，离子半径越小，静电引力越强，晶体的熔点、沸点越高，硬度也越大。在离子晶体中不存在单个分子，而是一个巨大的分子，如 NaCl 只表示晶体的最简式。影响晶格能大小的因素有离子电荷 q 和离子之间的距离 R 等。对于相同类型的离子晶体，离子电荷数越大，正、负离子的核间距越短（正、负离子半径越小），离子产生的静电场强度越大，则异号离子间静电引力 F 越大，结合得越牢固，晶格能越大。晶格能越大，晶体越稳定，硬度越大，熔点越高。

二、金属晶体

由金属键形成的晶体称为金属晶体。在金属晶格结点上排列着金属原子或金属正离子。为了形成稳定的金属结构，金属原子将尽可能采取最紧密的堆积方式（简称密堆积），因此金属晶体一般密度大。所谓密堆积是指金属晶体以圆球的金属原子一个接一个地紧密堆积在一起使在一定体积的晶体内含有最多数目的原子，这种结构形式就是密堆积结构。密堆积的程度用空间利用率表示；所谓空间利用率是指金属原子的体积（除原子空间空隙外）占整个晶体体积的百分率。晶体晶胞配位数大，空间利用率高，金属的密度也大。

金属晶体的光泽、导电、传热、延展、可塑等特性可以应用改性共价键理论解释。金属中自由电子可以吸收可见光，然后把各种波长的光大部分发散出来，因而金属一般显银白色光泽和对辐射能有良好的反射性能。金属的导电性是由于在外加电场的影响下，自由电子就随着外加电场定向流动而形成电流。加热时原子和离子的振动加强，电子运动受到的阻力加大，因而一般随温度升高，金属的电阻加大。当金属的某一部分受热而加强了原子或离子的振动时，就能通过"自由电子"的运动把与原子或离子碰撞交换的能量传递到邻近的原子和离子，使热扩散到金属其他部分，很快使金属整体温度均一化。金属的紧密堆积结构允许在外力下使一层原子在相邻的一层原子上滑动而不破坏金属键，因此金属具有良好的机械加工性能。但这个理论不能深入阐述金属晶体中导体、绝缘体和半导体性质之间的差异。

要解释上述问题需用能带理论。按照能带理论的观点，一般固体都具有能带结构。导体、绝缘体和半导体的区别决定于禁带的宽度（最低空带底与最高满带顶之间的能量差）以及价带电子的分布状况，并可解释它们的导电情况。

当金属两端接上导线并通电在外加电场作用下，电子将获得能量，从负端流向正端，即朝着与电场相反的方向流动。一般金属导体的价带是导带或重带。禁带宽度较小 $E_g \leqslant 0.48 \times 10^{-19}$J（0.3eV），在外电场力作用下，导带和重带中的电子，可以在未占满电子的分子轨道间跃迁，所以导带和重带能导电，故金属具有导电性。由于金属温度升高，金属中的原子或离子振动加剧，电子在导带中跃迁受到的阻力加大，而满带中电子又由于禁带宽度太宽不能跃入导带，故金属的导电性随温度的升高而降低；由于金属中的价电子可吸收波长范围很广的光子射线而跳到较高能级，当跳回较低能级时又将吸收的光子发射出来，所以金属具有金属光泽；电子也可以传输热能，表现为金属有导热性；由于金属中的电子是"离域"（电子不属于任何一个原子而属于金属整体）的，故一个地方的金属键被破坏，在另一个地方又可以生成新的金属键，因此机械加工根本不会完全破坏金属结构，而只能改变金属的外形，这就是金属具有延性、展性、可塑性的原因。

绝缘体（如金刚石）不导电，因为它的价带是满带，最高满带顶与最低空带底间的禁带宽度较宽，$E_g \geq 8 \times 10^{-19}$J（5eV），所以在外电场作用下，满带中的电子不能越过禁带跃迁到空带，不能形成导带，故不能导电。

半导体（如单晶硅）的能带结构，与绝缘体能带结构相似，即价带也是满带，但最高满带与最低空带的禁带宽度较窄，而大于导体的禁带宽度，在一般条件下，满带中的电子不能跃入空带，使空带有电子，满带有空穴而成导带，故不能导电。但在光照或适当加热半导体的条件下，满带中电子得到能量可以跃迁到空带，空带有了电子变成了导带，原来的满带缺少电子，或者说产生了空穴，也形成导带，故能导电（称此为空穴导电）。在外加电场作用下，导带中的电子可从外加电场的负端向正端运动，而满带中的空穴则可接受靠近负端的电子，同时在该电子原来所在的地方留下新的空穴，相邻电子再向该新空穴移动，又形成新空穴，以此类推，其结果是空穴从外加电场的正端向负端移动，空穴移动方向与电子移动方向相反。

三、原子晶体

在晶格结点上排列的微粒为原子，原子之间以共价键结合构成的晶体称为原子晶体。例如，属于原子晶体的有碳（金刚石）、硅（单晶硅）、IVA 族元素等单质；在化合物中，碳化硅（SiC）、砷化镓（GaAs）、方石英（SiO_2）等都属于原子晶体。在原子晶体中，不存在独立的小分子，而只能把整个晶体看成是一个大分子，没有确定的相对分子质量。由于共价键具有饱和性和方向性，因此原子晶体的配位数一般不高。以典型的金刚石原子晶体为例，每一个碳原子在成键时以 sp^3 等性杂化形成 4 个 sp^3 共价键构成正四面体，因此碳原子的配位数为 4。无数的碳原子相互连接构成。由于原子晶体，原子间以结合力较强的共价键相连，因此表现有较高的硬度和较高的熔点（金刚石硬度最大，熔点 3849K）。通常这类晶体不导电，也是热的不良导体，熔化时也不导电。但是硅、碳化硅等具有半导体性质，可以有条件的导电。金刚石在工业上用作钻头、刀具及精密轴承等。金刚石薄膜既是一种新颖的结构材料，又是一种重要的功能材料。

四、分子晶体

在晶格结点上排列着分子，通过分子间力而形成的晶体称为分子晶体。分子晶体中，存在着独立的分子。分子晶体内是共价键，分子间是分子间力，由于分子间力很弱，所以熔点低，具有较大的挥发性，硬度较小，易溶于非极性溶剂，通常是电的不良导体。若干极性分子晶体在水中解离生成离子，则其水溶液导电（如 HCl）。二氧化碳和方石英都是 IVA 族元素化合物，前者是分子晶体，后者是原子晶体，两者物理性质差别较大。CO_2 在 78.5℃时即升华，而 SiO_2 的熔点却高达 1610℃，这说明晶体结构不同，微粒间的作用不同，物质的物理性质不同。

思 考 题

（1）金刚石和石墨都是由 C 元素组成的，但两者的物理性质却有很大差异，请从物质结构上解释原因，并列举非金属超硬材料在航空制造业中的应用实例。

（2）利用金属键能带理论，解释分析钛元素在航空材料中广泛应用的原因。

习 题

5-1 用原子轨道符号表示下列各套量子数。

（1）$n=2$，$l=1$，$m=-1$；

（2）$n=4$，$l=0$，$m=0$；

（3）$n=5$，$l=2$，$m=0$。

5-2 判断下列四个量子数组合方式的对错。

（1）（0，0，0，0）；

（2）（1，2，1，+1/2）；

（3）（3，1，2，-1/2）；

（4）（2，1，0，+1/2）。

5-3 写出下列原子的核外电子构型。

（1）Cl 原子；（2）N 原子；（3）S 原子；（4）P 原子；（5）O 原子。

5-4 写出下列离子的外层电子构型。

（1）Zn^{2+}；（2）Mn^{2+}；（3）Fe^{3+}；（4）Cd^{2+}；（5）K^+；（6）Cu^{2+}。

5-5 写出原子核外电子的分布式。

（1）Ti；（2）Mn；（3）Ca；（4）P；（5）Fe。

5-6 H_2O 和 $BeCl_2$ 都是三原子分子，为什么前者为 V 形，而后者为直线形？

5-7 由杂化轨道理论可知，在 CH_4、PCl_3、H_2O 分子中，C、P、O 均采用 sp^3 杂化，为什么由实验测得 PCl_3 和 H_2O 的键角分别为 102° 和 104.5°，都比 CH_4 的键角 109°28′ 小？

5-8 分子间的作用力主要有哪几种形式，它们分别是怎么作用的？

5-9 乙醇和二甲醚的组成相同，为什么前者的沸点是 78.6℃，而后者沸点是 -23℃？

5-10 指出下列哪种情况下可能存在氢键。

（1）H_2 分子之间；

（2）H_2O 与 O_2 分子之间；

（3）HCl 与 H_2O 分子之间；

（4）CH_3Cl 分子之间；

（5）H_2O 分子之间。

扫描二维码查看
本章数字资源

6 配位化合物

教学目标

本章主要通过熟悉配合物的生成过程和配位化合物的组成，让学生了解配合物的类型有哪些，学会对配合物命名；同时熟悉配离子的稳定性的表示方法及意义，并能解释化学平衡移动的方向，并了解配合物在生产生活中的一些应用。

教学重点与难点

（1）理解配合物中心离子（或原子）、配位体、配位原子、配位数、配离子的电荷基本概念。

（2）熟悉配位化合物命名。

（4）理解配合物的稳定性。

（5）掌握平衡移动方向的判断。

许多金属元素和过渡金属元素容易形成一种组成比较复杂且性质特殊的化合物——配位化合物，配位化合物简称配合物。配合物具有独特的性质（如光、磁、电等），广泛应用在化学、冶金、生物学、医药学等领域。例如：叶绿素是镁的配合物，植物的光合作用靠它来完成；动物血液中的血红蛋白是铁的配合物，在血液中起着输送氧气的作用；动物体内的各种酶许多是以金属配合物形式存在；顺铂是第一个具有抗癌活性并可应用于临床医学的金属配合物。直到今日，人类已合成了成千上万种配合物，服务于生产生活。

6.1 配合物的基本概念

6.1.1 配合物的含义

配合物种类繁多，组成比较复杂，目前还没有一个严格的定义，只能从它与简单化合物的对比中理解它。

例如，氨水逐滴滴加入 $CuSO_4$ 溶液中，开始有蓝色 $Cu_2(OH)_2SO_4$ 沉淀生成，当继续滴加氨水至生成的沉淀刚好变为深蓝色溶液，总反应为：

$$CuSO_4 + 4NH_3 \Longrightarrow [Cu(NH_3)_4]SO_4$$

将深蓝色溶液分成 3 份：第 1 份加入 $BaCl_2$ 溶液，则有 $BaSO_4$ 白色沉淀生成，说明有 SO_4^{2-} 存在；第 2 份加入少量 $NaOH$ 溶液，既无 $Cu(OH)_2$ 蓝色沉淀生成，也无 NH_3 逸出，说明溶液中几乎没有 Cu^{2+} 和 NH_3 分子存在；第 3 份用酒精处理后，可得到深蓝色的晶体，经实验证明为 $[Cu(NH_3)_4]SO_4$。

　　从上面的实例看出，在晶体与溶液中都存在着 $[Cu(NH_3)_4]^{2+}$ 稳定结构单元，它是由中心离子（或原子）和配位体（阴离子或分子）以配位键的形式结合而成的复杂离子（或分子），通常称这种复杂离子（或分子）为配位单元。凡是含有配位单元的化合物统称为配位化合物，$[Cu(NH_3)_4]SO_4$ 就是配位化合物。配位化合物简称配合物，旧称络合物。

　　配合物与复盐是有区别的。例如，$[Cu(NH_3)_4]SO_4$ 是配合物，在晶体和水溶液中都存在 $[Cu(NH_3)_4]^{2+}$；而复盐明矾 $KAl(SO)_4 \cdot 12H_2O$ 在水溶液中会全部解离成简单离子，即 K^+、Al^{3+} 和 SO_4^{2-}，在其晶体和水溶液中却都不存在 $[Al(SO)_4]^-$ 配离子。

6.1.2　配合物的组成

　　配合物的组成很复杂，一般由内界和外界组成。内界为配合物的特征部分，在化学式中一般用方括号标明，不在内界中的其他部分是配合物的外界，写在方括号的外面。内界和外界之间是以离子键结合，如图6-1所示。

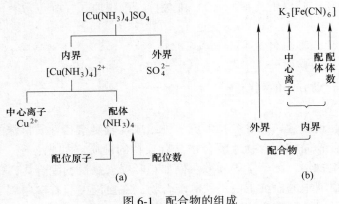

图 6-1　配合物的组成

(a) $[Cu(NH_3)_4]SO_4$；(b) $K_3[Fe(CN)_6]$

　　此外，中性分子配合物没有外界，如图6-2所示。

　　像 $Ni(CO)_4$ 这种配合物，它的形成体是中性原子 Ni，配位体是 CO 分子，这类配合物称为羰合物。

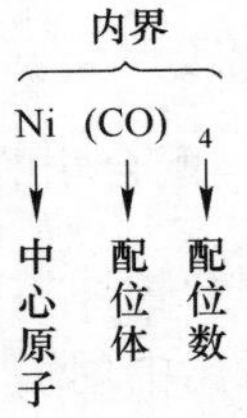

6.1.2.1　中心离子（或原子）

　　中心离子（或原子）是配合物的形成体，它位于配合物的中心，是配合物的核心部分。只要具有提供空的原子轨道，能接受配位体提供的孤对电子的离子或原子，才能成为中心离子（或原子）。常见的中心离子（或原子）一般是过渡元素的金属离子（原子），比如 Cu^{2+}、Fe^{2+}、Zn^{2+}、Ni、Ag^+ 等；同时也有主族元素的金属离子（如 Al^{3+}）和非金属原子（如 Si）。

图 6-2　$Ni(CO)_4$
配合物的组成

6.1.2.2　配位体与配位原子

　　在配合物中，位于中心离子（或中心原子）周围，能够提供孤对电子的分子或离子称为配位体（简称配体），比如 NH_3、H_2O、F^-、OH^-、SCN^-、乙二胺四乙酸根离子（简写为 EDTA，或 Y^{4-}）等。配体的种类繁多，可以是无机物，也可以是有机物；可以是电中性的分子，也可以是带电荷的离子，所以配合物的数量非常庞大。

在配体中提供孤对电子、直接与中心离子（或原子）结合的原子称为配位原子。常见的配位原子有 C、N、O、S 和卤素等原子，例如氢氧根中的 O、氨分子中的 N、硫氰根中的 S 等都可作为配位原子。

例如 $[Cu(NH_3)_4]SO_4$ 中，Cu^{2+} 是中心离子，NH_3 是配位体，N 是配位原子。

6.1.2.3 配位键

配位体与中心离子的结合称为配位；配位体与中心离子间的化学键称为配位键。配位键是一种特殊的共价键，成键的两原子间共用电子对只由其中一个原子提供。配位键通常以一个指向接受电子对的原子的箭头"→"来表示，配位情况如图 6-3 所示（箭头为配位键的方向）。

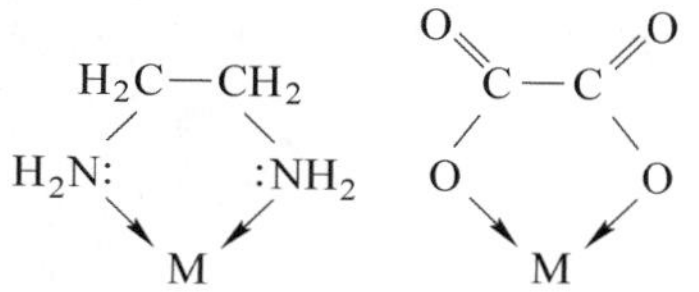

图 6-3 配合物中的配位情况

6.1.2.4 配离子

在配合物中，配位单元若为复杂离子，复杂离子称为配位离子，简称配离子（有的书上也成为络合离子或络离子）。配离子是中心离子（或原子）与配位体通过配位反应而合在一起所形成的复杂离子。例如，$[Ag(NH_3)_2]^+$ 是配离子，它是由 Ag^+ 和 2 个 NH_3 分子中的 N 原子以配位键结合。在实际应用中，配离子一般也称配合物。

配离子能在晶体中存在，也能在水溶液中存在。例如，$[Ag(NH_3)_2]Cl$ 在晶体和水溶液中都存在 $[Ag(NH_3)_2]^+$。

配离子的电荷数等于中心离子的电荷数与配位体电荷数的代数和。例如，$[Cu(NH_3)_4]^{2+}$ 中，配位体是中性分子，故配离子的电荷等于中心离子的电荷；$[Fe(CN)_6]^{3-}$ 中，中心离子 Fe^{3+} 的电荷为 +3，6 个 CN^- 的电荷数为 -6，故配离子的电荷为 -3。整个配合物是电中性的，因此可以从配合物外界离子的电荷来确定配离子的电荷。这种方法对于有变价的中心离子所形成的配离子电荷的推算比较方便。例如 $K_4[Fe(CN)_6]$，其外界 4 个 K^+ 的电荷为 +4，故配离子为 $[Fe(CN)_6]$。

注意：配分子的电荷数为 0，比如 $Fe(CO)_5$。

含有配离子的化合物是配位化合物，比如 $K_3[Fe(CN)_6]$、$[Cu(NH_3)_4]SO_4$、$[Ag(NH_3)_2]Cl$、$K_4[Fe(CN)_6]$、$[Zn(NH_3)_4](OH)_2$ 都是配合物。

6.1.2.5 配体的分类

根据配体提供的配位原子数目和配合物的空间结构特征，可以将配体分为单齿配体、多齿配体外、桥联配体和 π 键配体等。本节只介绍单齿配体和多齿配体。

只含一个配位原子并且该配原子只与一个中心离子结合的配体称为单齿配位体（或一齿配体），比如 NH_3、H_2O、X^- 等。在 $NiCl_2(H_2O)_4$ 中，Cl^- 和 H_2O 分子都是单齿配体。

含有两个或两个以上配位原子的配体称为多齿配位体（或称多基配体）。有几个配位原子，就是几齿配体。常见的二元酸根（如丙二酸根、丁二酸根、苯二甲酸根和乙二酸根、硫酸根等），都是二齿配体。例如，乙二胺 $HN_2—CH_2—CH_2—NH_2$（简写为 en），其 2 个 N 原子均可作为配位原子，是二齿配体；$C_2O_4^{2-}$ 中 2 个氧原子可以作为配位原子，是二齿配体，具体配位情况如图 6-4 所示。

乙二胺四乙酸根离子（简写为 EDTA，或 Y^{4-}），其中 2 个 N 和 4 个 O 共 6 个原子均可作为配位原子，就是六齿配体。其结构简式如图 6-5 所示。

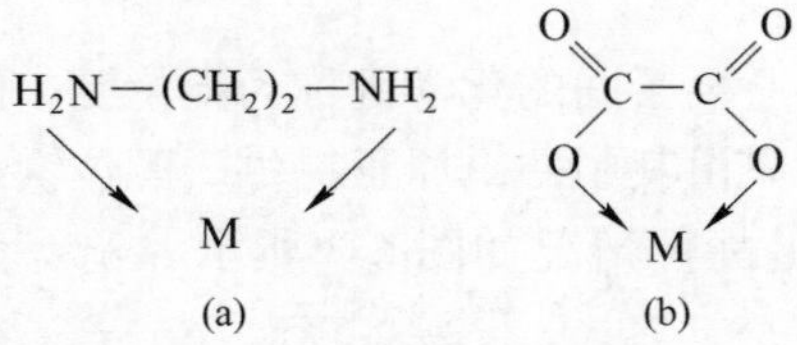

图 6-4　多齿配体的配位情况
(a) en；(b) $C_2O_4^{2-}$

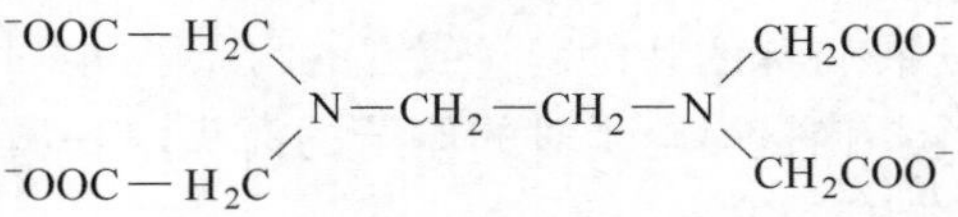

图 6-5　EDTA 的结构简式

6.1.2.6　配位数

直接与中心离子（或原子）配位的配位原子数称为该中心离子或原子的配位数。

单齿配体的配体数就是配位数；多齿配体配位数与配体数不等。比如在 $[Cu(NH_3)_4]^{2+}$ 中，Cu^{2+} 的配位数为 4。乙二胺四乙酸根离子与 Ca^{2+} 形成五个五元环配离子 $[CaY]^{2-}$，在这个配离子中一个配体 Y^{4-} 提供六个配位原子，所以配位数是 6，如图 6-6 所示。

配位数的多少决定于中心离子和配位体的性质：

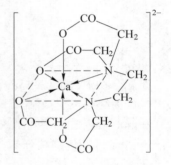

图 6-6　$[CaY]^{2-}$ 的结构示意图

（1）中心离子的半径越大，在引力允许的条件下，周围可容纳的配位原子越多，配位数越大。例如，半径 $Al^{3+} > F^-$，它们与 F^- 形成的配合物分别是 $[AlF_6]^{3-}$ 和 $[BF_4]^-$。

（2）对同一中心离子或原子，配位体的半径越大，中心离子周围容纳的配位体越少，配位数越小。例如，Al^{3+} 和 Cl^- 可形成 $[AlCl_4]^-$，而 Al^{3+} 和 F^- 可形成 $[AlF_6]^{3-}$。

（3）中心离子的电荷数越高，吸引配位体的能力越强，配位数越大，比如 $[PtCl_6]^{3-}$ 和 $[PtCl_4]^{2-}$。

（4）外界条件如温度和配体的浓度等也常是影响配位数的因素。温度升高，由于热振动的原因，配位数往往变小，而配体浓度增大有利于形成高配位数的配合物。

但在一定范围的外界条件下，某一中心离子往往有一个特征配位数，多数金属离子的特征配位数是 2、4 和 6。

6.2　配合物的类型

配合物的范围很广，分类标准很不统一，常见分类方法主要有：

（1）按配位形式分类分成简单配位化合物和螯合物；

（2）按中心离子的数目分成单核配合物和多核配合物等。

本节主要介绍简单配合物、螯合物、多核配合物、羰基配合物、多酸型配合物。

6.2.1　简单配合物

简单配合物是指由单齿配体与中心离子（原子）配位而成的配合物，比如 $[Cu(NH_3)_4]SO_4$ 和 $[Ag(NH_3)_2]Cl$。含有一种配体的配合物称为二元配合物，含有两种配体的配合物称为三元配合物，含有两种或两种以上配体的配合物统称为多元配合物。

6.2.2　螯合物

螯合物又称内配合物，是指中心离子和多齿配体所形成的具有环状结构的配合物。这种环状结构类似螃蟹的双螯钳住东西，起螯合作用。螯合物环上有几个原子就称几元环。

能与中心离子形成螯合物的配位体称为螯合剂。螯合剂必须有以下特点：

（1）含有两个或两个以上的配位原子，并且这些配位原子能同时与一个中心原子（或离子）成键。

（2）配位原子之间一般间隔两个或三个其他原子，这样与中心原子（或离子）成键时能形成稳定的五原子环或六原子环。

最常见的螯合剂是氨羧配位剂，其中配位原子是氨基上的氮和羧基上的氧。例如 Cu^{2+} 与乙二胺形成螯合物，其反应式为：

式中，两个乙二胺分子中的四个氮原子与 Cu^{2+} 形成两个五元环。

螯合物与具有相同配位原子的非螯合物相比，具有更高的稳定性，并且其稳定性与环的大小和环的数目有关。$[Cu(en)_2]^{2+}$ 的稳定常数 $K_f^{\ominus} = 6.03 \times 10^{18}$，而 $[Cu(NH_3)_4]^{2+}$ 的稳定常数 $K_f^{\ominus} = 2.1 \times 10^{13}$，显然前者比后者要稳定的多。大多数螯合物具有五元环或六元环形成非常稳定的结构。

螯合物除有特殊的稳定性外，大多数还具有特征的颜色，并且难溶于水，较易溶于有机溶剂。因此，在分析化学中常用于检验金属离子的存在和比色分析中。

6.2.3　多核配合物

多核配合物是指配合物分子中含有两个或两个以上的中心离子（原子）的配合物。若多核配合物中的中心离子相同则为同多核配合物，不同时则为异多核配合物，其结构简式如图6-7所示。

6.2.4　羰基配合物

羰基配合物是指配合物的形成体是某些 d 区元素的中性原子与配体 CO 分子形成的配合

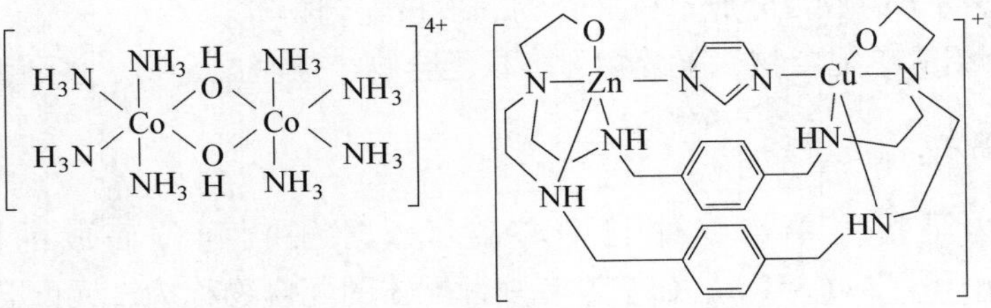

图 6-7 多核配合物结构简式

（a）同双核；（b）异双核

物。这种配合物只有内界，没有外界，例如 $Fe(CO)_5$、$Ni(CO)_4$ 等是无外界的羰基配合物。

6.2.5 多酸型配合物

一个含氧酸中的 O^{2-} 被另一个含氧酸根取代，则形成多酸型配合物；若两个含氧酸根相同，则形成的酸称为同多酸。例如，PO_4^{3-} 中的一个 O^{2-} 被另一个 PO_4^{3-} 取代形成 $P_2O_7^{4-}$。若酸根中的 O^{2-} 被其他酸取代，则形成的酸称为杂多酸。例如，PO_4^{3-} 中一个 O^{2-} 被 $(Mo_3O_{10})^{2-}$ 所取代而成 $[PO_3(Mo_3O_{10})]^{3-}$。实际上多酸型配合物是多核配合物的特例。

6.3 配合物的命名

配合物的命名方法服从中国化学学会制定的《无机化学命名原则》。但配离子的组成比较复杂，有其特定的命名原则，必须先搞清楚配离子（或内界）的名称后，再按一般无机酸、碱和盐的命名方法写出配合物的名称。

6.3.1 配合物的内界命名

配合物内界命名总的顺序是先配体后中心离子。具体命名顺序是：配位体数（用二、三、四、……表示配体的个数，一个配体不写出）→配位体名称（几种不同配体之间加"·"隔开）→合→中心离子（氧化数）（氧化数用罗马数字表示）。例如，$[Cu(NH_3)_4]^{2+}$ 称为四氨合铜（Ⅱ）离子，$[Fe(CN)_6]^{3-}$ 称为六硫氰合铁（Ⅲ）离子。

6.3.2 配合物命名的原则

配合物的命名方法遵循简单无机物的命名原则。

6.3.2.1 一般原则

（1）配位酸：内界为配阴离子，外界为氢离子，称"某酸"，例如 $H_2[SiF_6]$ 称为六氟合硅（Ⅳ）酸。

（2）配位碱：内界为配阳离子，外界为氢氧根离子，称"氢氧化某"，例如 $[Zn(NH_3)_4](OH)_2$ 称为氢氧化四氨合锌（Ⅱ）。

（3）配位盐：内界为配阳离子，外界为复杂的酸根离子时，称"某酸某"，例如 $[Cu(NH_3)_4]SO_4$ 称为硫酸四氨合铜（Ⅱ）、$[Cu(en)_2]SO_4$ 称硫酸二（乙二胺）合铜

（Ⅱ）。若内界为配阳离子，外界为简单阴离子，称"某化某"，例如 $[Ag(NH_3)_4]Cl$ 称为氯化二氨合银（Ⅰ）。

6.3.2.2　多配体时配合物的命名

如果配合物的配体种类较多时，配位体数用倍数词头"一、二、三、…"等表明，不同配位体之间用"·"隔开，配体的排列顺序遵循相应的原则。具体命名如下：

（1）负配离子配合物命名顺序为：负离子配体→中性分子配体→合→中心离子→酸。

（2）正配离子配合物的命名顺序为：外界负离子→化→酸性原子团→中性分子配体→中心离子。

（3）中性配合物的命名顺序为：酸性原子团→中性分子→中心离子。

（4）无机配体和有机配体顺序是先无机配体后有机配体。

（5）同类配体的名称是按配位原子的元素符号在英文字母中的顺序排列。同类配体的配位原子相同，则含原子个数少的配体排在前；若配体中含有原子数目相同，则在结构式中与配位原子相连原子的元素符号在英文字母中排在前面的先读（如先 NH_3 后 H_2O）。例如：

1）$[CoCl(NH_3)_2(H_2O)_2]Cl_2$　　　　二氯化一氯❶·三氨·二水合钴（Ⅲ）
2）$[CoCl(NH_3)_5]Cl_2$　　　　二氯化氯·五氨合钴（Ⅲ）
3）$[CrCl_2(NH_3)_4]Cl·2H_2O$　　　　二水合氯化二氯·四氨合铬（Ⅲ）
4）$K[PtCl_3(C_2H_4)]$　　　　三氯·（乙烯）合铂（Ⅱ）酸钾
5）$[Pt(NO_2)(NH_3)(NH_2OH)(Py)]Cl$　氯化硝基·氨·羟氨·吡啶合铂（Ⅱ）
6）$[Pt(NH_2)(NO_2)(NH_3)_2]$　　　　氨基·硝基二氨合铂（Ⅱ）
7）$[PtCl_2(NH_3)_2]$　　　　二氯·二氨合铂（Ⅱ）

6.3.2.3　中性分子配合物的命名

中性分子配合物命名的主要方法是：配位体数→配体名称→合→中心原子名称。例如：

（1）$Ni(CO)_4$（四羰基合镍）；
（2）$Co_2(CO)_8$（八羰基合二钴）。

6.3.3　配合物其他命名方法

常见的配合物除了上面按命名原则系统命名外，还有习惯名称和俗名。例如，$K_3[Fe(CN)_6]$ 习惯名称为铁氰化钾，俗名赤血盐；$K_4[Fe(CN)_6]$ 习惯名称为亚铁氰化钾，俗名黄血盐；cis-$[PtCl_2(NH_3)_2]$ 称为顺铂；$tran$-$[PtCl_2(NH_3)_2]$ 称为反铂（无抗癌活性有毒性）；$[Ag(NH_3)_2]^+$ 称为银氨配离子。

6.4　配合物的稳定性

6.4.1　稳定常数与不稳定常数

配合物的内界和外界之间是以离子键结合的，在水溶液中全部解离成为配离子和外界

❶ 一氯的"一"有时省略。

离子。例如：

$$[Cu(NH_3)_4]SO_4 \Longrightarrow [Cu(NH_3)_4]^{2+} + SO_4^{2-}$$

而配离子是中心离子和配位体以配位键结合起来的，它像弱电解质一样在水溶液中仅发生部分解离。配离子在水溶液中的稳定程度，就是配合物在水溶液中的稳定性。

在水溶液中，$[Cu(NH_3)_4]^{2+}$ 部分解离出 Cu^{2+} 和 NH_3，与此同时，Cu^{2+} 和 NH_3 又结合成 $[Cu(NH_3)_4]^{2+}$，这两个过程是可逆的。当配位反应和解离反应速率相等时，达到平衡状态，称为配位解离平衡，可表示为：

$$Cu^{2+} + 4NH_3 \underset{\text{解离}}{\overset{\text{配位}}{\rightleftharpoons}} [Cu(NH_3)_4]^{2+}$$

$$K_f^{\ominus} = \cfrac{\dfrac{c_{[Cu(NH_3)]^{2+}}}{c^{\ominus}}}{\dfrac{c_{Cu^{2+}}}{c^{\ominus}}\left(\dfrac{c_{NH_3}}{c^{\ominus}}\right)^4}$$

$$K_j^{\ominus} = \cfrac{\dfrac{c_{Cu^{2+}}}{c^{\ominus}}\left(\dfrac{c_{NH_3}}{c^{\ominus}}\right)^4}{\dfrac{c_{[Cu(NH_3)]^{2+}}}{c^{\ominus}}}$$

$K_f^{\ominus}$ 数值越大，说明生成配离子的倾向越大，而解离的倾向越小，配离子越稳定，因此常把它称为配离子的稳定常数，简称配位常数。$K_f^{\ominus}$ 也称 $K_稳^{\ominus}$。

对同类型的配离子，即配体数目相同的配离子，当不存在其他副反应时，可通过比较 $K_f^{\ominus}$ 的大小来比较它们的稳定性。例如，$[Ag(CN)_2]^-$（$K_f^{\ominus}=1.26\times10^{21}$）比 $[Ag(NH_3)_2]^+$（$K_f^{\ominus}=1.6\times10^7$）稳定得多。常见配离子稳定常数 $K_f^{\ominus}$ 见表6-1。

表6-1 常见配离子的稳定常数（298K）

配离子	$K_f^{\ominus}$	配离子	$K_f^{\ominus}$
$[Ag(CN)_2]^-$	1.26×10^{21}	$[Zn(en)_3]^{2+}$	1.29×10^{14}
$[Cd(CN)_4]^{2-}$	1.1×10^{16}	$[FeF_6]^{3-}$	1.0×10^{16}
$[Fe(CN)_6]^{4-}$	1.0×10^{35}	$[Ag(NH_3)_2]^+$	1.6×10^7
$[Fe(CN)_6]^{3-}$	1.0×10^{42}	$[Co(NH_3)_6]^{3+}$	1.58×10^{35}
$[Hg(CN)_4]^{2-}$	2.5×10^{41}	$[Cu(NH_3)_4]^{2+}$	2.09×10^{13}
$[Zn(CN)_4]^{2-}$	5.0×10^{16}	$[Fe(NH_3)_2]^{2+}$	1.6×10^2
$[CuEDTA]^{2-}$	6.31×10^{18}	$[Ni(NH_3)_6]^{2+}$	5.49×10^8
$[ZnEDTA]^{2-}$	2.5×10^{16}	$[Zn(NH_3)_4]^{2+}$	2.88×10^9
$[Ag(en)_2]^+$	5.00×10^7	$[Ag(S_2O_3)_2]^{3-}$	2.88×10^{13}
$[Cu(en)_2]$	1.0×10^{20}		

注：注意配位体的简写符号为 en，乙二胺（NH_2CH_2—CH_2NH_2）；EDTA，乙二胺四乙酸根离子。

不同类型的配离子，$K_f^{\ominus}$ 表达式中浓度的方次不同，因此不能直接用 $K_f^{\ominus}$ 比较它们的稳定性，而是通过计算同浓度时溶液里中心离子的浓度来比较。例如 $[Cu(en)_2]^{2+}$（$K_f^{\ominus}=$

1.0×10^{20}）和 $[Cu(EDTA)]^{2-}$（$K_f^{\ominus} = 6.31 \times 10^{18}$），似乎前者比后者稳定，而事实恰好相反。

配合物的稳定常数可用于比较配合物的稳定性、判断反应的方向和限度、计算配离子溶液中有关离子的浓度、判断难溶电解质的生成和溶解等。

$K_j^{\ominus}$ 是配离子的解离常数，又称不稳定常数，它也可以表示配离子的稳定性大小。对于相同配位数的配离子，$K_j^{\ominus}$ 的值越大，表示配离子的解离趋势越大，在水溶液中就越不稳定；反之，$K_j^{\ominus}$ 的值越小，表明配离子的解离趋势越小，在水溶液中就越稳定。例如 $K_j^{\ominus}\{[Ag(CN)_2]^-\} = 7.9 \times 10^{-22}$，$K_j^{\ominus}\{[Ag(NH_3)_2]^+\} = 6.25 \times 10^{-8}$，$K_j^{\ominus}\{[Ag(CN)_2]^-\} < K_j^{\ominus}\{[Ag(NH_3)_2]^+\}$，即表示溶液中 $[Ag(CN)_2]^-$ 较 $[Ag(NH_3)_2]^+$ 稳定。

显然，$K_f^{\ominus}$ 与 $K_j^{\ominus}$ 的关系为：

$$K_f^{\ominus} = \frac{1}{K_j^{\ominus}} \tag{6-1}$$

6.4.2 逐级稳定常数

实际上，配离子的形成是分级进行，溶液中存在一系列配位平衡，相应有一系列的稳定常数。例如：

$$Cu^{2+} + NH_3 \rightleftharpoons [Cu(NH_3)]^{2+}, \quad K_1^{\ominus} = 2.04 \times 10^4$$
$$[Cu(NH_3)]^{2+} + NH_3 \rightleftharpoons [Cu(NH_3)_2]^{2+}, \quad K_2^{\ominus} = 4.68 \times 10^3$$
$$[Cu(NH_3)_2]^{2+} + NH_3 \rightleftharpoons [Cu(NH_3)_3]^{2+}, \quad K_3^{\ominus} = 1.10 \times 10^3$$
$$[Cu(NH_3)_3]^{2+} + NH_3 \rightleftharpoons [Cu(NH_3)_4]^{2+}, \quad K_4^{\ominus} = 2.00 \times 10^2$$

其中，$K_1^{\ominus}$、$K_2^{\ominus}$、$K_3^{\ominus}$、$K_4^{\ominus}$ 是配离子的逐级稳定常数，$Cu(NH_3)_4^{2+}$ 的总稳定常数 $K_f^{\ominus} = K_1^{\ominus} K_2^{\ominus} K_3^{\ominus} K_4^{\ominus} = 2.10 \times 10^{13}$。

通常情况下，配离子的 $K_1^{\ominus} > K_2^{\ominus} > K_3^{\ominus} > K_4^{\ominus}$，但数值都较大并且相差不大。一般情况下，配位剂过量，因此可认为溶液中的配离子绝大部分是最高配位数的，可将其他低配位数配离子的成分忽略不计。所以在有关配位平衡的计算中，通常都是用总稳定常数进行计算。

根据化学平衡的原理利用配离子的稳定常数 $K_f^{\ominus}$ 可以进行有关计算。

【例 6-1】 在 $1.0 \text{mL } 0.20 \text{mol/L } AgNO_3$ 溶液中加入 $1.0 \text{mL } 2.0 \text{mol/L } NH_3 \cdot H_2O$，计算平衡时溶液中的 Ag^+ 浓度。

解： 查表 6-1，得：

$$K_f^{\ominus}\{[Ag(NH_3)_2]^+\} = 1.6 \times 10^7$$

由于等体积混合，浓度减半，则：

$$c(AgNO_3) = 0.10 \text{mol/L}, \quad c(NH_3) = 1.0 \text{mol/L}$$

设平衡时 $c(Ag^+) = x \text{ mol/L}$，则：

	Ag^+	+	$2NH_3$	$\rightleftharpoons$	$[Ag(NH_3)_2]^+$
起始浓度/mol·L^{-1}	0.10		1.0		0
平衡浓度/mol·L^{-1}	x		1.0−2(0.10−x)		0.10−x（因 x 较小）
			≈0.80		≈0.10

由 $K_f^{\ominus} = \dfrac{c\{[Ag(NH_3)_2]^+\}}{c(Ag^+)c^2(NH_3)}$，得：

$$c(Ag^+) = \frac{c\{[Ag(NH_3)_2]^+\}}{K_f^{\ominus}c^2(NH_3)} = \frac{0.10}{1.6 \times 10^7 \times (0.80)^2} = 9.8 \times 10^{-9}(mol/L)$$

6.4.3　配位平衡的移动

配离子的配位平衡和其他化学平衡一样，是有条件的、暂时的动态平衡。当外界条件改变时，配位平衡就会发生移动。常见的弱酸弱碱酸解离生成反应、沉淀溶解反应、氧化还原反应和其他的配位反应，都会对配位平衡产生影响，使配位平衡发生移动。

6.4.3.1　酸度的影响

配位剂绝大多数是一些弱碱，比如 NH_3、CN^-、F^-、SCN^-、I^-。改变溶液的酸度将改变这些配位剂的平衡浓度，导致配位平衡移动。

例如，无色的 $[FeF_6]^{3-}$ 溶液中，存在如下平衡：

$$[FeF_6]^{3-} \rightleftharpoons Fe^{3+} + 6F^-$$

当向溶液中加入足够量的 H^+ 时，H^+ 会和 F^- 结合成弱电解质 HF，其反应式为：

$$H^+ + F^- \rightleftharpoons HF$$

这就减少了 F^- 浓度，使配位平衡向右移动，促使 $[FeF_6]^{3-}$ 进一步解离而转化为 Fe^{3+}（Fe^{3+} 为棕黄色）。总反应为：

$$[FeF_6]^{3-} + 6H^+ \rightleftharpoons Fe^{3+} + 6HF$$

由此可见，在溶液中存在着 H^+ 与 Fe^{3+} 争夺配位体 F^- 的平衡转化，溶液由原来的无色变为棕黄色。

因此，配位体能与 H^+ 结合成弱酸时，当酸度增大将导致配离子的稳定性降低。

6.4.3.2　配位平衡与其他配位反应的关系

在一种配合物的溶液中，加入另一种能与其中心离子生成更稳定配合物的配位剂或加入另一种能与其配位体生成更稳定配合物的金属离子时，则原配合物可转化成更稳定的配合物。

例如，在血红色的 $Fe(SCN)_3$ 溶液中，存在如下平衡：

$$Fe^{3+} + 3SCN^- \rightleftharpoons Fe(SCN)_3, \quad K_f^{\ominus} = 1.48 \times 10^3$$

加入 NaF 溶液后，发现溶液血红色消失，是因为 Fe^{3+} 和 F^- 生成更稳定的 FeF_6^{3-}（无色），其反应式为

$$Fe^{3+} + 6F^- \rightleftharpoons [FeF_6]^{3-}, \quad K_{f\{[FeF_6]^{3-}\}}^{\ominus} = 2.04 \times 10^{14}$$

上述过程是 SCN^- 和 F^- 共同争夺 Fe^{3+} 的竞争平衡反应，反应向生成 FeF_6^{3-} 的方向进行，即配位反应总是由稳定性较差的配离子转化为稳定性高的配离子。

像上面的反应最终导致原来的配体 SCN^- 从配离子 $[Fe(SCN)_6]^{3-}$ 上解离下来，导致 Fe^{3+} 与新的配体 F^- 形成新的配离子 $[FeF_6]^{3-}$，这种现象称为配体交换。很多配位化合物的制备都是利用配体交换得到新的配合物分子（或离子）。例如，$[Ag(CN)_2]^-$ 的 $K_f^{\ominus}$（$K_f^{\ominus} = 1.3 \times 10^{21}$）大于 $[Ag(NH_3)]^+$ 的 $K_f^{\ominus}$（$K_f^{\ominus} = 1.1 \times 10^7$），所以向 $[Ag(NH_3)_2]^+$ 溶液

中滴加 CN^-，溶液中 $[Ag(NH_3)]^+$ 转化为 $[Ag(CN)_2]^-$。

6.4.3.3　配位平衡与氧化还原反应的关系

配合物的形成可使金属离子的电极电势发生变化，从而导致氧化还原平衡发生移动。同样，金属离子发生氧化还原反应后，其浓度发生变化，也可导致配位平衡的移动。

例如，Fe^{3+} 可以把 I^- 氧化成 I_2，碘遇淀粉变蓝色。若向在血红色的 $[Fe(SCN)_6]^{3-}$ 溶液中加入 F^-，则蓝色消失，这是因为 F^- 与 Fe^{3+} 反应生成了 $[FeF_6]^{3-}$，降低了 Fe^{3+} 浓度，使电对 Fe^{3+}/Fe^{2+} 的电极电势大大降低，从而降低 Fe^{3+} 的氧化能力增强了 Fe^{2+} 的还原能力，使平衡向左移动。其过程为：

$$Fe^{3+} + I^- \rightleftharpoons Fe^{2+} + \frac{1}{2}I_2$$

$$+$$

$$6F^- \rightleftharpoons [FeF_6]^{3-}$$

总反应式　　　$$Fe^{2+} + \frac{1}{2}I_2 + 6F^- \rightleftharpoons [FeF_6]^{3-} + I^-$$

又例如，$FeCl_3$ 溶液与 KSCN 溶液混合后生成血红色的 $Fe(SCN)_3$ 配合物，当向此溶液中加入 $SnCl_2$ 时，血红色褪去，其过程为：

$$2Fe^{3+} + 6SCN^- \rightleftharpoons 2Fe(SCN)_3$$

$$+$$

$$Sn^{2+}$$

$$\Updownarrow$$

$$2Fe^{2+} + Sn^{4+}$$

6.4.3.4　配位平衡与沉淀反应的关系

将氨水加到 $CuSO_4$ 溶液中直到溶液变为深蓝色溶液，然后滴加 Na_2S 溶液，发现溶液中有黑色沉淀生成。首先生成的深蓝色溶液中存在的解离平衡为：

$$[Cu(NH_3)_4]^{2+} \rightleftharpoons Cu^{2+} + 4NH_3$$

$[Cu(NH_3)_4]^{2+}$ 解离出来的 Cu^{2+} 遇到 S^{2-}，生成难溶的 CuS 沉淀（$K_{sp}^{\ominus}(CuS) = 6.36 \times 10^{-36}$，即 CuS 的溶度积非常小），破坏了 $Cu(NH_3)_4^{2+}$ 的解离平衡，使 $Cu(NH_3)_4^{2+}$ 转化为 CuS，其反应式为：

$$[Cu(NH_3)_4]^{2+} + S^{2-} \rightleftharpoons CuS\downarrow + 4NH_3$$

由此可见，在溶液中存在着 NH_3 分子与 S^{2-} 争夺 Cu^{2+} 的平衡转化。因此，配位平衡与沉淀反应的关系，实际上是沉淀剂（如 S^{2-}、Cl^-）与配位剂（如 NH_3）对金属离子的争夺。若生成沉淀物的溶解度越小，则配离子转化为沉淀的反应就越接近完全；反之，若生成的配离子越稳定，则难溶电解质转化为配离子的反应就越接近完全。

6.5　配合物的应用

配合物种类繁多，在化学、化工、材料以及生命科学的许多领域中有广泛的应用。本节简要介绍几个与配合物或配位化学相关的实例。

6.5.1　离子的定性鉴定

由于配合物（尤其是螯合物）往往具有特殊的颜色，所以在定性分析上常用来鉴定某离子的存在。例如，利用 KSCN 与 Fe^{3+} 生成特征血红色的溶液鉴定 Fe^{3+}，其反应为：

$$n\text{SCN}^- + Fe^{3+} \Longrightarrow [Fe(SCN)_n]^{3-n}$$

许多螯合物带有特定的颜色和较小的溶解度。例如，丁二肟在弱碱性条件下能与 Ni^{2+} 形成鲜红色的、难溶于水而易溶于乙醚等有机溶剂的螯合物，这是鉴定溶液中是否有 Ni^{2+} 存在的灵敏反应，其反应式为：

二丁二肟合镍配合物

6.5.2　物质的分离

利用不同金属离子和某种配位剂形成配离子的稳定性不同，将不同的物质分离。例如，在 NH_4Cl 和 NH_3 的 $pH = 10$ 的缓冲溶液中，Cu^{2+} 与 NH_3 生成 $[Cu(NH_3)_4]^{2+}$ 配离子留在溶液中，而与生成氢氧化物沉淀的 Fe^{3+}、Fe^{2+}、Al^{3+}、Ti^{4+} 等分离。其反应为：

$$[Cu(NH_3)_4]^{2+} \Longrightarrow Cu^{2+} + 4NH_3$$
$$Fe^{3+} + 3OH^- \Longrightarrow Fe(OH)_3 \downarrow$$

6.5.3　电镀工业方面

配合物在电镀工业中有广泛的应用。电镀工艺中，要求在镀件上析出的镀层厚薄要均匀，且光滑细致，与底层的金属附着力强，故通常不用简单盐溶液，而是利用相应配离子的盐溶液作为的电镀液。因为在配合物溶液中，简单金属离子的浓度低，金属在镀件上析出速率慢，从而可以得到晶粒细小、光滑、细致、牢固的镀层。在电镀过程中，随着金属离子的消耗，络合剂形成的配合物离子发生平衡移动，不断释放出游离的金属离子，以维持电镀液中游离金属离子浓度在适当的范围内，使得电镀能稳定持续进行。

例如，电镀铜时可以加入络合剂焦磷酸钾（$K_4P_2O_7$），使之与 Cu^{2+} 形成 $[Cu(P_2O_7)_2]^{6-}$。电镀液中存在的平衡为：

$$Cu^{2+} + 2P_2O_7^{4-} \Longrightarrow [Cu(P_2O_7)_2]^{6-}$$

$[Cu(P_2O_7)_2]^{6-}$ 的稳定常数 $K_f^{\ominus} = 10^9$，溶液中游离 Cu^{2+} 的浓度大大降低。随着电镀过程的进行，溶液中 Cu^{2+} 被消耗掉，配合物离子 $[Cu(P_2O_7)_2]^{6-}$ 因平衡移动而分解，释放出游离的 Cu^{2+}，使得 Cu^{2+} 浓度相对稳定，不会迅速降低。这样就可以较好地控制电镀反应速率，有利于得到光滑、均匀、附着力好的镀层。

6.5.4　环境保护方面

生产过程中排放出的氰化物废液易毒化环境，造成公害。为此，要对含氰废液进行消毒处理。若用 $FeSO_4$ 溶液处理废液，便可生成毒性很小的配合物 $Fe_2[Fe(CN)_6]$，其反应式为：

$$6NaCN + 3FeSO_4 = Fe_2[Fe(CN)_6] + 3Na_2SO_4$$

6.5.5　提纯金属

元素周期表上，一些副族的金属元素能与 CO 直接作用而生成羰合物。例如，在一定的条件下，CO 能与镍直接作用生成挥发性的、极毒的羰合物 $Ni(CO)_4$ 液体，其反应式为：

$$Ni + 4CO = Ni(CO)_4$$

若把 $Ni(CO)_4$ 加热到 50℃，它就会分解成为 Ni 和 CO。利用这类反应可以提取高纯度的金属。

阅读材料

生物体系中的配合物

配合物大多数具有较高的稳定性和催化活性，这些性质在生命体系中发挥了重要的作用。生命体系中存大量的配合物，或作为催化剂存在或作为生物体内重要的蛋白质存在，他们具有不可替代的功能。在医学上，由于一些配合物具有抗癌活性高、毒性低、副作用少的特点，可以用来治疗癌症。

一、生物体内的许多结合酶都是金属的配合物❶

生命的基本特征之一是新陈代谢，生物体在新陈代谢过程中，几乎所有的化学反应都是在酶的作用下进行的，故酶是一种生物催化剂。目前发现的 2000 多种酶中，很多是一个或几个微量的金属离子与生物高分子结合成的牢固的配合物。若失去金属离子，酶的活性就丧失或下降，若获得金属离子，酶的活性就恢复。常见的金属如锌、铁、铜、钴、镍等，参与许多酶的组成，使酶表现出活性。

近年报道含锌酶已增加到 200 多种，生物体内重要代谢物的合成和降解都需要锌酶的参与，可以说锌涉及生命全过程。例如 DNA 聚合酶、RNA 合成酶、碱性磷酸酶、碳酸酐酶、超氧化物歧化酶等，这些酶能促进生长发育，促进细胞正常分化和发育，促进食欲。当人体中的锌缺乏时，各种含锌酶的活性降低，肤氨酸、亮肤氨酸、赖氨酸的代谢紊乱；谷胱甘肽、DNA、RNA 的合成含量减少，结缔组织蛋白的合成受到干扰，肠黏液蛋白内氨基酸己糖的含量下降，可导致生长迟缓、食欲不振、贫血、肝脾肿大、免疫功能下降等不良后果。

铜在机体中的含量仅次于铁和锌，是许多金属酶的辅助因子，比如细胞色素氧化酶、超氧化物歧化酶、酪氨酸酶、尿酸氧化酶、铁氧化酶、赖氨酰氧化酶、单胺氧化酶、双胺

❶ 高峰. 配位化合物及其在医学药学方面的应用研究 [J]. 徐州医学院学报，2003，23（4）：374-376.

氧化酶等。铜是酪氨酸酶的催化中心，每个酶分子中配有 2 个铜离子，当铜缺乏时，酪氨酸酶形成困难，无法催化酪氨酸酶转化为多巴胺氧化酶从而形成黑色素。缺铜患者黑色素形成不足，造成毛发脱色症；缺铜也是引起白癜风的主要原因。

硒是构成谷胱甘肽过氧化物酶的组成成分，参与辅酶 Q 和辅酶 A 的合成，谷胱甘肽过氧化物酶能催化还原谷胱甘肽，使其变为氧化型谷胱甘肽，同时使有毒的过氧化物还原成无害、无毒的羟基化合物，使 H_2O_2 分解，保护细胞膜的结构及功能不受氧化物的损害。硒的配合物能保护心血管和心脏处于功能正常状态。硒缺乏可引起白肌病、克山病和大骨节病。

二、生物体内许多蛋白质是金属螯合物❶

铁在生物体内含量最高，是血红蛋白和肌红蛋白组成成分（在体内参与氧的贮存运输，维持正常的生长、发育和免疫功能）。铁在血红蛋白、肌红蛋白和细胞色素分子中都以 Fe^{2+} 与原卟啉环形成配合物的形式存在。血红蛋白中的亚铁血红素的结构特征是血红蛋白与氧合血红蛋白之间存在着可逆平衡 $Hb + O_2 \rightleftharpoons HHb + H_2O$，血红蛋白起到氧的载体作用。另一类铁与含硫配位体键合的蛋白质称为铁硫蛋白，也称非血红蛋白。所有铁硫蛋白中的铁都是可变价态，所以铁的主要功能是电子传递体，它们参与生物体的各种氧化还原作用。

例如，在植物的生长中起光合作用的叶绿素是含 Mg^{2+} 的复杂配合物，人体内输送 O_2 的血红素是铁的配合物（确切地说是 Fe^{2+} 的卟啉螯合物）。

三、配位化合物在医学上的应用❷

癌症是目前威胁人类生命和健康的最严重的恶性疾病之一。1965 年，美国科学家 Rosenberg 等偶然发现顺铂具有抗动物肿瘤作用并呈现广谱的抗癌生物活性，这引起了科学家对无机金属配合物的重视，特别是对金属配合物药用性能的关注和研究。随着研究的深入，人们逐步了解合成的金属配合物抗癌药物的药理作用和生物效应，研发出一些活性高、毒性低的广谱抗癌药，这些药物主要是铂类配合物。目前，已在国内外上市的铂类抗肿瘤药物有奥沙利铂、奈达铂、顺铂、卡铂、米铂、依铂和乐铂等。顺铂和卡铂仍是临床上使用最广泛的抗癌药物之一。

1978 年，美国首次批准临床使用顺铂 [顺式二氯·二氨合铂（Ⅱ）]，其分子式为 cis-$[Pt(NH_3)Cl_2]$，分子构型为平面四边形。该配合物具有强大的抗癌活性，属于高效、广谱抗癌药物，主要用于治疗宫颈癌、卵巢癌、睾丸癌、膀胱癌、淋巴瘤、非小细胞肺癌（NSCLC）和小细胞肺癌（SCLC）等，对卵巢癌、睾丸癌的治愈率极高，尤其对早期发现的患者治愈率可达 100%。

卡铂于 1986 年在英国首次上市，1990 年我国批准上市，其作用机理与顺铂相似，化学稳定性好，抗癌活性与顺铂相当。

奥沙利铂和乐铂是第三代铂类抗癌药物的代表。该化合物化学稳定性好，活性与顺铂相似，主要用于治疗动物和人体肿瘤，如卵巢癌、晚期大肠癌、乳腺癌等。

铂类药物对睾丸癌、乳腺癌、卵巢癌、恶性淋巴癌、膀胱癌及小叶肺癌等均有抑制作

❶ 高峰. 配位化合物及其在医学药学方面的应用研究 [J]. 徐州医学院学报，2003，23（4）：374-376.

❷ 吴月红. 金属配合物抗癌活性的研究进展 [J]. 化学试剂，2017，39（11）：1179-1187，1232.

用，铂类药物联合化仍是治疗恶性肿瘤的主要手段。目前，铂类药物正在不断涌现，一些具有桥联和光学活性配体的铂配合物正在陆续被合成出来。同时人们还一直进行着生物导弹药物等靶向治疗的研究，以提高药物疗效，降低毒副作用。

铂类配合物抗癌机理研究表明，铂（Ⅱ）类抗癌药物的作用机理主要分 4 个步骤，即跨膜运动、水合离解、靶向迁移和与 DNA 加合。铂类配合物药物作用的主要靶点是癌细胞 DNA，铂类抗癌药整个分子为电中性，分子体积小，含有脂溶性基团氨或胺，具有一定的脂溶性，所以当铂类抗癌药物进入体内后，很容易跨过脂质双层结构的细胞膜，转运进入细胞。研究表明，顺铂优先与膜蛋白结合。顺铂进入细胞内后，很快就发生水合解离，生成 $cis-[Pt(NH_3)_2(H_2O)_2]^{2+}$，顺铂药物与细胞的相互作用如图 6-8 所示。

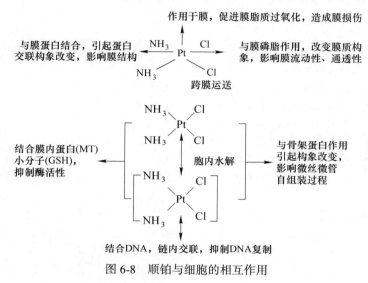

图 6-8　顺铂与细胞的相互作用

金属铂特有的化学结构决定了二价铂离子可以与细胞核内 DNA 上鸟嘌呤的 N7 原子形成加合物，抑制癌细胞 DNA 的复制，引起癌细胞死亡，显示其抗癌活性。

作为抗癌药物的铂类配合物有 6 种类型已上市，还有部分应用于临床试验，并且显示出了较好的临床效果。

除了铂类配合物外，非铂类金属配合物抗癌药物的目前也有一定的应用潜力。

思　考　题

（1）配合物的组成是什么，什么是配位数？
（2）哪些物质可以作为配位体？
（3）配离子的稳定性可用什么表示，配离子的稳定常数和不稳定常数之间的关系是什么？
（4）配位平衡的移动主要受哪些因素影响？

习　题

6-1 解释下列名词。

（1）配位原子；

（2）配位体；

（3）配合物。

6-2 列表指出下列配合物的中心离子、配位体、配位数、配位原子、配离子的电荷。

（1）$[Cu(NH_3)_4]SO_4$；

（2）$[Ag(NH_3)_2]NO_3$；

（3）$[PtCl_2(NH_3)_2]Cl_2$；

（4）$K_2[Co(SCN)_4]$；

（5）$K_2[PtCl_5]$；

（6）$[CoCl(NH_3)_4(en)_2]Cl_2$；

（7）$H[AuCl_4]$；

（8）$[Cu(en)_2]SO_4$。

6-3 写出下列配合物的化学式。

（1）三硝基·三氨合钴（Ⅲ）；

（2）六氯合锑（Ⅲ）酸铵；

（3）二水·溴化二溴·四水和合钴（Ⅲ）；

（4）二氯·二羟基·二氨合铂（Ⅳ）；

（5）四硝基·二氨合钴（Ⅲ）酸钾。

6-4 判断以下说法正误。

（1）配合物在水溶液中可以全部解离为外界离子和配离子，配离子也能全部解离为中心离子和配位体。 （ ）

（2）配离子的稳定常数越大，则配离子越稳定。 （ ）

（3）一种配离子在任何情况下都可以转化为另一种配离子。 （ ）

（4）当配离子转化为沉淀时，难溶电解质的溶解度越小，则越易转化。 （ ）

（5）由于配离子的生成，使金属离子的浓度发生改变，从而改变了其电极电势，所以配离子的生成对氧化还原反应有影响。 （ ）

6-5 查阅资料，了解配合物在化学、化工、材料以及生命科学更多的应用。

7 航空危险化学品的管理与防护

危险化学品与人们的日常工作和生活密切相关。人们使用的大量日用生活品中的化妆品、面膜、发膜、发胶，居家生活用品中的天然气、锂电池、管道疏通器，医疗用品中的医疗器械、酒精、消毒液，以及航天飞行器中的氧气瓶、氧气发生器、灭火瓶等都属于危险化学品，危险化学品是人类生活和生产中不可或缺的一部分。危险化学品是一把双刃剑，它一方面在发展生产、改变环境和改善生活中发挥着不可替代的作用；另一方面，当人们违背科学规律、疏于管理时，其固有的危险性将对人类生命、物质财产和生态环境的安全构成极大威胁。

危险化学品在运输中对人们的健康、安全、财产或环境会构成一定的危险。本章的目的是普及危险化学品知识，提高安全意识，做好科学防范，坚持化害为利，提高从业人员素质，对加强危险化学品安全管理，防止和减少危险化学品事故的发生，起到指导和推动作用。

7.1　危险化学品的概念及分类

7.1.1　危险化学品的概念

危险化学品是指具有易燃、易爆、毒害、腐蚀、放射性等危险特性，在生产、储存、运输、使用和废弃物处置等过程中，对人体、设施、环境具有危害的剧毒化学品和其他化学品。

7.1.2　危险化学品的分类

危险化学品目前常见并用途较广的有数千种，其性质各不相同，每一种危险化学品往往具有多种危险性。但是在多种危险性中，必有一种主要的即对人类危害最大的危险性。因此在对危险化学品分类时，需要根据该化学品的主要危险性来进行分类。

国际航协《危险品规则》将危险化学品分为九类，其分别是爆炸品、气体、易燃液体、易燃固体（包括自燃物品和遇湿易燃物）、氧化剂和有机过氧化物、毒害品和感染性物品、放射性物品、腐蚀性物质和杂类。下面分别介绍各类危险化学品特征及特性。

7.1.2.1　第一类——爆炸品

爆炸品是指在外界作用下（如受热、受压、撞击等），能发生剧烈的化学反应，瞬时产生大量的气体和热量，使周围压力急剧上升，发生爆炸，对周围环境造成破坏的物品。

爆炸品反应迅速并在瞬间放出大量的热量，爆炸性强，比如黑火药爆炸时火焰温度高达 2100℃；大多爆炸品敏感度高，外界条件很易使其爆炸，比如雷汞在 165℃ 就会爆炸；很多爆炸品具有毒性，比如梯恩梯、硝化甘油。《国际危险货物规则》（International Maritime Dangerous Goods，IMDG Code）中对于爆炸品分为六类，见表 7-1。

表 7-1　爆炸品的分类

分类/项别号码/ 名称 IMP 代码	危险性标签	描　述	注解或举例
1.1 项 REX		具有整体爆炸危险性的物品和物质（整体爆炸是指其影响力事实上几乎同时波及全部装载物）	
1.2 项 REX		具有抛射危险而无整体爆炸危险性的物品和物质	
1.3 项 REX RCX 当允许时 RGX		具有起火危险性、较小的爆炸和/或较小的抛射危险性而无整体爆炸危险性的物品和物质	这些爆炸品一般禁止空运，比如TNT
1.4 项 REX		在运输中被引燃或引发时，不存在显著危险性的物品和物质	
1.5 项 REX		具有整体爆炸危险性而敏感度很低的物质	

分类/项别号码/ 名称 IMP 代码	危险性标签	描　述	注解或举例
1.6 项 REX		无整体爆炸危险性且敏感度极低的物质	这些爆炸品一般禁止空运，比如TNT

7.1.2.2　第二类——气体

气体是指 50℃ 温度下、蒸气压高于 300kPa，或在 20℃、标准大气压为 101.3kPa 的条件下完全成气态的物质。第二类危险品包括压缩气体、液化气体、溶解气体、冷冻液化气体、气体混合物、一种或一种以上气体与一种或一种以上其他类别物质的蒸汽混合物、充气制品和气溶胶。在正常运输条件下，气体呈现不同的物理状态。

（1）压缩气体：温度 -50℃，包装在高压容器内运输时，完全呈现气态的气体。包装温度低于或等于 -50℃ 的所有气体。

（2）液化气体：加压包装运输时，当温度高于 -50℃ 时部分呈现液态的气体。

（3）深冷液化气体：在运输包装时，由自身的低温而部分呈现液态的气体。

（4）溶解液体加压包装运输时，溶解于某种溶剂中的气体。

为了便于储运和使用，常将气体用降温加压法压缩或液化后储存于钢瓶内。根据其理化性质分为易燃气体、不燃气体和有毒气体，在储运和使用时要特别注意以下两点：

（1）储于钢瓶内的压缩气体、液化气体或加压溶解的气体易受热膨胀，压力升高，能使钢瓶爆裂。特别是液化气体装得太满时尤其危险，应严禁超量灌装，并防止钢瓶受热。

（2）压缩气体和液化气体易泄漏。凡内容物为禁忌物的钢瓶应分别存放，其原因在于除有些气体有毒、易燃外，还因有些气体相互接触后会发生化学反应引起燃烧爆炸。例如氧和氯、氢和氧、乙炔和氧均能发生爆炸。

7.1.2.3　第三类——易燃液体

第三类危险化学品包括易燃液体和减敏的液体爆炸物。

（1）易燃液体。易燃液体是指在闭杯闪点试验中温度不超过 60℃，或者在开杯闪点试验中温度不超过 65.6℃ 时，放出易燃蒸气的液体、液体混合物、固体的溶液或者悬浊液。

托运液体的温度达到或超过其闪点的，该种液体被认为是易燃液体。以液态形式在高温中运输或托运的，并且在低于或达到运输的极限温度（即该物质在运输中可能遇到的最高温度）时，放出易燃蒸气的物质也被认为是易燃液体。

如果水溶液中水的含量高于 90%（质量分数），或根据 ISO 2592：1973 所规定的燃点高于 100℃，或通过了适当的燃烧性试验（参阅《联合国试验的标准手册》第Ⅲ部分第

32.5.2 节中规定的"持续性燃烧试验")的液体在本章中可不划为易燃液体。

（2）减敏的易燃爆炸品。减敏的易燃爆炸品是指溶解或悬浮在水中或其他液体物质，形成一种均匀的液体混合物，以抑制其爆炸性的爆炸性物质。

7.1.2.4　第四类——易燃固体（包括自燃物品和遇湿易燃物）

第四类危险化学品包括易燃固体、自燃物体和遇水释放易燃气体的物质，比如汽油、乙醇、硫黄粉、硝基苯、黄磷等。

（1）易燃固体。易燃固体是指在正常运输中遇到情况容易燃烧或摩擦容易起火的固体，容易产生强烈的放热反应的自身反应及相关物质，以及如不充分稀释则可能爆炸的减敏爆炸品。

易燃固体容易燃烧和摩擦起火。如果易燃固体处于粉末、颗粒或膏状物，被明火（例如燃着的火柴）瞬时点燃，火势迅速蔓延，则更加危险，此种危险性不仅来自火焰而且来自燃烧生成的有毒产物。金属粉末的起火更具危险性，因为灭火困难，使用二氧化碳和水等灭火剂只能助长火势。

（2）自燃物体。自燃物体是指正常运输条件下自发放热或接触空气放热并随后起火的物质。自燃物质包括自动燃烧物质和自发放热两种类型的物质，这两种类型的物质可根据其自燃性加以区别。

自动燃烧物质是包括混合物和溶液在内的物质（液态或固态）。这种物质即使在数量极少时，如果与空气接触仍可在 5min 内起火，这种物质最容易自动燃烧。自发放热物质是指在无外部能量供应的情况下，与空气接触可以放热的固体物质。这种物质只有在数量大（数千克）且时间长（数小时或数天）的情况下才能被点燃。自发放热物质发生自燃现象的原因，是由于空气中的氧发生反应并且热量不能及时散发所致。当放热速度大于散热速度并且达到自燃温度时，就会发生自燃。

（3）遇水释放易燃气体。遇水释放易燃气体是指与水反应易自发成为易燃或放出到达危险数量的易燃气体的液体或固体物质，比如碳化钙、磷化氢、钠、钾等。

由于物质遇水后能发生剧烈的化学反应，放出易燃气体，并产生一定热量，所以当反应所产生的热量加热反应所产生的气体温度上升达到自燃点时或遇明火时立即燃烧甚至爆炸。由于含有不饱和键化合物（如桐油酸、亚麻酸等高级不饱和脂肪酸的甘油酯），在潮湿和高温环境中易于产生自氧化作用与聚合作用，从而可引起自燃。

7.1.2.5　第五类——氧化剂和有机过氧化物

第五类危险化学品包括氧化剂和有机过氧化物。

（1）氧化剂。氧化剂是指自身不一定可燃，但可以放出氧气而引起其他物质燃烧的物质，比如氯化钙、硝酸铵、肥料、漂白粉和过氧化氢等。

（2）有机过氧化物。有机过氧化物是指含有二价过氧基（—O—O—）的有机物称为有机过氧化物。有机过氧化物也可看作是一个或两个氢原子被有机原子团取代的过氧化氢的衍生物。有机过氧化物遇热不稳定，它可以放热并因而加速自身的分解。此外，它还可能具有下列一种或多种性质：

1）易于爆炸分解；

2）速燃；

3）对碰撞和摩擦敏感；

4）与其他物质发生危险的反应；

5）损伤眼睛。

有机过氧化物的特殊危险性为：有机过氧化物遇热与杂质（如酸、重金属化合物和胺类）接触，受到摩擦或碰撞容易引起热分解反应，分解的速度随温度升高而加快并因其成分而异，分解时可能放出有害的或易燃的气体或蒸汽。某些有机过氧化物可以发生爆炸分解，在封闭状态下尤为强烈，许多有机过氧化物可以猛烈地燃烧。

许多液体有机过氧化物溶液是易燃的，但是不需要另外的危险性标签，因为有机过氧化物标签本身即暗示该物质可能是易燃的。眼睛应避免接触有机过氧化物，即使与某些有机过氧化物作短暂的接触，也会严重损伤角膜。此外，它们还会腐蚀皮肤。大部分的有机过氧化物与其他物质发生危险反应，因此，许多有机过氧化物只有在采取减敏措施后才允许运输。在运输过程中，含有机过氧化物的包装件或集装器必须避免阳光直射，远离各种热源，放置在通风良好的地方，并且不得将其他货物堆放其上。

7.1.2.6　第六类——毒害品和感染性物品

第六类危险化学品包括毒性物质和感染性物质。

（1）毒性物质。毒性物质是指吞入、吸入或者皮肤接触后进入肌体内，累积达一定的量，能与体液和器官组织发生生物化学作用或生物物理作用，扰乱或破坏肌体的正常生理功能，引起某些器官和系统暂时性或持久性的病理改变，甚至危及生命的物品。经口摄取半数致死量：固体 $LD_{50} \leqslant 500mg/kg$；液体 $LD_{50} \leqslant 2000mg/kg$；经皮肤接触24h，半数致死量 $LD_{50} \leqslant 1000mg/kg$；烟雾及蒸汽吸入半数致死量 $LC_{50} \leqslant 10mg/L$ 的固体或液体。

不同有毒品的毒性大小是各不相同的，毒品的毒性通常分急性毒性和慢性毒性两个方面，列入《危险货物品名表》的农药都属于有毒品。这类物品的主要特性是具有毒性，少量进入人、畜体内即能引起中毒。该物质不但口服会中毒，吸入其蒸汽也会中毒，有的还能通过皮肤吸收引起中毒。根据毒性，有毒物品分为剧毒品和毒害品。

（2）感染性物质。感染性物质是指那些已知含有或有理由认为含有病原体的物质。病原体是指会使动物或人感染的微生物（包括细菌、病毒、立克次体、寄生虫、真菌）或其他媒介物，比如阮毒体。

生物制品（Biological Products）是指由活生物体中获取的那些制品，它们应根据可能具有特殊许可证发放要求的国家政府当局的要求来制造和销售，并被用于对人类或动物疾病的预防、治疗或诊断，或用于与此内容相关的开发、实验或相关研究目的。它们包括但不限于已完成或未完成制品，例如疫苗。

培养物（Clutures）是指病原体被故意繁殖处理的结果，该定义不包括下述定义的病源标本。病源标本（Patient Specimens）是指为了研究、诊断、调查活动和疾病治疗与预防一类的目的运输的直接从人或动物身上采集的人体或动物体物质，包括但不限于排泄物、分泌物、血液及其制品、组织和组织液棉签。

医学或临床废弃物（Medical or Clinical Wastes）是指对动物或人类进行医疗或进行生物研究而产生的废弃物。

7.1.2.7　第七类——放射性物品

放射性物质是指所含放射性核素的活度浓度和托运货物总活度均超过国际航协《危险品规则》10.3.2中规定数值的物质，比如钴-60、铯-131、铀-233、铀-235、钚-239和钚-241 等。

放射性物质能自发和连续的发射出电离辐射，它们能对人类或动物健康产生危害，并可使照相底片或 X 光片感光。这种辐射不能被人体的任何感觉（视觉、听觉、触觉、或味觉）所觉察，但可用合适的仪器探测和测量。

7.1.2.8　第八类——腐蚀性物质

腐蚀性物质是指能灼伤人体组织并对金属等物品造成损坏的固体或液体，与皮肤接触在 4h 内出现可见坏死现象，或温度在 55℃，对 20 号钢的表面均匀腐蚀率超过 6.25mm/a 的固体或液体。

腐蚀品有强烈的腐蚀性，对人体有腐蚀作用，造成化学灼伤。开始时往往不太痛，待发觉时，部分组织已经灼伤坏死，所以较难治愈；对金属有腐蚀作用，腐蚀品中的酸和碱甚至盐类都能引起金属不同程度的腐蚀；对有机物质和建筑物有腐蚀作用。

酸、碱、卤素及部分有机物如苯酚都有较强的腐蚀性。

7.1.2.9　第九类——杂类

杂项危险品是指不属于第一类至第八类任何一类危险品，但是在航空运输中具有危险性的物品和物质，见表 7-2。

表 7-2　杂相危险品

危险性标签	名称/分类（IMP 代码）	定义/描述	常见危险品
	杂项危险品 RMD	在航空运输中会产生危险，但不在前 8 类中所包含；在航空运输中可能会产生麻醉性、刺激性或其他性质而使旅客感到烦恼或不舒适	石棉、大蒜油、救生艇、内燃机、车辆、电动轮椅、航空救生器材
	颗粒状聚合物 RSB	充满易燃气体或液体，可能放出少量易燃气体	半成品聚合物材料，比如聚氯乙烯颗粒
	固体二氧化碳（干冰）ICE	固体二氧化碳（干冰）温度为 $-79℃$，其升华物比空气沉，在封闭的空间内大量的二氧化碳能造成窒息	半成品聚合物材料，比如聚氯乙烯颗粒
	危害环境的物质	指满足 UN《规章范本》标准的物质，或满足始发、中转、目的地国家主管当局制定的国家或国际标准的物质	—
	遗传变异的微生物及生物体 RMD	不符合感染性物质的定义，但能够以非正常自然繁殖方式改变动物、植物或微生物的遗传基因的微生物或生物体，必须划为 UN3245	—
MAGNETIZED MATERIAL	磁性物质 MAG	这类物质产生很强的磁场	磁电管、未屏蔽的永磁体、钕铁硼

7.2 危险化学品的标记和标签

在日常生活中，常会看到类似 、、 的图标，此类标识可以提醒我们应该注意的相关事项。由于危险品自身的危险性，在危险品的运输过程中有必要提醒相关的操作人员。因此，托运人应根据《危险品规则》保证所托运的危险品包装件或合成包装件已经正确地做好标记和标签。正确的标记和标签能够标明包装件中的物品，标明危险品的性质；能够指明包装件满足的相关标准；能够提供安全操作和装载信息；能够为运输中的各方提供帮助。

7.2.1 危险化学品标记

7.2.1.1 标记的种类

（1）基本标记。基本标记作为最基本的要求，每个含有危险品的包装件或合成包装件都需要清晰地标出。基本标记需要标记以下内容：

1）运输专用名称（需要时补充以适当的技术名称）；

2）UN 或 ID 编号（包括前缀字母 UN 或 ID）；

3）托运人及收货人名称及地址。

（2）附加标记。附加标记需要标记以下内容。

1）第一类——爆炸品：包装件内爆炸品的净数量和包装件的毛重。

2）第二类中的深冷液化气体：包装件的每一侧面或同行包装件每隔 120° 应印上"KEEP UPRIGHT"（保持直立）字样。在包装间背面必须印上"DO NOT DROP——HANDLE WITHCARE"（勿摔——小心轻放字样）。

3）第二类至第六类、第八类：当一票货物超过一个包装件时，每个包装件中所含第二类至第六类、第八类危险品的净数量须标注在包装件上。

4）呼吸保护装置：当根据特殊规定 A144，运输带有化学氧气发生器的呼吸保护装置（PBE）时，必须在包装件上的运输专用名称旁标注"Air Crew Protective. Breathing Equipment（smokehood）in Accordance with Special Provision A144"［飞行机组呼吸保护装置（防烟罩）符合 A44 特殊规定］。

5）第 6.2 项感染性物质：负责人的姓名及电话号码，该负责人应具备处理该感染性物质的突发性事件的能力。

6）UN1845 干冰［Carbon dioxide，Solid（Dry Ice）］：应注明每个包装件中所含干冰的净数量。

7）有限数量包装：有限数量包装件必须注明"LIMITED QUANTITY"或"LTD QTY"字样。

8）危害环境物质：适用于液态或固态危害环境物质 UN3077 或 UN3082 包装件的标记要求。

9）例外数量危险品：例外数量危险品标签被更换成新的例外数量危险品标记。

7.2.1.2 标记的规格与质量

标注在包装间和合成包装件上的所有标记不得被包装的任何部分及附属物，或任何其他标签和标记所遮盖，所需标记不得与其他可能影响这些标记效果的包装标记标注在一起。

（1）质量。所有标记必须注意以下几点：

1）经久耐用，用印刷或其他方式打印或粘贴在包装件或合成包装件的外表面；

2）清楚易见；

3）能够经受暴露在露天环境中，且牢固性和清晰度不会明显降低；

4）显示在色彩反差大的（包装）背景上。

（2）文字。必须使用英文，如始发国需要，亦可同时使用其他文字。

（3）合成包装的标记。除非包装间内所有危险品的标记都明显易见，否则在合成包装件的外包装表面上必须显示"Overpack"（合成包装件）。对于包含放射性物质的合成包装件的标记要求，见国际航协《危险品规则》10.7.14.4。

包装规格标记不得重新标注在合成包装件上。"Overpack"（合成包装件）标记已说明合成包装件内装有的包装符合规定的规格。

7.2.2　危险化学品标签

7.2.2.1　标签的质量和规格

（1）耐久性。标签的材料、印刷及粘接必须充分耐用，在经过包括暴露在露天环境内的正常运输条件的考验后，其牢固性和清晰度不会明显降低。

（2）标签种类。标签有以下两种类型。

1）危险性标签（呈45°角正方形）：所有类型的大多数危险品都需贴此种标签。

2）操作标签：一些危险品需贴此种标签，它既可单独使用，亦可与危险性标签同时使用。

（3）标签规格。危险品包装件及合成包装件上所用的各种标签（危险性标签和操作标签在形状）颜色、格式、符号和文字说明上都必须符合国际航协规定。

危险性标签必须符合以下规格。

1）危险品标签必须为正方形且最小尺寸为100mm×100mm（4in×4in），以45°放置（菱形）危险性标签有一条与符合相同颜色的直线在边内5mm处与边缘平行。

2）所有标签上的图形、符号、文字和括号都必须使用黑色。以下情况除外：第8类标签上的文字（如需要）和类别号码必须用白色；以绿色、红色或蓝色为底的危险性标签上可用白色。

（4）标签上的文字。除另有适用的规定外，说明危险性质的文字可以与类别/项别及爆炸品的配装组一起填入标签的下半部。文字应该用英文。若始发国另有要求，两种文字应该同样明显地填写。操作标签要求相同，标签上可印有商标，包括制造商的名称，但必须印在边缘线实线以外十个打字点以内。

7.2.2.2　危险性标签的使用

危险性标签的使用见表7-3。

表 7-3 危险性标签

危险品分类	危险性标签	危险品信息
第一类——爆炸品①		名称：爆炸品 货运标准代码：使用的 REX、RCX、RGX 最小尺寸：100mm×100mm 图形符号（爆炸的炸弹）：黑色 底色：橘黄色
第二类——气体	Flammable gas	名称：易燃气体② 货运标准代码：RFG 最小尺寸：100mm×100mm 图形符号（火焰）：黑色或白色 底色：红色
	Non-flammable non-toxle gas	名称：非易燃、无毒气体③ 货运标准代码：RNG 或 RCL 最小尺寸：100mm×100mm 图形符号（气瓶）：黑色或白色 底色：绿色
		名称：毒性气体④ 货运标准代码：RPG 最小尺寸：100mm×100mm 图形符号（骷髅和交叉股骨）：黑色或白色 底色：白色
第三类——易燃液体	Flammable liquid	名称：易燃液体⑤ 货运标准代码：RFL 最小尺寸：100mm×100mm 图形符号（火焰）：黑色或白色 底色：红色
第四类——易燃、自燃和遇水释放易燃气体的物质		名称：易燃固体 货运标准代码：RFS 最小尺寸：100mm×100mm 图形符号（火焰）：黑色 底色：白色，带有七条红色竖道

续表 7-3

危险品分类	危险性标签	危险品信息
第四类——易燃、自燃和遇水释放易燃气体的物质		名称：自燃物质⑥ 货运标准代码：RSC 最小尺寸：100mm×100mm 图形符号（火焰）：黑色 底色：上半部白色，下半部红色
		名称：遇水释放易燃气体的物质 货运标准代码：RFW 最小尺寸：100mm×100mm 图形符号（火焰）：黑色或白色 底色：蓝色
第五类——氧化剂和有机过氧化物		名称：氧化剂 货运标准代码：ROX 最小尺寸：100mm×100mm 图形符号（圆圈上带火焰）：黑色 底色：黄色
		名称：有机过氧化物 货运标准代码：ROP 最小尺寸：100mm×100mm 图形符号（圆圈上带火焰）：黑色 底色：黄色 新标签底色：上半部红色，下半部黄色；上半部线条必须和图形严肃符号相同
第六类——毒性物质和传染性物质		名称：毒性物质⑦ 货运标准代码：RPB 最小尺寸：100mm×100mm 图形符号（骷髅和交叉股骨）：黑色 底色：白色
		名称：感染性物质 货运标准代码：PIS 最小尺寸：100mm×100mm 小包装件的尺寸可为：50mm×50mm 图形符号（三枚新月叠加在一个圆圈上）和文字说明：黑色 底色：白色

危险品分类	危险性标签	危险品信息
第七类——放射性物质		Ⅰ级白色 名称：放射性 货运标准代码：RRW 最小尺寸：100mm×100mm 标志（三叶形标记）：黑色 底色：白色
		Ⅱ级黄色 名称：放射性 货运标准代码：RRY 最小尺寸：100mm×100mm 标志（三叶形标记）：黑色 底色：上半部黄色带白边，下半部白色
		Ⅲ级黄色 名称：放射性 货运标准代码：RRY 最小尺寸：100mm×100mm 标志（三叶形标记）：黑色 底色：上半部黄色带白边，下半部白色
第八类——腐蚀性物质		名称：腐蚀性物质 货运标准代码：RCM 最小尺寸：100mm×100mm 图形符号（液态从两只玻璃容器中洒出并对一只手和金属造成腐蚀）：黑色 底色：上半部白色，下半部黑色，带有白色边线
第九类——杂项危险品		名称：杂项危险品 货运标准代码：适用的 RMD、RSB、ICE 最小尺寸：100mm×100mm 图形符号（上半部有七条竖道）：黑色 底色：白色

①必须填写项别配装组号码位置，比如"1.1C"；

②此标签也可印为红色底面，图形符号（火焰）、文字、数码及边线均为黑色；

③此标签也可印为绿色底面，图形符号（气瓶）、文字、数码及边线均为黑色；

④此标签印有"Toxic Gas（毒性气体）"或"Poison Gas（毒气）"文字的毒性物质标签也可以接受；

⑤此标签也可印为红色底面，图形符号（火焰）、文字、数码及边线均为黑色；

⑥第 4.2 项物质如果也是易燃固体，则无须标签用于 4.1 项的次要危险性标签；

⑦此标签印有"Toxic（毒性的）"或"Poison（有毒的）"文字的毒性物质标签可以接受。

7.3　危险化学品事故的预防与处理

7.3.1　危险化学品事故的预防

7.3.1.1　隔离

密闭、生产自动化是解决毒物危害的根本途径。将产生危害的全部加工过程进行封闭是一种隔离方式，以便限制有毒气体扩散到工作区，同时也隔离了来自明火或燃料的热源。最理想的加工工艺是让工人最大限度地减少接触所使用的有害化学品的机会，例如屏蔽整个机器，封闭加工过程中的扬尘点。

遥控隔离是隔离方法的进一步发展。有些机器已经可用来代替工人进行一些简单的操作，在某些情况下，这些机器是由远离危险环境的工人运用遥控器进行控制的。

通过安全储存有害化学品和严格限制有害化学品在工作场所的存放量（满足一天或一个班次工作所需的量即可）也可以获得相同的隔离效果。

7.3.1.2　消除或替代

减小化学危害的最有效方法是不使用有毒、有害化学品，不使用易燃，易爆化学物质，或尽量使用比较安全的化学品。然而到底使用哪种化学品才能安全？这种选择要参照工艺过程的性质。对于现有的工艺过程，尽量寻找更安全的物质或加工过程替代。

替代有毒化学品的例子很多，例如：用水基涂料或水基黏结剂替代有机溶剂基的涂料或黏结剂；用水性洗涤剂替代溶剂型洗涤剂；用三氯甲烷脱脂剂替代三氯乙烯脱脂剂；使用高闪点化学品而不使用低闪点化学品。取代工艺过程的例子也很多，例如改喷涂为电涂或浸涂、改手工分批装料为机械连续装料、改干法破碎为湿法破碎等。

7.3.1.3　通风

对于化学物质产生的飘尘，除了替代和隔离方法以外，通风是最有效的控制方法。借助于有效的通风和相关的除尘装置，直接捕集了生产过程中所释放出的飘尘污染物，防止了这些有害物质进入工人的呼吸区，通过管道将收集到的污染物送到收集器中，也不会污染外部环境。

使用局部通风时，吸尘罩应尽可能接近污染源，确保通风系统的高效率。全面通风也称稀释通风，其原理是向作业场所提供新鲜空气，以达到冲稀污染物或易燃气体浓度的作用，提供新鲜空气的方式主要有自然通风和机械通风。全面通风的目标不是消除污染物，而是将污染物分散稀释，从而降低其浓度，所以全面通风仅适用于低毒性、无腐蚀性污染物存在的场所。

7.3.1.4　个体防护用品

在无法将工作场所中的有害化学品降低到可接受的标准时，工人就必须使用防护用品以获得保护。个体防护用品并不能降低或排除工作场所的有害物质，它只是一道阻止有害物质进入人体的最后屏障。防护用品本身的失效意味着屏障的立即失效，因此，个体防护用品不能被视为控制危险的主要手段，只是作为对其他控制手段的补充。

（1）呼吸防护器。呼吸防护器的形式是覆盖口和鼻子，其作用是防止有害化学物质通过呼吸道进入人体。呼吸防护器主要分为自吸过滤式和送风隔离式两种类型。

自吸过滤式净化空气的原理是吸附或过滤空气，使空气中的有害物（尘、毒气）不能通过呼吸防护器，保证进入呼吸系统的空气是净化的。送风隔离式防护器是使人的呼吸道与被污染的作业环境中的空气隔离，用空气压缩机通过导气管将干净场所的新鲜空气送进呼吸防护器，或通过导管将便携式气瓶内的压缩空气或液化空气或氧气送入呼吸防护器，对使用者能够提供更高水平的防护。

（2）其他个体防护用品。为了防止由化学物质的溅射，以及尘、烟、雾、蒸汽等所导致的眼和皮肤伤害，也需要使用适当的防护用品或护具。

眼面护具的例子主要有安全眼镜、护目镜以及用于防护腐蚀性液体、固体及蒸气对面部产生伤害的面罩。用抗渗透材料制作的防护手套、围裙、鞋和工作服，能够消除由于接触化学品而对皮肤产生的伤害。

护肤霜、护肤液也是一类皮肤防护用品，它们的功效各种各样，选择适当也能起一定的化学作用。

7.3.1.5　个人卫生

保持个人卫生是为了保持身体洁净，防止有害物质黏附在皮肤上，避免有害物质通过皮肤渗透到体内。防止有害物质经皮肤吸收与有害物质经呼吸道和食道吸收同等重要。

7.3.2　各类危险化学品事故的处理

7.3.2.1　第一类——爆炸品

收运后发现包装件破损应采取以下措施。

（1）破损包装件不得装入飞机或集装器内。

（2）已经装入飞机或集装器的破损包装件必须卸下。

（3）检查同一批货物的其他包装件是否有相似的损坏情况。

（4）在破损包装件附近严禁烟火。

（5）将破损包装件及时转移到安全地点，并立即通知货运部门进行事故调查和处理。

（6）通知托运人或收货人，未经主管部门同意，该包装件不得运输。

发生火灾时应采取以下灭火措施。

（1）现场抢救人员应戴防毒面具。

（2）现场抢救人员应站在上风头。

（3）用水和各式灭火设备扑救。

7.3.2.2　第二类——气体

收运后发现包装件损坏，或有气味，或有气体逸漏现象应采取以下措施。

（1）破损包装件不得装入飞机或集装器内。

（2）已经装入飞机或集装器的破损包装件必须卸下。

（3）检查同一批货物的其他包装件是否有相似的损坏情况。

（4）包装件有逸漏迹象时，人员应避免在附近吸入漏出的气体。如果易燃气体或非易燃气体包装件在库房内或在室内发生逸漏，必须打开所有门窗，使空气充分流通，然后由专业人员将其移至室外；如果毒性气体包装件发生逸漏，应由戴防毒面具的专业人员处理。

148

（5）在易燃气体破损包装件附近，不准吸烟，严禁任何明火，不得开启任何电器开关，任何机动车辆不得靠近。

（6）通知货运部门的主管人员进行事故调查和处理。

（7）通知托运人或收货人，未经主管部门同意，该包装件不得运输。

发生火灾时应采取以下灭火措施。

（1）现场抢救人员必须戴防毒面具。

（2）现场抢救人员应避免站在气体钢瓶的首、尾部。

（3）在情况允许时，应将火势未及区域的气体钢瓶迅速移至安全地带。

（4）用水或雾状水浇在气体钢瓶上，使其冷却，并用二氧化碳灭火器扑救。

7.3.2.3 第三类——易燃液体

收运后发现包装件漏损应采取以下措施。

（1）漏损包装件不得装入飞机和集装器内。

（2）已经装入飞机或集装器的漏损包装件必须卸下。

（3）检查同一批货物的其他包装件是否有相似的损坏情况。

（4）在漏损包装件附近，不准吸烟，严禁任何明火，不得开启任何电器开关。

（5）如果易燃液体在库房内或机舱内漏出，应立即通知消防部门，消除漏出的易燃液体。

（6）将漏损包装件移至室外，通知货运部门的主管人员进行事故调查和处理。

（7）通知托运人或收货人，未经主管部门同意，该包装件不得运输。

发生火灾时应采取以下灭火措施。

（1）现场抢救人员应戴防毒面具并使用其他防护用具。

（2）现场抢救人员应站在上风头。

（3）易燃液体燃烧时，可用二氧化碳灭火剂、1211灭火器、砂土、泡沫灭火剂或干粉灭火剂扑救。

7.3.2.4 第四类——易燃、自燃和遇水释放易燃气体的物质

收运后发现包装件破损应采取以下措施。

（1）破损包装件不得装入飞机或集装器内。

（2）已经装入飞机或集装器的破损包装件必须卸下。

（3）检查同一批货物的其他包装件是否有相似的损坏情况。

（4）在破损包装件附近，不准吸烟，严禁任何明火。

（5）任何热源需远离自燃物品包装件。

（6）对于遇水燃烧物品的破损包装件，避免与水接触。应该用防水帆布盖好。

（7）通知货运部门的主管人员进行事故调查和处理。

（8）通知托运人或收货人，未经主管部门同意，该包装件不得运输。

发生火灾时应采取以下灭火措施。

（1）现场抢救人员应戴防毒口罩。

（2）对于易燃固体、自燃物质，可用砂土、石棉毯、干粉灭火剂或二氧化碳灭火。

（3）对于遇水易燃物质（如金属粉末），可用砂土或石棉毯进行覆盖，也可使用干粉灭火剂扑救。

7.3.2.5　第五类——氧化剂和有机过氧化物

收运后发现包装件漏损应采取以下措施。

（1）漏损包装件不得装入飞机或集装器内。

（2）已经装入飞机或集装器的漏损包装件必须卸下。

（3）检查同一批货物的其他包装件是否有相似的损坏情况。

（4）在漏损包装件附近，不准吸烟，严禁任何明火。

（5）其他危险品（即便是包装完好的）与所有易燃的材料（如纸、硬纸板、碎布等）不准靠近漏损的包装件。

（6）任何热源需远离有机过氧化物包装件。

（7）通知货运部门的主管人员进行事故调查和处理。

（8）通知托运人或收货人，未经主管部门同意，该包装件不得运输。

发生火灾时应采取以下灭火措施。

（1）有机过氧化物着火时，应该用干砂、干粉灭火器、1211 灭火器或二氧化碳灭火剂扑救。

（2）其他氧化剂着火时，应该用干砂或雾状水扑救，并且要随时防止水溶液与其他易燃、易爆制品接触。

7.3.2.6　第六类——毒性物质和传染性物质

收运后，发现毒性物质包装件漏损，有气味，或有轻微的渗漏，应采取以下措施。

（1）漏损包装件不得装入飞机或集装器。

（2）已经装入飞机或集装器的漏损包装件必须卸下。

（3）检查同一批货物的其他包装件是否有相似的损坏情况。

（4）现场人员避免皮肤接触漏损包装件，避免吸入有毒蒸气。

（5）搬运漏损包装件的人员，必须戴上专用的橡胶手套，使用后扔掉，且在搬运后 5min 内必须把手洗净。

（6）如果毒害品的液体或粉末在库房内或机舱内漏出，应通知卫生检疫部门，并由他们对被污染的库房、机舱及其他货物或行李进行污染消除。

（7）将漏损包装单独存放于分库房内，然后通知货运部门的主管人员进行事故调查和处理。

（8）如有意外沾染上毒性物质的人员，无论是否有中毒症状，均应立即前往医疗部门进行检查和治疗。

（9）通知托运人或收货人，未经主管部门同意，该包装件不得运输。

收运后，发现传染性物质包装件漏损，或有轻微的渗漏，应采取以下措施。

（1）漏损包装件不得装入飞机或集装器内。

（2）已经装入飞机或集装器的漏损包装件必须卸下。

（3）检查同一批货物的其他包装件是否有相似的损坏情况。

（4）对漏损包装件最好不移动或尽可能少移动。在不得不移动的情况下，比如从飞机上卸下，为减少传染的机会，应只由一人进行搬运。

（5）搬运漏损包装件的人员，严禁皮肤直接接触，必须戴上专用的橡胶手套。手套在使用后用火烧毁。

（6）距漏损包装件至少5m范围内，禁止任何人进入，最好用绳索将这一区域拦截起来。

（7）及时向环境保护部门和卫生防疫部门报告，并应说明以下情况：

1）危险品申报单上所述的有关包装件的情况；

2）与漏损包装件接触过的全部人员名单；

3）漏损包装件在运输过程中已经过的地点，即该包装件可能影响的范围。

（8）通知货运部门的主管人员。

（9）严格按照环保部门和检疫部门的要求，消除对机舱、其他货物和行李以及运输设备的污染，对接触过传染性物质包装件的人员进行身体检查，对这些人员的衣服进行处理，对该包装件进行处理。

（10）通知托运人或收货人，未经检疫部门的同意，该包装件不得运输。

发生火灾时应采取以下灭火措施。

（1）现场抢救人员应做好全身性的防护，除了防毒面具之外，还应穿戴防护服和手套等。

（2）现场抢救人员应站在上风头。

（3）应该用砂土灭火。

7.3.2.7　第七类——放射性物质

收运后，包装件无破损、无渗漏现象，且封闭完好，但经仪器测定，发现运输指数有变化，如果包装件的运输指数大于申报的1.2倍，应将其退回。

收运后发现包装件破损，或有渗漏现象，或封闭不严时，应采取以下措施。

（1）该包装件不得装入飞机或集装器。

（2）已经装入飞机或集装器的破损包装件必须卸下。搬运人员必须戴上手套作业，避免被放射性物质污染。

（3）检查同一批货物的其他包装件是否有相似的损坏情况。

（4）将破损包装件卸下飞机之前，应该画出它在机舱中的位置，以便检查和消除污染。

（5）除了检查和搬运人员之外，任何人不得靠近破损包装件；查阅危险品申报单，按照"ADDITIONAL HANDLING INFORMATION"栏中的文字说明，采取相应的具体措施。

（6）破损包装件应放入机场专门设计的放射性物质库房内。如果没有专用库房，应放在室外，距破损包装件至少5m之内，禁止任何人员靠近，应该用绳子将这一区域拦起来并做出表示危险的标记。

（7）通知环境保护部门和（或）辐射防护部门，由他们对货物、飞机及环境的污染程度进行测量和做出判断。

（8）必须按照环保部门和（或）辐射防护部门提出的要求，消除对机舱、其他货物和行李以及运输设备的污染。机舱在消除污染之前，飞机不准起飞。

（9）通知货运部门的主管领导和技术主管部门对事故进行调查。

（10）通知托运人或收货人，未经货运部门主管领导和技术货运部门同意，该包装件不得运输。

需要注意的是：

（1）在测量完好包装件的运输指数，或破损包装件及放射性污染程度时，应注意使用不同的仪器；

（2）根据国际民航组织和国际原子能机构的规定，飞机的任何可接触表面的辐射剂量当量率不得超过 5μSv/h；

（3）受放射性污染影响的人员必须立即送往卫生医疗部门进行检查。

7.3.2.8 第八类——腐蚀性物质

收运后发现包装件漏损应采取以下措施。

（1）漏损包装件不得装入飞机或集装器内。

（2）已经装入飞机或集装器的漏损包装件必须卸下。

（3）检查同一批货物的其他包装件是否有相似的损坏情况。

（4）现场人员避免皮肤接触漏损包装件和漏出的腐蚀性物质，避免吸入其蒸汽。

（5）搬运漏损包装件的人员，必须戴上专用橡胶手套；

（6）如果腐蚀性物质漏洒到飞机的结构部分上，必须尽快对这一部分进行彻底清洗，从事清洗的人员应戴上手套，避免皮肤与腐蚀性物质接触。一旦发生这种事故，应立刻通知飞机维修部门，说明腐蚀性物质的运输专用名称，以便及时做好彻底的清洗工作。

（7）其他危险品（即使是包装完好的）不准靠近该漏损包装件。

（8）通知货运部门的主管人员进行事故调查和处理。

（9）通知托运人或收货人，未经主管部门同意，该包装件不得运输。

发生火灾时应采取以下灭火措施。

（1）现场抢救人员除了戴防毒面具之外，还应穿戴防护服和手套。

（2）现场抢救人员应站在上风头。

7.3.2.9 第九类——杂项危险品

收运后发现包装件破损应采取以下措施。

（1）破损包装件不准装入飞机或集装器。

（2）已经装入飞机或集装器的破损包装件必须卸下。

（3）检查同一批货物的其他包装件是否有相似的损坏情况。

（4）检查飞机是否有损坏情况。

（5）通知货运部门主管领导和技术主管部门进行事故调查和处理。

（6）通知托运人或收货人，未经货运部门主管领导和技术主管部门同意，该包装件不得运输。

7.3.3 常见化学品中毒的急救措施

（1）乙炔（Acetylene）：急性吸入乙炔气体主要会引起神经系统损害，因此应将患者转移至新鲜空气处，对呼吸困难者应吸氧。

（2）二氧化碳（Carbon Dioxide）：立即将中毒者转移至新鲜空气处平卧并保温，有呼吸衰竭时，立即进行人工呼吸或输氧。

（3）正丁烷（丁烷，Butane）：立即将患者移出现场吸氧，并注意保暖。呼吸停止时应进行人工呼吸以及其他对症治疗。烧伤时应以干净衣服保护伤口，将患者转移至新鲜空气处，并送往医院治疗。

（4）甲烷（Methane）：立即将吸入甲烷气体的患者脱离污染区，并进行吸氧和注意保暖。对呼吸停止的患者，应立即进行人工呼吸以及其他对应治疗。

（5）氟利昂22（Chlorodifluoromethane）：立即将患者转移至新鲜空气处。

（6）煤气（Coal Gas）：立即将患者转移至新鲜空气处，并保持安静和保暖，再送往医院治疗。患者因呼吸中枢麻痹而停止呼吸，但心脏仍搏动，必须进行人工呼吸直至呼吸正常为止。

（7）乙二醇（甘醇，Ethylene Glycol）：乙二醇接触皮肤后，应立即用清水冲洗，并用肥皂洗净。

（8）乙醇（Ethyl Alcohol）：吸入乙醇蒸气者应立即离开污染区，并安置其休息和注意保暖。眼部受到刺激应用水冲洗，严重者应就医治疗。口服中毒者应大量饮水，严重者应就医治疗。

（9）乙醚（Ether）：眼部受到刺激应用水冲洗，并就医治疗。口服中毒者应立即漱口，并就医治疗。

（10）丁醛（Butanal）：应立即将吸入丁醛蒸气的患者脱离开污染区，并安置其休息和注意保暖，眼部受到刺激应用水冲洗，严重者就医治疗。皮肤接触应先用水冲洗，再用肥皂彻底洗涤。口服中毒者应立即漱口，并就医治疗。

（11）凡立水（Varnish）：凡立水烧伤的伤口用干净衣服保护和注意保暖，并送往医院治疗。

（12）丙酮（Acetone）：应立即将吸入丙酮蒸气的患者脱离开污染区，安置其休息和注意保暖，并就医治疗。眼部受到刺激应用水冲洗，严重者就医治疗。皮肤接触应先用水冲洗，再用肥皂彻底洗涤。口服中毒者应立即漱口，并就医治疗。

（13）丙醛（Propionaldehyde）：应立即将吸入丙醛蒸气的患者脱离开污染区，安置其休息和注意保暖。眼部受到刺激应用水冲洗，严重者就医治疗。口服中毒者应立即漱口，并就医治疗。

（14）石油（Crude Oil）：擦掉溢漏到皮肤上的液体，脱去被污染的衣服，用肥皂水冲洗患处。眼睛接触石油时应用水冲洗15min，再进一步治疗。烧伤的伤口以干净衣服保护、保暖，将患者转移至新鲜空气处，并送医院治疗。

（15）甲苯（Toluene）：应立即将吸入甲苯蒸气的患者脱离开污染区，安置其休息和注意保暖，眼部受到刺激应用水冲洗，严重者就医治疗。皮肤接触应先用水冲洗，再用肥皂彻底洗涤。口服中毒者应立即漱口，并就医治疗。

（16）甲醛溶液（Formaldehyde Solution）：立即将患者转移至新鲜空气处，皮肤接触应用水冲洗，再用酒精擦洗，最后涂上甘油。

（17）油漆类（Paints）：立即将患者转移至新鲜空气处，安置其休息和注意保暖。严重者就医治疗，烧伤的伤口以干净衣服保护，注意身体保暖，并送医院治疗。

（18）苯（Benzene）：发现作业人员面色不正常时，将患者转移至新鲜空气处，安置其休息和注意保暖，并就医治疗。皮肤接触应先用水冲洗，再用肥皂彻底洗涤。口服中毒者应立即漱口，并就医治疗。

（19）柏油（Pitch）：将患者转移至新鲜空气处，安置其休息和注意保暖，呼吸困难时应输氧。皮肤或眼部接触应先用水冲洗15min，严重者就医治疗。

（20）煤油（Kerosene）：将患者转移至新鲜空气处，松开衣服，呼吸困难时应输氧，呼吸停止时应进行人工呼吸。皮肤接触应先用水冲洗再用肥皂彻底洗涤，眼部接触应先用水冲洗 15min，严重者就医治疗。

（21）氢化钠（Sodium Hydride）：应立即将患者脱离开污染区，安置其休息和就医治疗。眼睛接触时应用水冲洗并就医治疗。皮肤接触应先用水冲洗，再用肥皂彻底洗涤。口服中毒者应立即漱口、饮水，并就医治疗。

（22）钠（Sodium）：眼睛接触时应用水冲洗并就医治疗，烧伤时应立即就医治疗。

（23）黄磷（Phosphorus）：将患者转移脱离污染区，安置其休息、保暖，严重者就医治疗。眼睛接触时应用水冲洗并就医治疗。皮肤接触应先用水冲洗，再用肥皂彻底洗涤。口服中毒者应立即漱口、饮水，并就医治疗。

（24）萘（Naphthalene）：将吸入患者转移脱离污染区，并安置其休息、保暖。眼睛接触时用水冲洗，皮肤接触应先用水冲洗，再用肥皂彻底洗涤。口服中毒者应立即漱口，并就医治疗。

（25）硝化棉（Nitrocellulose）：硝化棉中毒时，立即将患者送医院救治。

（26）赛璐珞（Celluloid）：将患者转移至新鲜空气处，供给氧气并帮助呼吸，保持身体温暖，严重者就医治疗。

（27）丁基苯酚（Butylphenol）：皮肤接触时用肥皂水或水冲洗。误食应立即大量喝水，并送医院治疗。

（28）禾大壮（Molinate）：眼睛和皮肤接触时，用水冲洗。中毒时，应大量饮水导致呕吐，以减轻毒害。

（29）滴滴涕（Dichlorodiphenyltrichloroethane）：皮肤接触时，用肥皂水或水洗涤。

（30）氢氧化钠（Sodium Hydroxide）：皮肤接触时用大量水冲洗，口服中毒者应立即漱口，并就医治疗。

阅读材料

爆炸极限

一些可燃气体若与氧气（或空气）混合，达到某种浓度之后，一经点火就会产生比燃烧更甚的化学反应，这就是爆炸。燃烧的传播速度为每秒几十米，而爆炸的传播速度为每秒几百米。从化学观点看，爆炸是物系自一种状态迅速变成另一种状态，并在瞬间以机械功形式放出大量能量的现象。爆炸可以分为物理性和化学性两种，前者主要是设备容器内部压力超过其可能承受的强度，内部物质冲出而造成的。我们这里强调的是化学反应引起的爆炸。

可燃性气体与氧混合后，之所以会引起爆炸，是因为可燃物与氧气在大范围内混合均匀，一经点火局部发生的化学反应热能迅速传播到整个体系而导致爆炸。化学反应得以维持的前提是能量源源不断地补充，燃烧中产生能量又去引发别的物质燃烧，因此，反应中的两种物质浓度必须满足它们在反应中的化学计量比例。若某一种物质的量少于一定的浓度，该反应也就难以连续而迅速地传播。因此，可燃性气体的爆炸能否实现，取决于体系中的可燃物与氧的浓度是否达到一定的比例。可燃物太少不会引起爆炸，氧气太少也不会引起爆炸。这就出现了两个浓度限制，这两个浓度限制就是我们所谓的爆炸极限。例如，氢气是可燃气体，它与空气混合可以形成爆炸性体系，一经点火即爆。但是它有爆炸极限，低限为氢的含量（体积分数）为4%，高限为78%。也就是说，氢气在空气中的含量（体积分数）超过4%或者低于78%均会引起爆炸，而在这两个含量之外，虽经点火也不会爆炸。同样，汽油蒸气也是可燃性气体，它的爆炸极限为6%～14%，苯的爆炸极限为1%～7.1%，这些数据我们可以从实验中测得，也可以查阅文献或手册而得到。但必须注意，关于极限数据有两种类型，一种是指与纯氧的配比，而另一种是指与空气的配比，不能混为一谈。

爆炸极限的概念对人们处理危险性可燃物时十分重要，若发现有可燃性气体溢出并与空气混合时，必须注意不能动用明火，包括开启电源开关，比如开启脱排油烟机、开风扇等，因为一旦有火花也是十分危险的，同时立即通风排气以降低可燃物浓度，使其低于爆炸极限。例如，在家庭中发现有煤气泄漏时就应该谨慎处理，切不可动用明火。

爆炸性体系不仅限于可燃性气体，还应包括可燃性粉尘。由于可燃性粉尘也能与氧均匀混合而形成爆炸性体系，一经点火也会引起爆炸，所以更要小心。以往面粉厂、糖厂、塑料厂等发生爆炸就是因为这些可燃性粉尘引起的，它们的爆炸极限就不是以浓度来表示的，也没有高限，因为达到高限的浓度是不现实的。例如糖粉的爆炸低限是 12.5g/m^3，也就是说，当空气中每立方米体积中糖粉含量超过12.5g时，就必须十分小心了。

了解爆炸极限的概念对我们日常生活中处理一些危险物品时十分有用，例如在使用煤气、液化气、汽油或其他溶剂，以及有氢气的场合时，都要防止形成爆炸性体系，并在有可能形成爆炸性体系的时候，禁止动用明火。

习　题

7-1 判断题。

(1) 液化气体是加压包装运输时，当温度低于-50℃时部分呈现液态的气体。　　　　（　　）

(2) 有机过氧化物着火时，应该用干砂、干粉灭火剂、1211灭火器或二氧化碳灭火剂扑救。（　　）

(3) 腐蚀性物质着火，应该使用干砂土、泡沫灭火剂或干粉灭火剂扑救。　　　　　（　　）

(4) 气体着火，现场抢救人员应戴防毒面具，应避免站在气体钢瓶的首、尾部。　　（　　）

(5) 若作业人员皮肤接触到苯，应立即用水冲洗并就医治疗。　　　　　　　　　　（　　）

(6) 有毒包装件破损，现场人员应避免皮肤接触，避免吸入。　　　　　　　　　　（　　）

(7) 搬运漏损包装件的人员，必须戴上专用的橡胶手套。　　　　　　　　　　　　（　　）

(8) 有毒物质发生泄漏，对于意外沾染的人员，无论有无症状均应立即送往医院检查治疗。（　　）

(9) 易燃气体发生泄漏，包装件附件不得开启任何电器开关。　　　　　　　　　　（　　）

(10) 4.3项危险品（遇湿有危险性物品）着火可以用水进行扑救。　　　　　　　　（　　）

7-2 简答题。

(1) 什么是危险化学品？

(2) 国际航协《危险品规则》将危险化学品分为几类，分别是什么？

(3) 根据气体的物理状态，其运输条件有什么要求？

(4) 气体在运输和使用时需要注意什么？

(5) 第4类危险化学品分为几项，分别是什么？

（6）有机过氧化物有何特殊危险性，运输中应注意什么？

（7）举例说明第 9 类杂项危险品有哪些？

（8）危险品包装上应有的基本标记有哪些要素组成？

（9）收运后发现毒性物质包装件漏损，有气味或有轻微的渗漏应如何采取措施？

（10）预防有毒化学品的危害有哪些方法？

（11）家里如果发生煤气泄漏该如何处理？

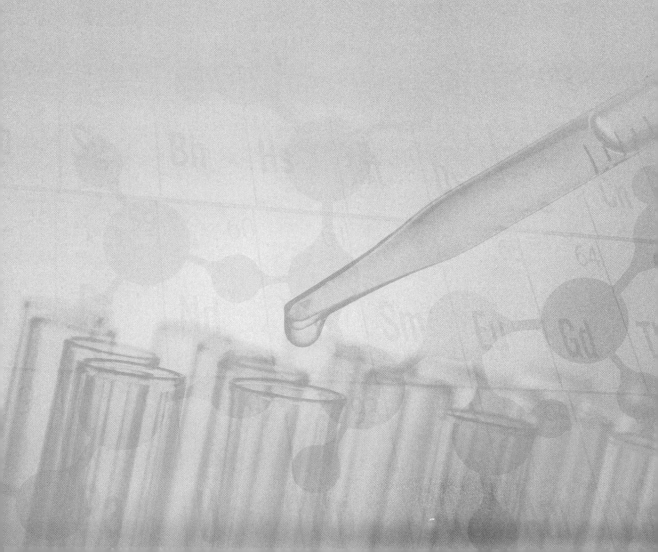

下 篇

实验部分

8 化学实验基本知识

8.1 普通化学实验目的与要求

8.1.1 实验目的

普通化学实验的主要目的是使学生正确掌握化学实验的基本方法和基本技能，学会正确记录实验数据和现象，培养学生严肃认真、实事求是的科学态度和良好的实验作风；巩固和加深对所学理论知识的理解，并运用所学理论知识对实验现象进行分析、推理和联想。通过普通化学实验，学生可以逐步掌握科学研究方法，为后续课程的学习和科学研究打下坚实的基础。

8.1.2 实验要求

普通化学实验有如下基本要求。

（1）实验预习。实验前要充分预习，明确实验目的和要求，了解实验内容、方法和基本原理。撰写预习报告，扼要写出实验目的、步骤等。

预习的好坏对实验效果及实验顺利与否影响很大，因此，若发现学生预习不够充分，教师可让学生停止实验，要求熟悉实验内容之后方可继续进行实验。

（2）实验记录。实验中要仔细观察、如实记录实验现象。实验记录要准确、整齐、清楚，不得用铅笔记录。所有数据记录要表格化，字迹清楚，不得随意涂改数据；如有数据记录错误需修改的，注明简明理由，便于检查。

（3）实验报告。实验报告是对实验现象进行解释并做出结论，或对实验数据进行处理和计算。实验报告内容一般包括实验目的、实验原理、实验步骤和现象、实验数据的处理、结论和讨论，实验报告模板如图 8-1 所示。书写实验报告要求字迹工整，文字精练，图表规范，数据处理科学，讨论认真，结论正确。关于实验步骤的描述不可照抄书本，应对所做的实际实验内容做概要描述与总结。

8.2 实验守则与安全注意事项

8.2.1 实验守则

为了保证普通化学实验有秩序地进行，防止意外事故的发生，学生必须严格遵守以下实验守则：

160

普通化学实验报告

实验名称：

班级学号：_____ 姓名：_____ 日期：_____

1. 实验目的

2. 实验原理

3. 计算公式和数据处理

4. 实验结果和结论

5. 思考与讨论

实验记录：

实验项目	实验步骤	实验现象	现象解释与结论

日期：_____ 学生签名：_____ 教师签名：_____

图 8-1 化学实验报告

（1）做好实验预习，实验开始前检查实验所需的药品、仪器是否齐全。

（2）遵守实验室规章制度，保持肃静，不大声喧哗，不迟到，不早退，严禁在实验室饮食。不得无故缺课，因故缺课未做的实验应补做。

（3）进行实验时应穿戴实验服和防护眼镜。严格遵守操作规程和安全规则，注意保证实验安全。遵从教师指导，集中精神，认真操作，仔细观察，如实做记录。如果实验过程发生意外事故，需保持镇静，勿惊慌失措。遇有烫伤、烧伤、割伤等应立即报告教师，以便得到急救和治疗。

（4）爱护公共财物，严格按照操作规程小心使用仪器和实验设备。如损坏仪器，必须及时报告教师，登记补领。

（5）保持实验台面的整洁，火柴梗、废纸等固体废物应倒入垃圾箱内，不得丢入水槽中，以防堵塞下水管道。废酸和废碱应分别倒入指定的废液缸中。

（6）节约药品，按规定的量取用。称取药品后，要及时盖好瓶盖，放在指定位置上的公共药品不得擅自拿走。

（7）实验结束时，整理实验台和实验用品，洗净所用的仪器并整齐地摆放在实验柜内或归还至指定房间，清洁实验台面。将实验记录交教师批阅，经同意方可离开实验室。

（8）学生轮流值日，负责打扫和整理实验室，检查水龙头是否关紧、电源是否切断，关闭窗户。

（9）实验后应对实验现象和数据认真分析和总结，按时完成实验报告。

（10）严格遵守教学实验室管理规定、实验室安全工作规定和仪器赔偿制度，违者视情节轻重予以处理（包括损失赔偿）。

8.2.2　实验室安全注意事项

化学实验时，经常使用水、电、煤气、各种药品及仪器，如果马马虎虎，不遵守操作规则，不但会导致实验失败，还可能造成事故，危及实验者人身财产安全。为保证实验安全，实验前必须充分了解实验室安全注意事项。同时需要注意以下事项：

（1）浓酸、浓碱具有强腐蚀性，使用时要注意避免洒在皮肤和衣服上。稀释硫酸时，必须边搅拌边将酸注入水中，切忌反之。

（2）有机溶剂（如乙醇、乙醚、苯、丙酮等）易燃，使用时一定要远离火焰，用后应把瓶塞塞严，置于阴凉处。注意防止易燃有机物的蒸汽大量外溢或回流时发生爆沸。不可用明火直接加热装有易燃有机溶剂的烧瓶。

（3）对空气和水敏感的物质应隔绝空气保存。比如金属钠、钾应保存在煤油中，并尽量放在远离水的地方；白磷应保存在水面下。

（4）实验中涉及具有刺激性的、有毒的气体（如 H_2S、Cl_2、CO、SO_2、Br_2 等）时，以及加热盐酸、硝酸、硫酸、高氯酸等以溶解或消化试样时，应该在通风橱内进行。

（5）严禁任意混合实验药品，试剂瓶盖、瓶塞或胶头滴管有序放置，以免因混淆错用发生意外事故。互相接触易爆炸的物质应严格分开存放；避免加热和撞击易爆炸物质；使用爆炸性物质时，尽量控制在最少用量。

（6）加热、浓缩液体时，不能正面俯视，以免烫伤。加热试管中的液体时，严禁将试管口对人。当需要借助嗅觉鉴别少量气体时，切忌用鼻子直接对准瓶口或试管口，而应用手把少量气体轻轻扇向鼻孔进行嗅闻。

（7）不得在实验室饮食、吸烟。不得用手直接接触药品，一切药品试剂均不得入口，实验后应仔细洗手。

（8）了解实验室的环境，熟悉水、电、煤气阀门、急救箱和消防用品的放置地点和使用方法，了解实验楼的各疏散出口。实验结束或水、电、煤气供应临时中断时，应立即关闭水、电、煤气阀门。如果遇漏水或煤气泄漏，应立即检查，及时报告和处理。

（9）如受酸腐伤，应先用大量水冲洗，再用2%～3%碳酸氢钠溶液或稀氨水冲洗，最后用水洗净；如果受碱腐伤，应先用大量水冲洗，再用2%醋酸溶液或5%硼酸溶液冲洗，最后水洗净；如果遇酸碱溅入眼中，必须立即用水冲洗，再用5% $Na_2B_4O_7$ 溶液或5% H_3BO_3 溶液冲洗，最后用蒸馏水冲洗。必要时后续应到医院继续检查。

（10）如果遇实验起火，要根据起火原因和火场周围情况，采取不同的扑灭方法。起火后，不要慌乱，立即关闭煤气阀门和停止加热；停止通风以减少空气流通；切断电源、关闭电闸以免引燃电线；迅速把易燃易爆物质移至远处。扑灭火焰时，一般的小火可用湿布、石棉布或沙土覆盖在着火的物体上；火势大时要用灭火器灭火。

8.3　实验基本操作

8.3.1　实验常用基本仪器

常用的化学实验仪器见表8-1。

表8-1　常用化学实验仪器

仪器名称	用途	使用注意事项
试管	作为反应器，用来盛放液体或者用于物质加热等	加热前试管壁要擦干，加热时勿将管口对人，禁止立马冷却
离心管	用于离心沉淀	可用水浴加热，不能明火加热
烧杯	用作反应物量较多时的反应容器，配置溶液容器，或者用于水浴的盛水器	加热时要放在石棉网上，且外壁不能有水，加热后不能放在湿物体上
锥形瓶	用作反应器，振荡方便，适用于滴定操作	加热时要放在石棉网上，且外壁不能有水
蒸发皿	用于蒸发溶剂或浓缩溶液	可直接加热，但不能骤冷，蒸发溶剂时不可加得太满，液面应距边缘1cm以上
表面皿	盖在烧杯或蒸发皿上，以防液体溅出和其他物质落入	不能用火直接加热

仪 器 名 称	用 途	使用注意事项
滴瓶	盛放少量液体药品	不能用火直接加热
广口瓶	盛放固体药品	不能直接加热，瓶塞不能互换
细口瓶	盛放液体药品	不能直接加热，瓶塞不能互换，盛放碱液时要用橡皮塞
漏斗	用于过滤等操作	不能直接加热，根据沉淀量选择漏斗大小
分液漏斗	分开两相液体，用于萃取分离和富集	磨口必须原配，活塞要涂凡士林，长期不用时磨口处垫一张纸
量筒	用于粗略量取一定体积的溶液	不能加热，不能量热的液体，不能用作反应容器
移液管/吸量管	用于准确量取一定体积的溶液	不能加热，不能放在烘箱烘干
酸式滴定管/碱式滴定管	用于容量分析滴定操作	不能加热或者量取热的液体，使用前应该检漏，并排出尖端气泡

8.3.2 玻璃仪器的洗涤与干燥

8.3.2.1 玻璃仪器的洗涤

化学实验经常使用各种玻璃仪器，使用时要求仪器必须干净，否则会影响实验结果的准确性，所以使用前必须对仪器进行洗涤，使仪器内壁仅有一层薄而均匀的水膜，没有水的条纹或水珠附挂。洗涤仪器有很多方法，应根据实验的要求、污物性质和仪器被玷污的程度，选择不同的洗涤方法。一些常用玻璃仪器的洗涤方法如下。

（1）滴定管。滴定管可直接用自来水冲洗。若有油污，可用滴定管刷蘸洗洁精或合成洗涤剂刷洗（小心勿使刷子的铁丝部分刮伤管壁），或用超声波清洗。

用洗涤剂清洗后，用自来水充分洗净，再用少量蒸馏水淋洗 3 次。每次洗后都应打开活塞，尽量除去管内残留水，以提高洗涤效果。而碱式滴定管更应注意玻璃珠下方"死角"处的清洗，可在挤宽橡皮管放出溶液时不断改变挤的方位，使玻璃珠周围都能洗到。洗净的滴定管暂时不用时，可在管内装满蒸馏水备用。酸式滴定管和碱式滴定管如图 8-2 所示。

（2）移液管与吸量管。移液管和吸量管都要洗涤至整个内壁和外壁下部不挂水珠。若发现挂有水珠，就要用洗涤剂洗，例如用移液管刷子蘸取洗洁精或其他合成洗涤剂轻轻刷洗，或用超声波清洗。洗涤时，放平管身，左手托住管子中部，右手松开食指，转动管子，让管子内壁各处都被洗液润洗到。从移液管上口将洗液倒出，用自来水充分洗净，再用蒸馏水洗 3 次。移液管和吸量管如图 8-3 所示。

（3）容量瓶。容量瓶可以先用自来水冲洗，发现挂有水珠，就要用洗涤液洗。将洗涤液倒入少许后，转动使容量瓶内壁各处都被浸润，待一段时间后再将洗涤液倒出。有时也可用特制的容量瓶刷子轻轻刷洗，然后用自来水充分洗净，再用蒸馏水洗 3 次。容量瓶如图 8-4 所示。

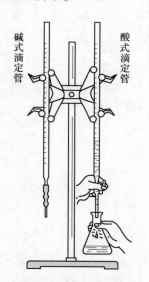

图 8-2 酸式滴定管和碱式滴定管

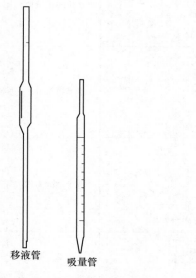

图 8-3 移液管和吸量管

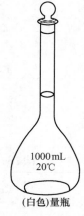

图 8-4 容量瓶

8.3.2.2 玻璃仪器的干燥

玻璃仪器有时需要干燥，但洗净的仪器不能用布或纸擦干。干燥玻璃仪器的方法有如下几种：

（1）晾干。将洗净的玻璃仪器放在干燥架上控去水分，自然晾干，这是常用而简单的干燥玻璃仪器的方法，但干燥速度较慢。

（2）烤干。擦干仪器外壁后，用酒精灯小火烤干，同时要不断转动使仪器受热均匀。

（3）烘干。把玻璃仪器放到烘箱中烘干，容量仪器不能在烘箱中烘，以免影响仪器精度。烘箱内的温度最好保持在100~105℃！仪器放入烘箱前，应尽量把水倒净。

（4）吹干。若需急用的玻璃仪器，洗涤后可直接用电吹风吹干。

（5）有机溶剂干燥。带有刻度的容量仪器不能用高温加热的方法干燥，这时可用易挥发的有机溶剂（如乙醇或乙醇与丙酮体积比为1:1的混合液）荡洗，使器壁上的水与之混合，然后倾尽、晾干。

8.3.3　基本度量仪器及使用方法

8.3.3.1　量筒

量筒可用于粗略量取一定体积的液体，注意根据需要选择相应容量的量筒。量取液体时，使视线与量筒内液体的弯月面的最低处保持水平，如图8-5所示。

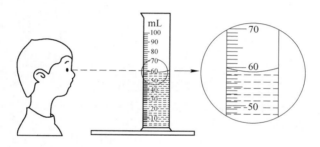

图8-5　观看量筒内液体的体积

8.3.3.2　移液管和吸量管

要求准确移取一定体积的液体时，可用各种不同容量的移液管或吸量管。移液管是中间有一膨大部分（称为球部）的玻璃管，如图8-6所示。球部以上的管颈上刻有一标线，当吸溶液至其弯月面与标线相切后，让溶液自然放出，此时所放出的溶液的体积在一定的温度下（一般在管上标有温度），即等于管上所标的体积。

吸量管是带有分度的玻璃管如图8-7所示，用以吸取所需的不同体积的液体。常见的吸量管的分度只刻到距离管口尚差1~2cm处，使用时只需将液体放至液面落到最末的刻度即可，不要吹出剩余溶液。吸量管用于量取小体积液体。移液管的使用方法如下。

（1）依次用洗液、自来水、蒸馏水洗涤移液管（可以用洗耳球将洗液等吸入移液管内进行洗涤），洗净的移液管内壁应不挂水珠。用蒸馏水洗后，要用滤纸将移液管下端内外的水吸去，然后用少量待移取的液体润洗3次，以免被移取的液体为残留在移液管内壁的蒸馏水所稀释。

（2）把移液管的尖端伸入要移取的液体，右手拇指及中指拿住管颈标线以上的地方，左手拿洗耳球，将其排除空气后，尖端紧按在移液管口上，缓慢松开左手，借吸力使液面慢慢上升（移液管的尖端应随容器中液面降低而下降）至标线以上。迅速拿走洗耳球，

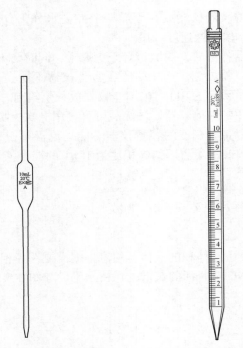

图 8-6　移液管　　　　　　　图 8-7　吸量管

以右手的食指按住管口，用滤纸拭干管颈下端外壁的溶液，将移液管下端靠着烧杯内壁，稍微放松食指，用拇指及中指轻轻转动移液管，使液面平稳下降，直到液体弯月面与标线相切，即按紧食指，使液体不再流出。

（3）把移液管的尖端靠在接收容器的内壁上，放松食指令液体自由流出。注意使容器倾斜而移液管直立。待液体不再流出时，还要等约 15s 后，再把移液管拿开。不要用外力使移液管尖端剩余的少量液体进入接受容器内。

吸量管的操作方法基本与移液管相同，只是放溶液时食指不能完全抬起，一直要轻轻按住管口，以免溶液流下过快。移液管的使用步骤如图 8-8 所示。

8.3.3.3　容量瓶

容量瓶是带细颈的平底瓶，瓶口配有磨口玻璃塞或塑料塞。容量瓶的颈部刻有标线，并在瓶上标明使用温度和容量（表示在标明的温度下液体充至标线时的容积）。容量瓶是为配制准确浓度的溶液用的，常和移液管配合使用。容量瓶的使用方法如下。

（1）使用前应检查是否漏水。在瓶内加水，塞好瓶塞，左手拿瓶，右手顶住瓶塞，将瓶倒立，观察瓶塞周围是否有水漏出。如不漏，把塞子旋转 180°，塞紧倒置，再次试验是否漏水。

（2）如果用固体物质配制溶液，要现在烧杯里把固体溶解，再把溶液转移到容量瓶中，然后用蒸馏水洗涤烧杯 4~5 次，洗涤液也倒入容量瓶中，再慢慢往瓶中加水至颈部的标线。当瓶内溶液体积达到容积的 3/4 时，应将容量瓶沿水平方向摇动使溶液初步混合，然后加蒸馏水至标线，塞好瓶塞，用一只手的食指按住瓶塞，其他四指拿住瓶颈，用另一只手的手指托住瓶底，将瓶倒转，使气泡上升到顶，如此反复 10~20 次使溶液混合均匀。

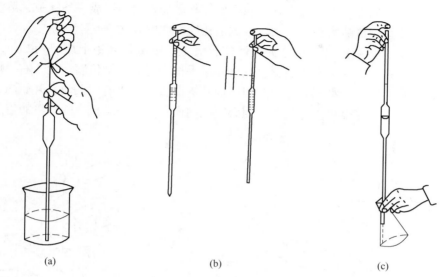

图 8-8　移液管的使用步骤

（a）吸取溶液；（b）读取数据；（c）放出溶液

（3）热溶液要冷至室温才能倾入容量瓶中，否则溶液体积会有误差。

8.3.3.4　滴定管

滴定管分为酸式和碱式两种，除了碱性溶液应放在碱式滴定管中外，其他溶液都使用酸式滴定管。滴定管的使用方法如下。

（1）酸式滴定管的下端为一玻璃活塞，开启活塞，液体即自管内滴出。使用前，先把活塞取下，洗净后用滤纸把水吸干或吹干，然后在活塞的两头薄涂一层凡士林。把活塞塞好，转动活塞，使活塞与塞槽接触的地方呈透明状态，然后在滴定管内装水，试验活塞是否漏水。如果仍漏水，说明塞子不密合，此滴定管不能使用。

碱式滴定管的下端用橡皮管连接一支一端有尖嘴的小玻璃管。橡皮管内装一个玻璃珠，以代替玻璃活塞（碱溶液会与玻璃活塞和塞槽作用）。

（2）滴定管在使用前依次用洗液、自来水、蒸馏水洗。洗净后，滴定管的内壁上不应附着有液滴。最后，用少量滴定用的溶液润洗 3 遍，以免加入管内的溶液被留在管壁上的蒸馏水冲稀。

（3）将溶液加到滴定管中至刻度 "0" 以上，开启活塞或挤压玻璃珠，让多余的溶液滴出，使液面在 "0" 刻度处。必须注意，滴定管下端不应有气泡，特别是碱式滴定管气泡不易被发现，应仔细检查，发现气泡则将尖嘴玻璃管轻轻抬起，用手指挤压玻璃球，将气泡赶出。

（4）读数时，将滴定管垂直固定在铁台上，管内液面呈弯月形，视线应与弯月面下部实线的最低点保持在同一水平面上，估读至滴定管刻度下一位。

（5）使用酸式滴定管时，必须用左手拇指、食指及中指控制活塞，旋转活塞的同时应稍稍向里用力，以使玻璃塞保持与塞槽的密合，防止溶液漏出。缓慢旋开活塞以控制溶液流速。酸式滴定管的使用如图 8-9 所示。

（6）使用碱式滴定管时，必须用左手拇指和食指捏住橡皮管中的玻璃珠上半部，轻轻地往一边挤压玻璃珠外面的橡皮管，使橡皮管与玻璃珠之间形成一条缝隙，溶液即自滴定管中滴出。要掌握缝隙大小以控制溶液流出速度，如图8-10所示。

（7）滴定时，将滴定管垂直地夹在滴定管夹上，下端伸入锥形瓶口约1cm，锥形瓶下方放一块白瓷板，以便观察溶液颜色变化。左手按上述方法操作滴定管，右手拇指、食指和中指拿住锥形瓶颈，沿同一方向按圆周摇动锥形瓶，不要前后振动。开始滴定时无明显变化，液滴可流出速度可以快一些，但必须成滴而不是一股水流。随后，滴落点周围出

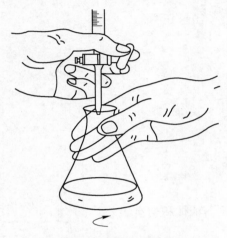

图 8-9 酸式滴定管的使用

图 8-10 碱式滴定管的使用

现暂时性的颜色变化，但随着摇动锥形瓶，颜色很快消失。当接近终点时，颜色消失较慢，这时应逐滴滴入，加1滴后把溶液摇匀，再滴入第2滴，直到必须摇2~3次后才能使溶液颜色完全消逝时，表示离终点已经很近，这时微微转动活塞（碱式滴定管则轻轻挤压玻璃珠外的橡皮管），使溶液悬在出口管嘴上，形成半滴，但不落下，用锥形瓶内壁把液滴沾下来，用洗瓶中的水冲洗锥形瓶内壁，摇匀。如此重复操作，直到刚刚出现达到终点时应有的颜色而又不再消逝时为止。

8.3.3.5 温度计

实验室中最常用的测量温度的仪器是水银温度计。使用温度计测量液体温度时，应将温度计置于液体内适中的位置，不要使水银球靠在容器的底部或壁上。测量正在加热的液体的温度时，最好把温度计悬挂起来，并使水银球完全浸没在液体中。所测体系的温度不得高于温度计的最大量程。

温度计不能作搅棒使用，以免碰破水银球。刚测量过高温物体的温度计不能立即用冷水冲洗，以免水银球炸裂。使用温度计时，要轻拿轻放，不要甩动，以免打碎。

8.3.4 电子天平的使用

电子天平是利用电磁力平衡称物体重力的天平，它主要由秤盘、传感器、位置检测器、PID调节器、功率放大器、低通滤波器、微计算机、显示器、机壳及底脚组成。

实验室常用的电子天平有两种，其精度分别为0.01g和0.0001g。0.0001g电子天平如图8-11所示，该电子天平的使用方法如下。

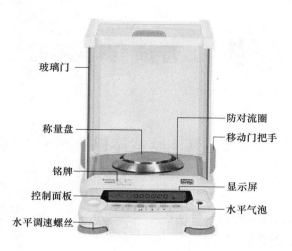

图 8-11   0.0001g 电子天平

（1）调水平。天平开机前，观察天平是否水平。若水平仪水泡偏移，通过调天平的水平调节脚，使水泡位于水平仪中心。

（2）开启天平。按"ON/OFF"键，开启天平，显示屏显示"0.0000g"，如显示的不是"0.0000g"，应按"TAR"键调零。

（3）称量。按"TAR"键，显示为"0.0000g"后，将称量物放在秤盘上，待显示屏上的数字稳定后，即读出称量物的质量。

（4）去皮称量。按"TAR"键调零，将容器放在秤盘上，显示屏显示出容器的质量，再按"TAR"键调零，即去皮称量。再将称量无倾入容器中，待读数稳定后，此时显示屏上的数字即为所称物体的质量。

（5）称量完毕后，按"ON/OFF"键，关闭显示器，盖好天平罩。

8.3.5   试剂取用规则

试剂的取用规则包括：

（1）装有试剂的容器应贴有标签，标明名称和纯度，配制的溶液还应标明浓度和配制日期。

（2）注意节约，按量取用试剂。

（3）为防止玷污试剂，取下的试剂瓶盖应倒置于桌面上，取用试剂后应立即将瓶子盖好，取出的试剂不得倒回原瓶。要求回收的试剂应倒入指定的回收瓶。

（4）取用固体试剂时应使用清洁干燥的药匙。取用液体试剂时按所需体积量取，不可将滴管直接伸入试剂瓶内。严禁用手直接接触化学药品。

（5）取用滴瓶内溶液时，滴管不可接触其他器皿，更不能插入其他溶液里，也不能放在原滴瓶以外的任何地方。滴管口必须始终低于橡胶头，以免溶液流入橡胶头内而玷污。不可随意使用其他滴管。

（6）公共试剂台应保持清洁整齐，公用试剂不可随意搁置于本人实验台。

9 普通化学实验

9.1 气体摩尔体积的测定

9.1.1 实验目的

（1）了解气体摩尔体积测定的方法。
（2）能独立装配好测定气体摩尔体积的实验装置。

9.1.2 实验原理

1mol 理想气体在标准状况下（273K，101.3kPa）占有的体积称为气体摩尔体积，其数值为 22.41L。一般气体（如氧气、氮气和一氧化碳等）在常温下的行为与理想气体非常接近；而那些临界温度较高、常温下加压容易液化的气体，其行为则与理想气体偏差较大。

本实验测定氧气在标准状况下的摩尔体积。氧气由加热分解氯酸钾而制得，反应式为：

$$2KClO_3 \xrightarrow{MnO_2} 2KCl + 3O_2 \uparrow$$

加热前后混合物的质量之差，即为氧气的质量。氧气在实验条件下所占的体积等于它所排开水的体积。氧气是在水面上收集的，所以在氧气中混有饱和水蒸气，计算时应予以扣除。从测得的氧气质量、体积及实验时的温度与压力，根据理想气体状态方程式和分压定律，可以计算氧气在标准状况下的摩尔体积，其计算公式为：

$$V_0 = \frac{V}{1000} \cdot \frac{p - p_{H_2O}}{101.3} \cdot \frac{273.15}{t + 273.15} \cdot \frac{1}{n} \tag{9-1}$$

9.1.3 实验用品

试管（连导管）、气压计、量气装置 1 套（量气管、水准管、橡皮管）、KClO₃（固体）、MnO₂（固体）。

9.1.4 实验步骤

9.1.4.1 取样

称取干燥的 KClO₃固体 1.5g 和 MnO₂固体 0.3g，用玻璃棒轻轻压碎，混匀，转入一洁净干燥试管中，使之均匀地铺展成薄层。

9.1.4.2 安装测定装置

按图 9-1 所示，装配好测定装置。旋转量气管上方的三通活塞，使量气管与大气相通。往水准管内注入适量水，并将水准管上下移动，以除尽附着在橡皮管和量气管内壁的气泡。然后，将准备好的反应试管通过橡皮塞和导管连接到三通活塞口的橡皮管上，塞紧橡皮塞。连接时试管口略微向上倾斜，以免熔融的 $KClO_3$ 流到橡皮塞处与之反应。

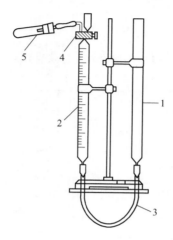

图 9-1　气体摩尔体积测定装置图
1—水准管；2—量气管；3—橡皮管；4—三通活塞；5—试管

9.1.4.3　系统检漏

将量气管通向大气，并提高水准管，使量气管内液面升至接近顶端刻度处。再旋转三通活塞，使量气管通向试管。然后将水准管向下移动，使两管内的液面高度保持较大差距。固定水准管位置，观察量气管内液面是否变化。若数分钟后液面高度保持不变，则表示系统不漏气，如果液面下降，则表示系统漏气。检查各接口处并调整，直至系统不漏气为止。

9.1.4.4　驱除水分并练习控制 $KClO_3$ 分解速度

为进一步除去 $KClO_3$ 和 MnO_2 固体中的水分，用小火缓缓加热试管。先从试管上部开始，逐渐向下移动。由于 $KClO_3$ 受热分解放出氧气，量气管内的液面渐渐下降（注意：必须小心控制加热分解的速度，切勿使氧气发生过快）。为了避免系统内外压差太大，在量气管内液面下降时，水准管也应相应地向下移动，使两管内液面始终保持在近似同一水平面。当氧气产生约 50~60mL 时，停止加热。

9.1.4.5　称量

待反应试管冷却至室温后，取下试管，置于天平上准确称量，得 W_1。需要注意的是，称量过程中要始终保持试管外壁洁净，不能用手直接触摸。

9.1.4.6　测定

将称量后的试管再连接到装置上，调整量气管内液面保持在略低于顶端刻度的位置，检查测定装置。在确证系统不漏气后，将水准管与量气管的液面持平，记录量气管内液面的初读数 V_1。然后，小火加热试管（操作与前相同），使缓慢分解放出氧气。待氧气体积达到 60~70mL 时，停止加热。待试管冷却至室温后，再次将水准管与量气管的液面持平，记录量气管内液面的终读数 V_2。取下试管，准确称量，得 W_2。将称量后的试管再连接到装置上，重复测定一次。记录室温及大气压。

9.1.5　数据记录及处理

实验中测得数据记录及处理见表 9-1。

表 9-1　气体摩尔体积的测定

室温_____　大气压力_____

	第一次	第二次
反应前（试管+混合物）质量 W_1/g		
反应后（试管+混合物）质量 W_2/g		
氧气质量 $W=W_1-W_2$		
氧气物质的量 $n=\dfrac{W}{32.00}$		
反应前量气管液面初读数 V_1/mL		
反应后量气管液面初读数 V_2/mL		
反应产生的氧气体积 $V=V_2-V_1$		
温度 $t/℃$		
大气压力 p/kPa		
试验温度下水的饱和蒸汽压 p_{H_2O}/kPa		
标准状况下氧气的摩尔体积 $V_0=\dfrac{V}{1000}\dfrac{p-p_{H_2O}}{101.3}\dfrac{273.15}{t+273.15}\dfrac{1}{n}$		
摩尔体积平均值		
准确度 $\left(\dfrac{V_测-V_理}{V_理}\times100\%\right)$		
误差产生的主要原因		

9.1.6　思考与讨论

（1）简述气体摩尔体积测定的实验原理。

（2）$KClO_3$ 受热分解时除主要产物 O_2 外，还可能有极少量的 Cl_2 等副产物，这对实验结果有何影响？

（3）为何试管内 $KClO_3$ 和 MnO_2 混合物要铺展成薄层，为何试管口要向上倾斜？

（4）读取量气管内液面高度时，需要注意哪几点？

（5）量气管内的气压是否就等于 O_2 的压力，为什么？

（6）考虑下列情况对实验结果有何影响？

1）量气管没有洗净，排水后内壁上附有水珠；

2）读取液面位置 V_2 时，量气管和水准管中的液面不在同一水平；

3）读数时未完全冷却，反应试管的温度还高于室温；

4）第一次称量前，$KClO_3$ 和 MnO_2 中的水分未除尽。

9.2　反应速率和速率常数的测定

9.2.1　实验目的

（1）了解浓度、温度和催化剂对反应速率的影响。

（2）了解测定反应速率及速率常数的基本原理、实验方法。

（3）测定过二硫酸铵和碘化钾反应的平均反应速率，并计算不同温度下的反应速率常数。

9.2.2　实验原理

化学反应不仅有能否发生的问题，而且还有发生快慢的问题。例如，铁置于空气中会慢慢生锈，若有酸存在，生锈的速率会加快。在生产和科研中，经常通过反应速率的测定来研究反应物性质、浓度、温度及催化剂等对反应的影响。

测定反应速率的方法很多，可以直接分析反应物或产物浓度的变化，也可以利用反应前后颜色的变化及导电性的改变等来测定。概括地说，任何性质只要它与反应物或产物的法度有函数关系，便可用来测定反应速率。反应速率可分为瞬时速率 v 和平均速率 $\bar{v}$。

在某个瞬时时刻 dt，反应物或产物的浓度发生变化 dc，则：

$$v = -\frac{dc_{反}}{dt} = \frac{dc_{产}}{dt} \tag{9-2}$$

在一段时间间隔 Δt 内反应物或产物的浓度发生变化 Δc，则：

$$\bar{v} = -\frac{\Delta c_{反}}{\Delta t} = \frac{dc_{产}}{\Delta t} \tag{9-3}$$

实验测定的反应速率往往都是反应的平均速率 $\bar{v}$。

本实验测定过硫酸铵 $(NH_4)_2S_2O_8$ 和 KI 的反应的平均速率，是利用一个计时反应测得反应物 $S_2O_8^{2-}$ 的浓度变化来确定的。

在水溶液中，过硫酸铵 $(NH_4)_2S_2O_8$ 和 KI 的化学反应为：

$$S_2O_8^{2-} + 3I^- \longrightarrow 2SO_4^{2-} + I_3^- \tag{9-4}$$

根据速率方程，该反应的平均速率 $\bar{v}$ 可表示为：

$$\bar{v} = \left| \frac{\Delta[S_2O_8^{2-}]}{\Delta t} \right| = k[S_2O_8^{2-}]^m \cdot [I^-]^n$$

式中　$\Delta[S_2O_8^{2-}]$ ——Δt 时间内 $S_2O_8^{2-}$ 的浓度变化；

$[S_2O_8^{2-}]$，$[I^-]$ ——$S_2O_8^{2-}$ 和 I^- 的起始浓度；

k ——反应速率常数；

m，n ——反应级数。

为了能测出反应在 Δt 时间内 $S_2O_8^{2-}$ 浓度的改变值，在混合 $(NH_4)_2S_2O_8$ 和 KI 溶液时同时加入一定体积已知浓度的 $Na_2S_2O_3$ 溶液和一定体积的淀粉指示剂，这样在反应(9-4)

进行的同时，也进行着如下反应：

$$2S_2O_3^{2-} + I_3^- \Longrightarrow S_4O_6^{2-} + 3I^- \tag{9-5}$$

由于反应(9-5)的速率比反应(9-4)的速率快得多，因此由反应(9-4)生成的 I^{3-} 会立即与 $S_2O_3^{2-}$ 反应，生成无色的 $S_4O_6^{2-}$ 和 I^-。在反应开始的一段时间内看不到 I^{3-} 与淀粉显示的蓝色。但当 $Na_2S_2O_3$ 耗尽时，由反应(9-4)继续生成的微量 I^{3-} 就很快与淀粉作用显示蓝色。

从反应(9-4)和反应(9-5)可以看出，$S_2O_8^{2-}$ 浓度的减少量为 $S_2O_3^{2-}$ 浓度减少量的一半，即：

$$\Delta[S_2O_8^{2-}] = \frac{\Delta[S_2O_3^{2-}]}{2} \tag{9-6}$$

记录从反应开始到溶液出现蓝色所需的时间 Δt。由于在 Δt 内 $S_2O_3^{2-}$ 离子全部耗尽，所以 $\Delta[S_2O_3^{2-}]$ 实际上为 $Na_2S_2O_3$ 的是始浓度。因此可根据 Δt 和 $\Delta[S_2O_3^{2-}]$ 计算出反应速率，即：

$$\bar{v} = \left|\frac{\Delta[S_2O_8^{2-}]}{\Delta t}\right| = \left|\frac{\Delta[S_2O_3^{2-}]}{2\Delta t}\right| \tag{9-7}$$

若固定 $S_2O_8^{2-}$ 的浓度，改变 I^- 浓度，则满足：

$$\bar{v} = \left|\frac{\Delta[S_2O_3^{2-}]}{2\Delta t}\right| = k[S_2O_8^{2-}]^m \cdot [I^-]^n \tag{9-8}$$

比较不同浓度 I^- 时的反应时间 Δt 即可求得 n。同理，固定 I^- 离子的浓度，比较不同浓度 $S_2O_8^{2-}$ 的反应时间 Δt，则可求得 m。

根据 Arrhennius 公式可知，反应速率常数与反应温度的关系为：

$$\lg k = -\frac{E_a}{2.303RT} + C \tag{9-9}$$

式中　E_a——反应活化能；

　　　R——摩尔气体常数，$R = 8.31 J/(mol \cdot K)$；

　　　C——给定反应的特征常数。

由式(9-9)可知，只要测得不同温度时的 k 值，再以 $\lg k$ 对 $1/T$ 作图，得一直线，则有：

$$斜率 = -\frac{E_a}{2.303R} \tag{9-10}$$

由式(9-10)可求得反应的活化能 E。

9.2.3　实验用品

$(NH_4)_2S_2O_8(0.20mol/L)$、$KI(0.20mol/L)$、$Na_2S_2O_3(0.010mol/L)$、淀粉（0.2%水溶液）、$KNO_3(0.20mol/L)$、$Cu(NO_3)_2(0.20mol/L)$、$(NH_4)_2SO_4(0.20mol/L)$、磁力搅拌器、秒表。

9.2.4 实验步骤

9.2.4.1 浓度对反应速率的影响及反应级数的测定

在室温取 3 个量筒，分别量取 0.20mol/L KI 溶液 10mL，0.2% 淀粉溶液 1mL 和 0.010mol/L $Na_2S_2O_3$ 溶液 4mL，置于 50mL 烧杯中，调节磁力搅拌器的搅拌速度［见 9.2.6 附注(1)］，搅拌混匀。然后，再用另一量筒量取 0.20mol/L $(NH_4)_2S_2O_8$，溶液 10mL 迅速加到烧杯中，同时按下秒表，当溶液出现蓝色时，立即停止计时，记录时间和温度。

用同样的方法，按表 9-2 所列试剂用量进行实验编号 2~5 的实验，为了使每次实验中离子强度和总体积保持一致，减少的 KI 或 $(NH_4)_2S_2O_8$ 的用量可分别用 0.20mol/L KNO_3 溶液和 0.20mol/L $(NH_4)_2S_2O_8$ 溶液补足、各次的实验条件（如温度、搅拌速度等）应尽量一致。

表 9-2　浓度、温度和催化剂对化学反应速率的影响

室温(t) _____ ℃

	实验编号	1	2	3	4	5	6	7	8	9
	反应温度 T/K	T_1	T_1	T_1	T_1	T_1	T_2	T_3	T_4	T_4
试剂用量 /mL	0.20mol/L KI	10	10	10	5	2.5	5	5	5	5
	0.010mol/L $Na_2S_2O_3$	4	4	4	4	4	4	4	4	4
	0.2%淀粉溶液	1	1	1	1	1	1	1	1	1
	0.20mol/L KNO_3	—	—	—	5	7.5	5	5	5	5
	0.20mol/L $(NH_4)_2SO_4$	—	5	7.5						
	0.20mol/L $(NH_4)_2S_2O_8$	10	5	2.5	10	10	10	10	10	10
	0.02mol/L $Cu(NO_3)_2$	—	—	—	—	—	—	—	—	1 滴
起始浓度 /mol·L^{-1}	KI 溶液									
	$Na_2S_2O_3$ 溶液									
	$(NH_4)_2S_2O_8$ 溶液									
	反应时间 $\Delta t/s$									
	反应速率 $\bar{v}$									
	$\lg\bar{v}$									
	速率常数 k									
	反应级数 m									
	反应级数 n									
	活化能 E_a									
结论	浓度对反应速率的影响									
	温度对反应速率的影响									
	催化剂对反应速率的影响									

9.2.4.2 温度对反应速率的影响及活化能的测定

按表 9-2 中实验编号 4 的用量，把 KI、$Na_2S_2O_3$、KNO_3 和淀粉的混合溶液置于 50mL 烧杯中，把 $(NH_4)_2S_2O_8$ 溶液置于另一大试管中。把烧杯和试管同时放入水浴，待试液达到设定温度 [见 9.2.6 附注 (2)] 时，将 $(NH_4)_2S_2O_8$ 溶液迅速加到烧杯中并同时计时。保持水浴温度，均匀搅拌，待溶液出现蓝色时，停止计时，记录反应温度和时间。

改变不同的反应温度，重复上述实验。

9.2.4.3 催化剂对反应速率的影响

催化剂（如 Cu^{2+}）可以改变 $(NH_4)_2S_2O_8$，氧化 KI 的反应速率。

按表 9-2 中实验编号 4 的用量，将 KI、$Na_2S_2O_3$、KNO_3 和淀粉的混合溶液置于 50mL 烧杯中，加入 1 滴 0.02mol/L $Cu(NO_3)_2$ 溶液，然后迅速加入 $(NH_4)_2S_2O_8$ 溶液 10mL，并同时计时。均匀搅拌，当溶液刚刚出现蓝色时，停止计时，记录反应时间。

9.2.5 思考与讨论

（1）实验中为什么可以根据反应溶液蓝色出现的时间来计算 $(NH_4)_2S_2O_8$ 与 KI 的反应速率，溶液出现蓝色后 $(NH_4)_2S_2O_8$ 反应是否就终止了？

（2）本实验条件下，在反应溶液蓝色出现的时间内，消耗的 $(NH_4)_2S_2O_8$ 浓度与 $Na_2S_2O_3$ 溶液的浓度关系如何？

（3）为什么采用 KNO_3 溶液或 $(NH_4)_2SO_4$ 溶液补足反应体系的体积，能否用水补充？

（4）下列情况对实验结果有何影响？

1）先加 $(NH_4)_2S_2O_8$ 溶液，最后加 KI 溶液；

2）慢慢加入 $(NH_4)_2S_2O_8$ 溶液；

3）$Na_2S_2O_3$ 溶液的用量过多或过少。

9.2.6 附注

（1）磁力搅拌器的搅拌速度不宜太快，以防容器内溶液溅出。整个实验过程中磁力搅拌器的搅拌速度应保持一致。

（2）反应时温度过高（接近 35℃），体系不稳定，且反应进行很快，难以正确计时；温度太低（接近 0℃），则反应进行很慢，时间太长，也不适宜。一般根据实验时的室温，选择升高或降低 8~10℃ 的各点作为反应温度。

9.3 食醋总酸度的测定

9.3.1 实验目的

（1）掌握食醋总酸度的测定原理。

（2）掌握强碱滴定弱酸的滴定过程，突跃范围及指示剂的选择原理。

（3）能熟练使用滴定管，学会使用容量瓶、移液管。

（4）学会食醋中总酸度的测定方法，能正确处理数据计算结果。

9.3.2　实验原理

食醋是混合酸，其主要成分是 HAc（有机弱酸 $K=1.8\times10^{-5}$），此外还含有少量的其他弱酸如乳酸等，用 NaOH 标准溶液滴定，测得的是总酸度，分析结果通常用含量最多的 HAc 表示。HAc 与 NaOH 反应产物为弱酸强碱盐 NaAc，其反应式为：

$$HAc + NaOH \Longrightarrow NaAc + H_2O$$

化学计量点时 pH≈8.7，滴定突跃在碱性范围内（如 0.1mol/L NaOH 滴定 0.1mol/L HAc 突跃范围 pH=7.74~9.70），应选择在碱性范围内变色的指示剂。因此可选用酚酞（pH=8.0~9.6）作指示剂，利用 NaOH 标准溶液测定 HAc 含量，食醋中总酸度用 HAc 的含量来表示。

9.3.3　实验用品

碱式滴定管（50mL）、25mL 移液管、250mL 锥形瓶、250mL 容量瓶、食醋试样、2g/L酚酞乙醇溶液、0.1mol/L NaOH 标准溶液。

9.3.4　实验步骤

用 25mL 移液管准确吸取食醋试样 25mL 于 250mL 容量瓶中，以新煮沸并冷却的蒸馏水稀释至刻度，摇匀。用 25mL 移液管平行移取 3 份稀释过的醋样，分别置于 3 只 250mL 锥形瓶中，各加入 25mL 新煮沸并冷却的蒸馏水，滴入酚酞指示剂 2~3 滴。用 0.1mol/L NaOH 标准溶液滴定至溶液由无色变为粉红色（30s 内不褪色）即为终点。自拟表格，记录测定过程的滴定数据，自行列出计算公式，根据 NaOH 标准溶液的用量，计算食醋中总酸度（g/mL）。平行测定 3 次，要求 3 次平行测定结果与平均值的相对平均偏差不得大于 ±0.2%。

需要注意的是，该实验所用蒸馏水不能含有 CO_2，CO_2 溶于酸性水溶液生成 H_2CO_3 将同时被滴定，故采用新煮沸并冷却的蒸馏水。

9.3.5　思考与讨论

（1）用移液管吸取食醋移入 250mL 锥形瓶后，加入的 25mL 蒸馏水是否必须精确？
（2）为什么使用酚酞作指示剂，为什么不能使用甲基橙或甲基红作指示剂？
（3）如果 NaOH 标准溶液在放置过程中吸收了 CO_2，测定结果将偏高还是偏低？
（4）测定食醋含量时所用的蒸馏水不能含有 CO_2，为什么？

9.4　氧化还原反应

9.4.1　实验目的

（1）了解常见的氧化剂和还原剂。
（2）加深对电极电势的理解，能够利用电极电势数据判断物质氧化性或还原性的强弱。

（3）了解浓度、酸度对电极电势的影响。

（4）了解酸碱、沉淀反应、配位反应对氧化还原反应的影响。

9.4.2 实验原理

9.4.2.1 电极电势及影响电极电势的因素

半电极反应为：

$$aOx + ne^- \rightleftharpoons a'Red$$

在298K时，能斯特方程为：

$$\varphi = \varphi^{\ominus} + \frac{0.0592}{n}\lg\frac{\left\{\dfrac{c(Ox)}{c^{\ominus}}\right\}^a}{\left\{\dfrac{c(Red)}{c^{\ominus}}\right\}^{a'}}$$

式中 φ ——非标准态对的电极电势；

       $\varphi^{\ominus}$ ——标准电极电势；

         n ——半电极反应的得失电子数目；

   $c(Ox)$ ——氧化型物质的浓度；

$c(Red)$ ——还原型物质的浓度。

其中，电极中的氧化型或还原型物质形成难溶性电解质、配合物、弱电解质等，都能使电极电势发生改变。

9.4.2.2 原电池及氧化还原反应的方向

原电池是直接将化学能转变为电能的装置。理论上任意氧化还原反应都可以设计成原电池。原电池的电动势（ε）为正负极间的电极电势之差，其计算公式为：

$$\varepsilon = \varphi(+) - \varphi(-)$$

$\varepsilon > 0$，反应正向自发；$\varepsilon = 0$，反应处于平衡状态；$\varepsilon < 0$，反应逆向自发。

9.4.3 实验用品

试管、烧杯、铜片、锌片、KI（0.1mol/L）、KBr（0.1mol/L）、FeCl$_3$（0.1mol/L）、CCl$_4$、FeSO$_4$（0.1mol/L）、Pb（NO$_3$）$_2$（0.1mol/L）、SnCl$_2$（0.1mol/L）、Na$_2$S（0.1mol/L）、3%H$_2$O$_2$、KMnO$_4$（0.1mol/L）、H$_2$SO$_4$（3mol/L，6mol/L）、Na$_2$SO$_3$（0.5mol/L），NaOH（6mol/L）、CuSO$_4$（0.5mol/L）、ZnSO$_4$（0.5mol/L）、10%NH$_4$F、MnSO$_4$（0.1mol/L）、KIO$_3$（0.1mol/L）、K$_2$Cr$_2$O$_7$（0.1mol/L）、AgNO$_3$（0.1mol/L）、固体 NaBiO$_3$、固体 Na$_2$SO$_3$、固体（NH$_4$）$_2$S$_2$O$_8$、溴水、碘水。

9.4.4 实验步骤

9.4.4.1 常见的氧化剂和还原剂

（1）H$_2$O$_2$的氧化性和还原性。

1）在离心管中加入5滴0.1mol/L Pb（NO$_3$）$_2$溶液，数滴0.1mol/L Na$_2$S 溶液，离心分离，弃去上层清液，在沉淀上加数滴3%H$_2$O$_2$溶液，并用玻璃棒搅动，观察现象，写出反应式。

2）在试管中加入 1 滴 0.1mol/L KMnO$_4$，2 滴 3mol/L H$_2$SO$_4$，在逐滴加入 3% H$_2$O$_2$ 溶液，观察现象，写出反应式。

解释说明 H$_2$O$_2$ 在以上两个反应中所起的作用。

（2）（NH$_4$）$_2$S$_2$O$_8$ 的氧化性。

1）取少许（NH$_4$）$_2$S$_2$O$_8$ 放入试管，加入 10 滴 6mol/L H$_2$SO$_4$ 以及 2 滴 0.1mol/L AgNO$_3$ 溶液，将试管置于水浴中加热，然后向热溶液中加入 1 滴 0.1mol/L MnSO$_4$ 继续加热，观察溶液颜色变化。

2）另取 1 支试管，不加 AgNO$_3$ 溶液，进行同样的实验。

比较上述两个实验的现象有何不同，写出反应式。

（3）K$_2$Cr$_2$O$_7$ 的氧化性。取 1 滴 0.1mol/L K$_2$Cr$_2$O$_7$ 溶液于试管中，加入 2 滴 3mol/L H$_2$SO$_4$，再加入少量 Na$_2$SO$_3$ 固体，观察现象，写出反应式。

（4）SnCl$_2$ 的还原性。向 0.1mol/L FeCl$_3$ 溶液中滴加 SnCl$_2$ 溶液，观察现象，写出反应式。试用 KSCN 溶液检验是否有 Fe^{3+} 存在。

9.4.4.2　电极电势与氧化还原反应方向的关系

（1）向试管中滴加 10 滴 0.1mol/L KI 溶液和 2 滴 0.1mol/L FeCl$_3$ 溶液，摇匀后，加入 10 滴 CCl$_4$，充分振荡，观察 CCl$_4$ 层颜色的变化。

用 0.1mol/L KBr 溶液代替 KI 溶液，重复以上实验，观察 CCl$_4$ 层颜色变化。

根据实验结果，定性比较 Br$_2$/Br$^-$、I$_2$/I$^-$、Fe^{3+}/Fe^{2+}、电极电势的大小，并指出哪种物质是最强的氧化剂，哪种是最强的还原剂。

（2）向试管中滴加 10 滴碘水和 2 滴 FeSO$_4$ 溶液，摇匀后，加入 10 滴 CCl$_4$，充分震荡，观察 CCl$_4$ 层有无变化。

用溴水代替碘水，重复以上实验，说明电极电势与养护还原反应方向的关系。

9.4.4.3　介质的酸碱性对氧化还原产物的影响

取 3 支试管，分别加入 5 滴 0.5mol/L Na$_2$SO$_3$ 溶液，向第一支试管中加 2 滴 3mol/L H$_2$SO$_4$ 溶液，向第二支试管中加 2 滴水，向第三只试管中加 2 滴 6mol/L NaOH 溶液，然后再向以上 3 支试管中分别加入 2 滴 0.1mol/L KMnO$_4$ 溶液，振荡摇匀，观察现象，写出反应式。

9.4.4.4　影响氧化还原反应的因素

（1）浓度对氧化还原反应的影响。

1）在两个 50mL 烧杯中，分别加入 30mL 0.5mol/L ZnSO$_4$ 溶液和 30mL 0.5mol/L CuSO$_4$ 溶液，在 ZnSO$_4$ 溶液中插入锌片，在 CuSO$_4$ 溶液中插入铜片，各组成两个半电极，中间用盐桥连通，用导线将锌片和铜片分别与伏特计相接，组成原电池，测量原电池的电动势 E，如图 9-2 所示。

2）在 CuSO$_4$ 溶液中加入浓氨水至生成的沉淀溶解为止，形成深蓝色溶液，观察原电池的电动势有何变化。

3）在 ZnSO$_4$ 溶液中加入浓氨水至生成的沉淀溶解为止，观察原电池的电动势又有何变化。

比较以上测定结果，说明浓度对电极电势的影响。

（2）酸度对氧化还原反应的影响。

1）向试管中加 5 滴 0.1mol/L $MnSO_4$，加入少许 $NaBiO_3$ 固体，水浴加热，观察实验现象；向试管中滴加 10 滴 3mol/L H_2SO_4，水浴加热，观察实验现象，写出反应式。

2）在试管中加入 10 滴 0.1mol/L KI 溶液和 2 滴 0.1mol/L KIO_3 溶液，加入 2 滴淀粉溶液，摇匀后，观察溶液颜色有无变化。然后再加 2 滴 3mol/L H_2SO_4 溶液振荡，观察实验现象，再滴加 5 滴 6mol/L NaOH 溶液，观察实验现象并解释。

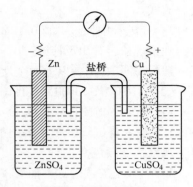

图 9-2 铜锌原电池

（3）配位反应对氧化还原反应的影响。在试管中加入 2mL 0.1mol/L $FeCl_3$ 溶液和 2mL 0.1mol/L KI 溶液，加入 1mL CCl_4，振荡摇匀后，观察 CCl_4 层的颜色。再向试管中加入 2mL 10%NH_4F 溶液，用力振荡试管，观察 CCl_4 层的颜色并解释。

（4）在试管中加入 10 滴 0.1mol/L KI 溶液，再滴加 5 滴 0.1mol/L $CuSO_4$ 溶液，振荡，观察实验现象。向溶液中逐滴加入 0.1mol/L $Na_2S_2O_3$ 溶液，去除反应生成的碘，离心分离，观察 CuI 沉淀的颜色。根据 $\varphi^{\ominus}(I_2/I^-)$、$\varphi^{\ominus}(Cu^{2+}/Cu^+)$ 和 $K_{sp}^{\ominus}(CuI)$，解释上述反应。

9.4.5 思考与讨论

（1）影响电极电势的因素有哪些，如何影响？

（2）H_2O_2 为何既是氧化剂，又是还原剂？

（3）为什么不能用稀盐酸与 MnO_2 反应制备氯气？

9.5 元素性质实验（简缩）

9.5.1 实验目的

（1）掌握一些常见的阴离子的定性鉴定方法。

（2）掌握一些常见的阴离子定性鉴定的基本操作。

9.5.2 实验用品

试管、离心管、离心机、点滴板、NaOH（2mol/L，6mol/L）、HCl（0.2V）、HCl（2mol/L，3mol/L，6mol/L）、浓 HCl、H_2SO_4（2mol/L，3mol/L）、浓 H_2SO_4、HNO_3（2mol/L，6mol/L）、$NH_3 \cdot H_2O$（6mol/L）、HAc（0.5mol/L，2mol/L，6mol/L）、K_2CrO_4（1mol/L）、$K_4[Fe(CN)_6]$（0.1mol/L）、$K_4[Fe(CN)_6]$（1mol/L）、$K_3[Fe(CN)_6]$（0.1mol/L）、KSCN（0.1mol/L）、$(NH_4)_2Hg(SCN)_4$（0.3mol/L）、$Na_3Co(NO_2)_5$（0.1mol/L）、$KNaC_4H_4O_6$（0.1mol/L）、$SnCl_2$（0.5mol/L）、0.02%$CoCl_2$、3%H_2O_2、2%$CuSO_4$、4%KI、3%$Na_3B(C_6H_5)_4$、$AgNO_3$（0.1mol/L）、$BaCl_2$（0.5mol/L）、$FeCl_3$（0.1mol/L，0.5mol/L）、

KMnO$_4$（0.02mol/L）、（NH$_4$）MoO$_4$（0.1mol/L）、25%FeSO$_4$ 溶液、CCl$_4$、氯水、0.02%镉试剂、饱和（NH$_4$）$_2$C$_2$O$_4$ 溶液、饱和 NH$_4$HCN 溶液、固体 NaBi、铂丝、95%乙醇、乙醚、丙酮、奈斯勒试剂、乙酸铀酰锌试剂、镁试剂 I、1%二硫代乙二酰胺、2.5%硫脲、5%玫瑰红酸钠试剂、0.1%铝试剂、2%邻二氮菲、0.01%二苯硫腙、0.1%茜素磺酸钠、1%丁二酮肟、锆-茜素 S 试剂、对氨基苯磺酸、α-萘胺、Pb（Ac）$_2$ 试纸、无水乙醇、固体 FeSO$_4$·7H$_2$O、固体 KI、苯。

9.5.3　实验步骤

9.5.3.1　阳离子鉴定

（1）NH$_4^+$ 的鉴定。

1）pH 试纸检验法。在表面皿上滴加 2~3 滴 NH$_4^+$ 试液，2 滴 2mol/L NaOH 溶液，迅速用另一贴有 pH 试纸的表面皿盖上形成气室。将此气室放在水浴上加热。若 pH 试纸变碱色，则表示有 NH$_4^+$ 存在。

2）奈氏试剂法。取 1 滴 NH$_4^+$ 试液于点滴板上，加 1 滴 6mol/L NaOH 溶液，再加 1 滴奈斯勒试剂，产生红棕色沉淀，表示有 NH$_4^+$ 存在。

（2）Na$^+$ 的鉴定。

1）乙酸铀酰锌法。取 1 滴 Na$^+$ 试液滴入离心管中，加 4 滴 95%乙醇和 8 滴乙酸铀酰锌溶液，用玻璃棒摩擦试管内壁，生成淡黄色沉淀，表示有 Na$^+$ 存在。

2）焰色反应。用清洁的铂丝蘸少许 Na$^+$ 溶液，再煤气灯中灼烧，火焰呈黄色，表示有 Na$^+$ 存在。

（3）K$^+$ 的鉴定。

1）亚硝酸钴钠法。取 1 滴 K$^+$ 试液与离心管中，加入 1 滴 0.1mol/L Na$_3$Co（NO$_2$）$_6$ 溶液，产生黄色沉淀，表示有 K$^+$ 存在。

2）四苯硼钠法。取 1 滴 K$^+$ 试液于离心管中，加入 2 滴 3%Na$_3$B（C$_6$H$_5$）$_4$ 溶液，若有白色沉淀生成，表示有 K$^+$ 存在。

3）焰色反应。用洁净铂丝蘸取 K$^+$ 试液，再无色火焰中灼烧，火焰呈紫色（为消除 Na$^+$ 干扰，可透过蓝色钴玻璃观察），表示有 K$^+$ 存在。

（4）Ca^{2+} 的鉴定。

1）草酸铵法。取 2 滴 Ca^{2+} 试液于离心管中，加 2 滴 6mol/L HAc 溶液，再加 4 滴饱和（NH$_4$）$_2$C$_2$O$_4$ 溶液，若有白色沉淀或浑浊，表示有 Ca^{2+} 存在。

2）焰色反应。用洁净铂丝蘸少许 Ca^{2+} 试液，在无色氧化焰上灼烧，火焰呈砖红色，表示有 Ca^{2+} 存在。

（5）Mg^{2+} 的鉴定。鉴定 Mg^{2+} 的方法主要为镁试剂 I 法，即：取 1 滴 Mg^{2+} 试液于点滴板上，加 1 滴 6mol/L NaOH 溶液和 1 滴镁试剂 I 溶液，生成蓝色沉淀，表示有 Mg^{2+} 存在。

（6）Ba^{2+} 的鉴定。

1）K$_2$CrO$_4$ 法。取 1 滴 Ba^{2+} 试液于离心管中，加 1 滴 2mol/L HAc 和 1 滴 1mol/L K$_2$CrO$_4$ 溶液，若有黄色沉淀，表示有 Ba^{2+} 存在。

2）玫瑰红酸钠法。取中性或弱碱性介质中的 Ba^{2+} 试液 1 滴于滤纸上，加 5%玫瑰红酸钠试剂 1 滴，形成红棕色斑点。再加 0.5mol/L HAc 溶液 1 滴，斑点变为红色，表示有 Ba^{2+} 存在。

3）焰色反应。用洁净的铂丝蘸 Na^{2+} 试液，在无色得到氧化焰上灼烧，火焰呈黄绿色，表示有 Ba^{2+} 存在。

（7）Al^{3+} 的鉴定。

1）铝试剂法。取 2 滴 Al^{3+} 试液于离心管中，加入 3 滴 6mol/L HAc，再滴加 0.1% 的铝试剂 2~3 滴，微热。再加氨水至有氨味，产生鲜红色絮状沉淀，表示有 Al^{3+} 存在。

2）茜素六磺酸钠法。在滤纸上加 Al^{3+} 试液和 0.1% 茜素硫酸钠各 1 滴，再滴加 1 滴 6mol/L $NH_3 \cdot H_2O$，生成红色斑点，表示有 Al^{3+} 存在。

（8）Fe^{3+} 的鉴定。

1）黄血盐 $K_4[Fe(CN)_6]$ 法。取 1 滴 Fe^{3+} 试液于点滴板上，加 1 滴 0.1mol/L $K_4[Fe(CN)_6]$，若有蓝色沉淀生成，表示有 Fe^{3+} 存在。

2）KSCN 或 NH_4SCN 法。取 1 滴 Fe^{3+} 试液于点滴板上，加 2 滴 0.1mol/L KSCN 溶液，若溶液呈血红色，表示有 Fe^{3+} 存在。

（9）Fe^{2+} 的鉴定。

1）赤血盐法。取 1 滴新配置的 Fe^{2+} 试液于点滴板上，加 2 滴 0.1mol/L $K_3[Fe(CN)_6]$ 溶液，蓝色沉淀生成，表示有 Fe^{2+} 存在。

2）邻二氮菲法。取 1 滴新配制的 Fe^{2+} 试液于点滴板上，加 1~2 滴 2% 邻二氮菲，若溶液呈橘红色，表示有 Fe^{2+} 存在。

（10）Zn^{2+} 的鉴定。鉴定 Zn^{2+} 的方法主要为硫氰酸汞铵法，即：取 1 滴 0.02% $CoCl_2$ 溶液于离心管中，加 1 滴 0.3mol/L $(NH_4)_2Hg(SCN)_4$ 试剂，充分搅拌，立即析出蓝色沉淀，表示有 Zn^{2+} 存在。

（11）Cu^{2+} 的鉴定。

1）亚硫氰化钾法。取 1 滴 Cu^{2+} 试液于离心管中，加 1 滴 0.2mol/L HCl 和 1mol/L $K_4[Fe(CN)_6]$ 溶液，若生成 $Cu_2[Fe(CN)_6]$ 红棕色沉淀，表示有 Cu^{2+} 存在。

2）氨水法。取 2 滴 Cu^{2+} 试液于离心管中，加浓氨水，若溶液呈现深蓝色，表示有 Cu^{2+} 存在。

（12）Ag^+ 的鉴定。

1）K_2CrO_4 法。取 1 滴 Ag^+ 试液（近中性）于离心管中，加 1 滴 1mol/L K_2CrO_4 溶液，产生砖红色沉淀，表示有 Ag^+ 存在。

2）盐酸和铵配合物酸化法。取 2 滴 Ag^+ 试液于离心管中，加 1 滴 3mol/L HCl 溶液，生成白色沉淀后，再沉淀上滴加 6mol/L 氨水，白色沉淀溶解，再加入 2mol/L NHO_3 溶液，白色沉淀又出现，表示有 Ag^+ 存在。

（13）Hg^{2+} 的鉴定。鉴定 Hg^{2+} 的方法主要为氯化亚锡法，即：取 2 滴 Hg^{2+} 试液于离心管中，加入 2 滴 0.5mol/L SnCl 溶液，生成 $HgCl_2$ 白色沉淀，并逐渐变成灰色或黑色，表示有 Hg^{2+} 存在。

（14）Pb^{2+} 的鉴定。

1）K_2CrO_4 法。取 1 滴 Pb^{2+} 试液于离心管中，加 1 滴 1mol/L K_2CrO_4 溶液，若有黄色

沉淀生成，表示有 Pb^{2+} 存在。

2）二苯硫腙法。取 1 滴 Pb^{2+} 试液于离心管中，加 2 滴 1mol/L 酒石酸钾钠溶液，再滴加 6mol/L 氨水，调至溶液的 pH＝9~11，加入 0.01%二苯硫腙 4~5 滴，用力振动，下层呈红色，表示有 Pb^{2+} 存在。

（15） Mn^{2+} 的鉴定。鉴定 Mn^{2+} 的方法主要为铋酸钠法，即：取 1 滴 Mn^{2+} 试液于离心管中，加 3 滴 2mol/L H_2SO_4 和少许固体 $NaBiO_3$ 水浴加热若溶液呈紫红色，表示有 Mn^{2+} 存在。

（16） Cr^{3+} 鉴定。

1）过铬酸法。取 1 滴 Cr^{3+} 试液，滴入 4 滴 6mol/L NaOH 溶液，然后滴入 3 滴 3% H_2O_2 微热至溶液呈浅黄色，待冷却后，加 0.5mol/L 乙醚，再慢慢滴入 6mol/L HNO_3 酸化，摇动试管，在乙醚层出现深蓝色，表示有 Cr^{3+} 存在。

2）铬酸盐法。取 1 滴 Cr^{3+} 试液，滴入 4 滴 6mol/L NaOH 溶液，在滴入 3 滴 3% H_2O_2 溶液，微热至溶液呈浅黄色，待冷却后，加 2 滴 Ag^+ 试液，产生砖红色沉淀，表示有 Cr^{3+} 存在。

（17） Ni^{2+} 的鉴定。

1）丁二酮肟法。取 1 滴 Ni^+ 试液于离心管中，加 1 滴 3mol/L $NH_3 \cdot H_2O$ 再加 1 滴 1%丁二酮肟，生成鲜红色沉淀，表示有 Ni^+ 存在。

2）二硫代乙二酰胺 $[(H_2NCS)_2]$ 法。取 1 滴氨性介质中的 Ni^{2+} 试液于滤纸上，再用 1% $(H_2NCS)_2$ 在斑点周围画圈，如显蓝色或蓝紫环，表示有 Ni^{2+} 存在。

（18） Cd^{2+} 的鉴定。鉴定 Ca^{2+} 的方法主要为镉试剂 2B（Cadion 2B）法，即：在定量滤纸上加 1 滴 0.02%镉试剂，烘干后，再加 1 滴含少量酒石酸钾钠的呈酸性的 Cd^{2+} 试液，在烘干后，滴加 1 滴 2mol/L KOH 溶液，斑点呈红色，表示有 Cd^{2+} 存在。

（19） Co^{2+} 的鉴定。鉴定 Co^{2+} 的方法主要为 NH_4SCN 法，即：取 1 滴 Co^{2+} 试液于离心管中，加入饱和 NH_4SCN 或固体 NH_4SCN，再加 3~5 滴丙酮，视 Co^{2+} 量的大小呈蓝色或绿色，表示有 Co^{2+} 存在。

（20） Bi^{3+} 的鉴定。

1）硫脲法。取 1 滴 Bi^{3+} 试液，加 2 滴 3mol/L HNO_3，加 1 滴 2.5%硫脲，生成黄色配合物，表示有 Bi^{3+} 的存在。

2）KI 法。取 1 滴 Bi^{3+} 试液于点滴板上，加 2 滴 2.5%硫脲和 2% $CuSO_4$ 溶液（如加 $CuSO_4$ 溶液后有沉淀生成，应再加 2 滴硫脲），再加 1~2 滴 4%KI 溶液，生呈橙色至橙红色沉淀，表示有 BI^{3+} 存在。

9.5.3.2 阴离子鉴定

（1） F^- 的鉴定。加 1 滴锆-茜素 S 试剂于试纸上，在空气中将滤纸干燥后，再用 1 滴 1∶1 的乙酸湿润，加 1 滴中性试液于湿斑上，紫红色湿斑变成黄色，表示有 F^- 存在。

（2） Cl^- 的鉴定。取 1 滴试液于离心管中，加 6mol/L HNO_3 进行酸化，再加 1 滴 0.1mol/L $NH_3 \cdot H_2O$ 溶液，若生成白色沉淀，初步说明有 Cl^- 存在。离心分离后，向沉淀上滴加 6mol/L $NH_3 \cdot H_2O$ 溶液，沉淀立即溶解，再加 6mol/L HNO_3 溶液，白色沉淀又重新出现，表示有 Cl^- 存在。

（3）Br⁻的鉴定。取 2 滴试液于离心管中，加 4 滴 CCl_4，2 滴氯水，边滴边搅拌，CCl_4 层显红棕色，再加过量氯水，CCl_4 层变浅黄色或呈无色，表示有 Br⁻ 存在。

（4）I⁻的鉴定。取 1 滴试液于离心管中，加 1 滴 3mol/L H_2SO_4 进行酸化，加 4 滴 CCl_4 后，逐滴加入氯水，边滴加边用力振荡，如 CCl_4 层开始显紫红色，然后逐渐褪至无色，表示有 I⁻ 存在。

（5）NO_3^-的鉴定。取 1 小粒 $FeSO_4 \cdot 7H_2O$ 结晶放在点滴板上，加 1 滴 NO_3^-试液，2 滴浓 H_2SO_4，反应后，在 $FeSO_4$ 周围形成棕色环，表示有 NO_3^-存在。

（6）NO_2^-的鉴定。取 1 滴试液于点滴板中，加 2 滴 2mol/L HAc 酸化，再加对氨基苯磺酸后，放置片刻，再加 1 滴 α-萘胺，若立即呈现红色，表示有 NO_2^-存在。

（7）SO_4^{2-} 的鉴定。取 2 滴试液于离心管中，用 6mol/L HCl 酸化后，再多加 1 滴试液，加 2 滴 0.5mol/L $BaCl_2$ 溶液，若析出白色沉淀，表示有 SO_4^{2-} 存在。

（8）SO_3^{2-}的鉴定。取 1 滴试液（不含 S^{2-}）于点滴板上，加入 1 滴 3mol/L HCl 中和，加 1 滴 0.1%的品红溶液，若很快褪色，表示有 SO_3^{2-}存在。

（9）$C_2O_4^{2-}$ 的鉴定。取 2 滴试液于离心管中，加热至 70℃ 左右，加 1 滴 3mol/L H_2SO_4 和 1 滴 0.02mol/L $KMnO_4$ 溶液，振动试管，紫色褪去，并有 CO_2 气体产生，表示有 $C_2O_4^{2-}$ 存在。

（10）CO_3^{2-}的鉴定。取 1 滴试液于玻璃载片上，加 1 滴 $BaCl_2$ 溶液，小火蒸干，冷却，以水浸湿，盖上盖玻片，在盖玻片周围加 1 滴 3mol/L HCl，当 HCl 浸入沉淀上时，仔细观察，若有 CO_2 产生，表示有 CO_3^{2-} 存在。

（11）PO_4^{3-} 的鉴定。鉴定 PO_4^{3-} 的方法主要为钼酸铵法，即：取 5 滴试液于离心管中，加 8 滴 6mol/L HNO_3 和 10 滴 0.1mol/L（NH_4）MoO_4 试剂，在水浴中加热，若有黄色沉淀生成，证明有 PO_4^{3-}。

（12）S^{2-}的鉴定。在试管中加 2 滴试液，2 滴 6mol/L HCl，迅速用浸湿的 $Pb(Ac)_2$ 试纸盖在试管口上，如试纸变黑，表示有 S^{2-}存在。

（13）Ac⁻的鉴定。生成乙酸乙酯法：取 5 滴试液于离心管中，加 2 滴浓 H_2SO_4 和 4 滴乙醇，于水浴中加热 1~2min，出现特殊水果香味，表示有 Ac⁻存在。

（14）SiO_3^{2-}的鉴定。鉴定 SiO_3^{2-} 的方法主要为 NH_4Cl 法，即：取 4 滴试液于离心管中，用 6mol/L HNO_3 酸化，加热除去 CO_2，冷却后加 6mol/L $NH_3 \cdot H_2O$ 至溶液为碱性，加饱和 NH_4Cl 溶液并加热，若有白色胶状沉淀生成，表示有 SiO_3^{2-}存在。

（15）CN⁻的鉴定。取 1 滴试液，加 2mol/L NaOH 溶液，使溶液呈弱碱性，再加 1 滴 25%$FeSO_4$ 溶液煮沸。加 2 滴 2mol/L HCl 酸化，再加 1 滴 0.5mol/L $FeCl_3$，生成蓝色沉淀，表示有 CN⁻存在。

（16）SCN⁻的鉴定。取 1 滴试液于试管中，加 1 滴 0.1mol/L $FeCl_3$ 溶液，溶液呈血红色，表示有 SCN⁻存在。

（17）$S_2O_3^{2-}$的鉴定。取 3 滴试液于试管中，加 3 滴 0.1mol/L $AgNO_3$ 溶液，用力振荡，有黑色沉淀生成，表示有 $S_2O_3^{2-}$存在。

（18）AsO_4^{3-}的鉴定。取 2 滴试液于试管中，加 2 滴浓 HCL 固体 KI 少许，再加 5~10

滴苯，用力振荡，静置片刻，苯层呈紫红色，表示有 AsO_4^{3-} 存在。

9.5.4　思考与讨论

（1）可否在强酸或强碱介质中用 $Na_3Co(NO_2)_6$ 鉴定 K^+，为什么？

（2）用重铬酸钾检测乙醇为什么必须在酸性条件下?

（3）有能溶于水的混合物，已经在阳离子分析中鉴定出有 Pb^{2+}，那么哪些阴离子可不必鉴定？

9.6　配合物的生成及性质

9.6.1　实验目的

（1）了解有关配合物的生成和组成。

（2）了解配合物的解离平衡。

（3）了解配离子与简单离子区别。

（4）了解配位平衡与酸碱平衡、沉淀反应和氧化还原反应的关系。

（5）了解螯合物的生成和应用、配合物的掩蔽及配合物的水合异构现象。

9.6.2　实验原理

由中心离子（或原子）与配体按一定组成和空间构型以配位键结合所形成的化合物称为配位化合物（简称配合物），也称为络合物。

配合反应是分步进行的可逆反应，每一步反应都存在着配位平衡。配合物的稳定性可由各级稳定常数 $K_稳$ 表示，多级配位反应还可用累积常数 β_n 表示。例如：

$$Cu^{2+} + NH_3 \Longrightarrow [Cu(NH_3)]^{2+}, \quad K_{稳,1} = \frac{[Cu(NH_3)^{2+}]}{[Cu^{2+}][NH_3]}$$

$$[Cu(NH_3)]^{2+} + NH_3 \Longrightarrow [Cu(NH_3)_2]^{2+}, \quad K_{稳,2} = \frac{[Cu(NH_3)_2^{2+}]}{[Cu(NH_3)^{2+}][NH_3]}$$

$$[Cu(NH_3)_2]^{2+} + NH_3 \Longrightarrow [Cu(NH_3)_3]^{2+}, \quad K_{稳,3} = \frac{[Cu(NH_3)_3^{2-}]}{[Cu(NH_3)_2^{2+}][NH_3]}$$

$$[Cu(NH_3)_3]^{2+} + NH_3 \Longrightarrow [Cu(NH_3)_4]^{2+}, \quad K_{稳,4} = \frac{[Cu(NH_3)_4^{2+}]}{[Cu(NH_3)_3^{2+}][NH_3]}$$

$$\beta_4 = K_{稳,1}K_{稳,2}K_{稳,3}K_{稳,4} = \frac{[Cu(NH_3)_4]^{2+}}{[Cu^{2+}][NH_3]^4}$$

对于同种类型的配合物而言，$K_稳$ 值越大，配合物越稳定。

金属离子在形成配离子后，其一系列性质（如颜色、溶解度、氧化还原性）都会发生改变。

利用配合物的生成及其性质的改变，不仅可以鉴定某些金属离子，还能选择性地掩蔽反应中的某些离子，消除干扰，在化合物制备、提纯和分析等方面都有重要的作用。

9.6.3 实验用品

$CuSO_4 \cdot 5H_2O$（固体）、氨水（2mol/L，6mol/L）、稀氨水、浓氨水、$CuSO_4$（0.1mol/L）、$BaCl_2$（0.1mol/L）、Na_2S（0.1mol/L）、Na_2CO_3（0.1mol/L）、$FeSO_4$（0.1mol/L）、$FeCl_3$（0.1mol/L）、$K_3[Fe(CN)_6]$（0.1mol/L）、$K_4[Fe(CN)_6]$（0.1mol/L）、$CaCl_2$（0.1mol/L）、H_2SO_4（1mol/L）、EDTA 二钠盐（0.1mol/L）、Na_2F（饱和溶液）、NH_4SCN（25%）、HCl（2mol/L）、NaOH（2mol/L）、$AgNO_3$（0.1mol/L）、NaCl（0.1mol/L）、KBr（0.1mol/L）、$Na_2S_2O_3$（0.1mol/L）、KI（0.1mol/L）、$CrCl_3$（0.1mol/L）、$NH_4Fe(SO_4)_2$（0.1mol/L）、$CoCl_2$（0.1mol/L，1mol/L）、$NiSO_4$（0.1mol/L）、KSCN（0.10mol/L）、邻二氮菲（0.25%）、丁二酮肟（1%乙醇溶液）、CCl_4、乙醇（95%）、丙酮、酚酞（0.1%乙醇溶液）。

9.6.4 实验步骤

9.6.4.1 配合物的生成和组成

A 配合物的生成

称取 $CuSO_4 \cdot 5H_2O$ 固体 1g，加水 5mL 搅拌溶解，加入浓氨水 2.5mL，混匀。再加入 95%乙醇 5mL，搅拌混匀，静置 2~3min 后减压过滤，用少量乙醇洗涤晶体 1~2 次，并用滤纸吸干，记录其形状。

B 配合物的组成

取 2 支试管，各加入 0.1mol $CuSO_4$ 溶液数滴，然后分别加入 0.1mol/L $BaCl_2$ 和 0.1mol/L Na_2CO_3 溶液 1~2 滴，观察现象。

另取 2 支试管，各加入少量 $[Cu(NH_3)_4]SO_4$ 产品，逐滴加入少量水溶解，再分别加入 0.1mol/L $BaCl_2$ 和 0.1mol/L Na_2CO_3 溶液 1~2 滴，观察现象。

通过以上实验现象的比较，分析该配合物的内界和外界组成。

9.6.4.2 配合物的解离平衡

取少量 $[Cu(NH_3)_4]SO_4$ 产品，逐滴加水溶解，观察溶液颜色变化。

取少量 $[Cu(NH_3)_4]SO_4$ 产品，加水溶解，逐滴加入 1mol/L H_2SO_4 溶液至过量，观察现象。

取少量 $[Cu(NH_3)_4]SO_4$ 产品，加水溶解，加入 1mol/L Na_2S 溶液，观察现象。

解释以上实验现象。

9.6.4.3 配离子与简单离子性质的比较

取 12 支小试管，分别滴加 0.1mol/L $FeCl_3$ 和 0.1mol/L $K_3[Fe(CN)_6]$ 溶液各 3 滴，然后各加入 0.1 mol/L KSCN 溶液 1 滴，观察现象并解释其现象。

取 2 支小试管，分别滴加 0.1mol/L $FeSO_4$ 和 0.1mol/L $K_4[Fe(CN)_6]$ 溶液各 3 滴，然后各加入 0.1mol/L Na_2S 溶液 2 滴，观察是否都有 FeS 沉淀生成并解释其现象。

设计一个实验，证明铁氰化钾是配合物，而硫酸铁铵是复盐。

9.6.4.4　配合平衡与酸碱平衡

A　形成配合物时溶液 pH 值的变化

取 2 支试管，分别加入 0.1mol/L $CaCl_2$ 溶液和 0.1mol/L EDTA 二钠盐溶液 1mL，各滴加酚酞指示剂 1 滴，然后分别用稀氨水调至溶液呈浅红色。将两溶液混合，观察现象并解释其现象。

B　溶液 pH 值对配合平衡的影响

取 2 支试管，各加入 0.1mol/L $FeCl_3$ 溶液 2 滴，再各加入 0.1mol/L EDTA 溶液 1 滴，然后分别加入 2mol/L HCl 溶液或 2mol/L NaOH 溶液，观察现象。比较 $[Fe(SCN)_6]^{3-}$ 分别在酸性或碱性溶液中的稳定性。

9.6.4.5　配合平衡与沉淀平衡

在离心试管中加入 0.1mol/L $AgNO_3$ 溶液和 0.1mol/L NaCl 溶液各 2 滴，离心后弃去上层清液，然后加入 6mol/L 氨水至沉淀刚好溶解。

向上述溶液中加入 0.1mol/L NaCl 溶液 1 滴，观察是否有白色沉淀生成。再加入 0.1mol/L KBr 溶液 1 滴，观察现象。继续滴加 KBr 溶液，至不再产生沉淀为止。离心后弃去上层清液，向沉淀中加入 0.1mol/L $Na_2S_2O_3$ 溶液至沉淀刚好溶解为止。

向上述溶液中加入 0.1mol/L KBr 溶液 1 滴，观察有无 AgBr 沉淀生成。再加入 0.1mol/L KI 溶液 1 滴，观察现象。

根据上述实验现象，讨论沉淀平衡与配合平衡的关系，并比较 AgCl、AgBr、AgI 的 K_{sp} 大小及 $[Ag(NH_3)_2]^+$、$[Ag(S_2O_3)_2]^{3-}$ 两种配离子稳定性的相对大小。

9.6.4.6　配合平衡与氧化还原平衡

取 2 支试管，各加入 0.1mol/L $FeCl_3$ 溶液 3 滴，然后向其中 1 支试管滴加 NaF 饱和溶液至溶液呈无色，向另 1 支试管中加入相同滴数的水，混匀后，各加入 0.1mol/L KI 溶液 2~3 滴，观察现象。再向试管中各加入 CCl_4 数滴，振荡，观察 CCl_4 层的颜色变化并解释其现象。

9.6.4.7　螯合物的生成和应用

在试管中加入 0.1mol/L $NiSO_4$ 溶液 2 滴，再加入 2mol/L 氨水 1~2 滴和丁二酮肟溶液 1 滴，观察现象。此法是检验 Ni^{2+} 的灵敏反应，其反应式为：

在点滴板上滴加 0.1mol/L $FeSO_4$ 溶液和 0.25% 邻二氮菲溶液各 1 滴，观察现象。此反应可作为 Fe^{2+} 的鉴定反应。反应式为：

9.6.4.8 配合物的掩蔽作用

在试管中加入 0.1mol/L $CoCl_2$ 溶液和 25%NH_4SCN 溶液各 2 滴，再加入等体积的丙酮（附注），观察实验现象。

该反应也是检验 Co^{2+} 离子的灵敏反应，但少量 Fe^{3+} 离子的存在会干扰反应。

设计一个简单实验，在 Fe^{3+} 离子存在的情况下检验溶液中的 Co^{2+} 离子。

9.6.4.9 配合物的水合异构现象

在试管中加入 0.1mol/L 蓝色 $CrCl_3$ 溶液 0.5mL，加热试管，观察溶液颜色的变化，然后将溶液冷却，观察现象。其反应式为：

$$[Cr(H_2O)_6]^{3+} + 2Cl^- \Longrightarrow [Cr(H_2O)_4Cl_2]^+ + 2H_2O$$

在试管中加入 1mol/L $CoCl_2$ 粉红色溶液 0.5mL，加热，然后冷却，观察现象。其反应式为：

$$[Co(H_2O)_6]^{2+} + 4Cl^- \Longrightarrow [Co(H_2O)_2Cl_4]^{2-} + 4H_2O$$

9.6.5 思考与讨论

（1）影响配合物稳定性的主要因素有哪些？

（2）哪些类型的配合物在形成过程中会引起溶液 pH 值的变化？

（3）用丁二酮肟鉴定 Ni^{2+} 离子时，溶液酸度过高或过低对鉴定反应有何影响？

（4）为什么硫化钠溶液不能使亚铁氰化钾溶液产生 FeS 沉淀，但却能使 $[Cu(NH_3)_4]^{2+}$ 配合物溶液产生 CuS 沉淀？

9.7 牛奶中蛋白质的简单分析

9.7.1 实验目的

（1）了解从牛奶中分离出蛋白质的方法。

（2）了解黄色蛋白反应、双缩脲反应和米伦反应。

（3）了解蛋白质的鉴定方法。

9.7.2 实验原理

蛋白质是存在于生物体内的大分子，分子量可以从几千到几百万，主要是由 20 种不同的 α-氨基酸（α-Aminoacid）为单位，以肽键（Peptide Bond）所连接的。其反应式为：

每一个氨基酸至少有一个氨基和一个羧基，所以它们可以一个接一个地延伸下去。例如：

氨基酸侧键（Side Chain）虽然不参与肽键的形成，但是对整个分子的三维空间结构、生化活性和溶解度都有很大的影响，因此 pH 值的改变，会显著影响侧键上的官能团，从而使整个分子的形状也发生改变。

许多蛋白质能与重金属反应生成沉淀，所以当重金属中毒时可以饮用大量的牛奶以减少重金属离子的吸收，达到解毒的目的。其反应式为：

当带有苯环侧键的蛋白质加入浓硝酸时，苯环会被硝化而形成黄色产物，此反应称为黄色蛋白反应（Xanthoproteic Reaction）。蛋白质经碱化后，加入铜离子，溶液变为蓝紫色，该反应称为双缩脲反应（Biuret Reaction）。带有对位取代的酚基侧键的蛋白质能与热的硝酸汞反应，生成红色沉淀，该反应称为米伦反应（Millon Reaction）。

本实验对牛奶中的蛋白质进行简单分析。牛奶中大部分的蛋白质是酪蛋白，它能经过酸化而得到沉淀，沉淀中除了酪蛋白外还包括一些油脂，油脂可以用乙醇洗去。

9.7.3　实验用品

牛奶（自备）、乙醇（95%）、冰醋酸、乙醚、$Pb(NO_3)_2$（1%）、$Hg(NO_3)_2$（1%）、$NaNO_3$（1%）、NaOH（10%）、硝酸、甘氨酸（H_2NCH_2COOH，10%）、$CuSO_4$（0.5%）。

9.7.4　实验步骤

9.7.4.1　蛋白质的分离

取牛奶 30g 左右在水浴上加热至 40℃，边搅拌边滴加冰醋酸至酪蛋白质沉淀完全。减压过滤，用滤纸轻压沉淀，吸干水分。将沉淀转移至盛有 95%乙醇 25mL 的 100mL 烧杯中，充分搅拌，静置，减压过滤。

将所得沉淀置于烧杯中，加入 1：1 乙醇/乙醚溶液 25mL，搅拌 5min，减压过滤。重复处理一次。称量，计算牛奶中酪蛋白的含量。

9.7.4.2　蛋白质的鉴定

A　金属离子与牛奶的反应

取 3 支试管，各加入牛奶 2mL，分别滴加 1% $Pb(NO_3)_2$、$Hg(NO_3)_2$ 和 $NaNO_3$ 溶液，搅拌，静置，观察现象并解释其现象。

B　双缩脲反应

取 1 支试管，加入牛奶 1mL，再加入 10% NaOH 溶液 1mL，然后缓慢滴加 0.5% $CuSO_4$ 溶液，观察现象。

取甘氨酸（Glycine）代替牛奶，重复上述步骤，观察现象。

C　黄色蛋白反应

取 1 支试管，加入牛奶 1mL，再加入浓 HNO_3 数滴，观察现象。

9.7.5　思考与讨论

（1）重金属中毒时为什么喝牛奶可以减轻症状?

（2）以甘氨酸代替牛奶进行双缩脲反应会发生什么样变化?

（3）金属离子与牛奶的反应、双缩脲反应和黄色蛋白反应分别有什么样的现象，为什么?

9.8　水的硬度的测定

9.8.1　实验目的

（1）了解水的硬度的测定意义和常用的硬度表示方法。

（2）了解 EDTA 法测定水的硬度的原理和方法。

（3）了解铬黑 T 和钙指示剂的应用以及金属指示剂的特点。

9.8.2　实验原理

一般含有钙、镁盐类的水称为硬水，不含或含有少量钙镁、盐类的水称为软水（软硬水界限尚不明确，硬度小于 5~6 度的，一般可称为软水）。

水的硬度又有暂时硬度和永久硬度之分，这两项的总和称为总硬度。暂时硬度是指水中含有 Ca^{2+}、Mg^{2+} 的酸式碳酸盐，遇热即生成碳酸盐沉淀而失去其硬性。例如：

$$Ca(HCO_3)_2 \longrightarrow CaCO_3 + H_2O(l) + CO_2(g)$$

$$Mg(HCO_3)_2 \longrightarrow MgCO_3 + H_2O(l) + CO_2(g)$$

$$MgCO_3 + H_2O \longrightarrow Mg(OH)_2 + CO_2(g)$$

永久硬度是指水中含 Ca^{2+}、Mg^{2+} 的硫酸盐、氯化物、硝酸盐，在加热时亦不沉淀（但在锅炉运行温度下，溶解度低的可析出而成为锅垢）。另外，由钙离子形成的硬度称为钙硬，由镁离子形成的硬度称为镁硬。

测定水的总硬度实际上是测定水中 Ca^{2+}、Mg^{2+} 离子的含量。配位滴定法测定 Ca^{2+}、Mg^{2+} 离子的含量，一般是用铬黑 T 作指示剂，以 NH_3-NH_4Cl 缓冲溶液控制溶液的 pH 值为 10 左右，用 EDTA 标准溶液滴定。然后由 EDTA 标准溶液的浓度及用量计算水的总硬度。EDTA 配合剂与金属离子（以 Me^{2+} 表示）的配合反应可表示为：

$$Me^{2+} + [H_2Y]^{2-} \rightleftharpoons [MeY]^{2+} + 2H^+$$

测定水中钙的硬度的指示剂用钙指示剂，控制溶液的 pH 值为 12 以上，用 EDTA 标准溶液滴定，然后由 EDTA 标准溶液浓度及用量计算水的钙硬。由总硬度减去钙硬即为水的镁硬。

常以氧化钙的量来表示水的硬度。各国对水的硬度表示不同，我国沿用的硬度表示方法是以度（°）计，1 硬度单位表示 10 万份水中含 1 份 CaO（每升水中含 10mg CaO），即 1 硬度 = 10mg CaO/L。

$$CaO \text{ 含量}(mg/L) = \frac{cV_2 M(CaO)}{50} \times 1000$$

$$\text{硬度}(°) = \frac{cV_2 M(CaO)}{50 \times 10} \times 1000$$

$$Ca^{2+} \text{ 含量}(mg/L) = \frac{cV_1 M(Ca)}{50} \times 1000$$

$$Mg^{2+} \text{ 含量}(mg/L) = \frac{c(V_2 - V_1) \times M(Mg)}{50} \times 1000$$

9.8.3　实验用品

锥形瓶（250mL）、酸式滴定管、大肚移液管（50mL）、0.01mol/L EDTA 标准溶液、NH_3-NH_4Cl 缓冲溶液（pH≈10）、10%NaOH 溶液、钙指示剂、铬黑 T 指示剂（钙指示剂和铬黑 T 指示剂均用中性盐 NaCl、KNO_3 1：100 混合使用）、三乙醇胺（1：2）。

9.8.4　实验步骤

9.8.4.1　总硬度的测定

用 50mL 大肚移液管量取澄清的水样 50.00mL 放入 250mL 锥形瓶中，加入 5mL NH_3-NH_4Cl 缓冲溶液，加 1：2 三乙醇胺 3mL，摇匀，再加入约 0.01g（绿豆大小）铬黑 T 指示剂，再摇匀。此时溶液呈酒红色，以 0.01mol/L EDTA 标准溶液滴定至溶液呈纯蓝色，即为终点。记 V_2。

9.8.4.2　钙硬的测定

量取澄清的水样 50mL，放入 250mL 锥形瓶中，加 2mL 10%NaOH 溶液，加 1：2 三乙醇胺 3mL，摇匀，再加入约 0.01g 钙指示剂，再摇匀。此时溶液呈淡红色，用 0.01mol/L EDTA 标准溶液滴定至溶液呈纯蓝色，即为终点。记 V_1。

9.8.4.3　镁硬的计算

由总硬度减去钙硬即得镁硬。

9.8.5　思考与讨论

（1）水的总硬度指的是什么？

（2）如果对硬度测定中的数据要求保留两位有效数字，应如何量取 100mL 水样？

（3）如何能测出镁硬？

（4）本实验中加入三乙醇胺的作用是什么？

（5）当水样中 Mg^{2+} 含量低时，以铬黑 T 作指示剂测定其 Ca^{2+}、Mg^{2+} 总量，终点不清晰，因此常在水样中先加少量 $[MgY]^{2+}$ 配合物，再用 EDTA 标准溶液滴定，终点就敏锐。这样做对测定结果有无影响？说明其原理。

（6）量取水样的量器和承接水样的锥形瓶是否都要用纯水洗净，为什么？

附　　录

附录 A　标准热力学函数
($p^{\ominus} = 100\text{kPa}$，$T = 298.15\text{K}$)

物质（状态）	$\Delta_f H_m^{\ominus}$ /kJ·mol^{-1}	$\Delta_f G_m^{\ominus}$ /kJ·mol^{-1}	$S_m^{\ominus}$ /J·(mol·K)$^{-1}$
Ag(s)	0.00	0.00	42.55
Ag$^+$(aq)	105.58	77.12	72.68
[Ag(NH$_3$)$_2$]$^+$(aq)	−111.30	−17.20	245.00
AgCl(s)	−127.07	−109.80	96.20
AgBr(s)	−100.40	−96.90	107.10
Ag$_2$CrO$_4$(s)	−731.74	−641.83	218.00
AgI(s)	−61.84	−66.19	115.00
Ag$_2$O(s)	−31.10	−11.20	121.00
Ag$_2$S(s, α)	−32.59	−40.67	144.00
AgNO$_3$(s)	−124.40	−33.47	140.90
Al(s)	0.00	0.00	28.33
Al^{3+}(aq)	−531.00	−485.00	−322.00
AlCl$_3$(s)	−704.20	−682.90	110.70
Al$_2$O$_3$(s, α)	−1676.00	−1582.00	50.92
B(s, β)	0.00	0.00	5.86
B$_2$O$_3$(s)	−1272.80	−1193.70	53.97
BCl$_3$(g)	−404.00	−388.70	290.00
BCl$_3$(l)	−427.20	−387.40	206.00
B$_2$H$_6$(g)	35.60	86.60	232.00
Ba(s)	0.00	0.00	62.80
Ba^{2+}(aq)	−537.64	−560.74	9.60
BaCl$_2$(s)	−858.60	−810.40	123.70
BaO(s)	−548.10	−520.41	72.09
Ba(OH)$_2$(s)	−944.70	—	—
BaCO$_3$(s)	−1216.00	−1138.00	112.00
BaSO$_4$(s)	−1473.00	−1362.00	132.00
Br$_2$(l)	0.00	0.00	152.23
Br$^-$(aq)	−121.50	−104.00	82.40
Br$_2$(g)	30.91	3.14	245.35
HBr(g)	−36.40	−53.43	198.59
HBr(aq)	−121.50	−104.00	82.40

物质（状态）	$\Delta_f H_m^{\ominus}$ /kJ · mol^{-1}	$\Delta_f G_m^{\ominus}$ /kJ · mol^{-1}	$S_m^{\ominus}$ /J · (mol · K)$^{-1}$
Ca(s)	0.00	0.00	41.20
Ca^{2+}(aq)	−542.83	−553.54	−53.10
CaF$_2$(s)	−1220.00	−1167.00	68.87
CaCl$_2$(s)	−795.80	−748.10	105.00
CaO(s)	−635.09	−604.04	39.75
Ca(OH)$_2$(s)	−986.09	−898.56	83.39
CaCO$_3$(s, 方解石)	−1206.90	−1128.80	92.90
CaSO$_4$(s, 无水石膏)	−1434.10	−1321.90	107.00
C（石墨）	0.00	0.00	5.74
C(金刚石)	1.987	2.90	2.38
C(g)	716.68	671.21	157.99
CO(g)	−110.52	−137.15	197.56
CO$_2$(g)	−393.51	−394.36	213.60
CO$_3^{2-}$(aq)	−667.14	−527.90	−56.90
HCO$_3^-$(aq)	−691.99	−586.85	91.20
CO$_2$(aq)	−431.80	−386.00	118.00
H$_2$CO$_3$(aq, 非电离)	−699.65	−623.16	187.00
CCl$_4$(l)	−135.40	−65.20	216.40
CH$_3$OH(l)	−238.70	−166.40	127.00
CH$_3$OH(g)	−200.70	−162.00	239.70
C$_2$H$_5$OH(l)	−277.70	−174.90	161.00
HCOOH(l)	−424.70	−361.40	129.00
CH$_3$COOH (l)	−484.50	−390.00	160.00
CH$_3$COOH(aq, 非电离)	−485.76	−396.60	179.00
CH$_3$COO$^-$(aq)	−486.01	−396.40	86.60
CH$_3$CHO(l)	−192.30	−128.20	160.00
CH$_4$(g)	−74.81	−50.75	186.15
C$_2$H$_2$(g)	226.75	209.20	200.82
C$_2$H$_4$(g)	52.26	68.12	219.50
C$_2$H$_6$(g)	−84.68	−32.89	229.50
C$_3$H$_8$(g)	−103.85	−23.49	269.90
C$_4$H$_6$(g, 1,3-丁二烯)	165.50	201.70	293.00
C$_4$H$_8$(g, 1-丁烯)	1.71	72.04	307.40
n-C$_4$H$_{10}$(g)	−124.73	−15.71	310.00
C$_6$H$_6$(g)	82.93	129.66	269.20
C$_6$H$_6$(l)	49.03	124.50	172.80
Cl$_2$(g)	0.00	0.00	222.96
Cl$^-$(aq)	−167.16	−131.26	56.50
HCl(g)	−92.31	−95.30	186.80
ClO$_3^-$(aq)	−99.20	−3.30	162.00
Co(s) (α, 六方)	0.00	0.00	30.04

物质（状态）	$\Delta_f H_m^{\ominus}$ /kJ·mol^{-1}	$\Delta_f G_m^{\ominus}$ /kJ·mol^{-1}	$S_m^{\ominus}$ /J·(mol·K)$^{-1}$
Co(OH)$_2$(s, 桃红)	−539.70	−454.40	79.00
Cr(s)	0.00	0.00	23.80
Cr$_2$O$_3$(s)	−1140.00	−1058	81.20
Cr$_2$O$_7^{2-}$(aq)	−1490.00	−1301	262.00
CrO$_4^{2-}$(aq)	−881.20	−727.90	50.20
Cu(s)	0.00	0.00	33.15
Cu$^+$(aq)	71.67	50.00	41.00
Cu^{2+}(aq)	64.77	65.52	−99.60
[Cu(NH$_3$)$_4$]$^{2+}$(aq)	−348.50	−111.30	274.00
Cu$_2$O(s)	−169.00	−146.00	93.14
CuO(s)	−157.00	−130.00	42.63
Cu$_2$S(s, α)	−79.50	−86.20	121.00
CuS(s)	−53.10	−53.60	66.50
CuSO$_4$(s)	−771.36	−661.90	109.00
CuSO$_4$·5H$_2$O(s)	−2279.70	−1880.06	300.00
F$_2$(g)	0.00	0.00	202.70
F$^-$(aq)	−332.60	−278.80	−14.00
F(g)	78.99	61.92	158.64
Fe(s)	0.00	0.00	27.30
Fe^{2+}(aq)	−89.10	−78.87	−138.00
Fe^{3+}(aq)	−48.50	−4.60	−316.00
Fe$_2$O$_3$(s, 赤铁矿)	−824.00	−742.20	87.40
Fe$_3$O$_4$(s, 磁铁矿)	−1120.90	−1015.46	146.44
H$_2$(g)	0.00	0.00	130.57
H$^+$(aq)	0.00	0.00	0.00
H$_3$O$^+$(aq)	−285.85	−237.19	69.96
Hg(g)	61.32	31.85	174.80
HgO(s, 红)	−90.83	−58.56	70.29
HgS(s, 红)	−58.20	−50.60	82.40
HgCl$_2$(s)	−224	−179.00	146.00
Hg$_2$Cl$_2$(s)	−265.2	−210.78	192.00
I$_2$(s)	0.00	0.00	116.14
I$_2$(g)	62.438	19.36	260.60
I$^-$(aq)	−55.19	−51.59	111.00
HI(g)	25.90	1.30	206.48
K(s)	0.00	0.00	64.18
K$^+$(aq)	−252.40	−283.30	103.00
KCl(s)	−436.75	−409.20	82.59
KI(s)	−327.90	−324.89	106.32
KOH(s)	−424.76	−379.10	78.87
KClO$_3$(s)	−397.70	−296.30	143.00

续附录A

物质（状态）	$\Delta_f H_m^{\ominus}$ /kJ·mol^{-1}	$\Delta_f G_m^{\ominus}$ /kJ·mol^{-1}	$S_m^{\ominus}$ /J·(mol·K)$^{-1}$
KMnO$_4$(s)	-837.20	-737.60	171.70
Mg(s)	0.00	0.00	32.68
Mg^{2+}(aq)	-466.85	-454.8	-138.00
MgCl$_2$(s)	-641.32	-591.83	89.62
MgCl$_2$·6H$_2$O(s)	-2499.00	-2215.00	366.00
MgO(s, 方镁石)	-601.70	-569.44	26.90
Mg(OH)$_2$(s)	-924.54	-833.58	63.18
MgCO$_3$(s, 菱镁石)	-1096.00	-1012.00	65.70
MgSO$_3$(s)	-1285.00	-1171.00	91.60
Mn(s, α)	0.00	0.00	32.00
Mn^{2+}(aq)	-220.70	-228.00	-73.60
MnO$_2$(s)	-520.03	-465.18	53.05
MnO$_4^-$(aq)	-518.40	-425.10	189.90
MnCl$_2$(s)	-481.29	-440.53	118.20
Na(s)	0.00	0.00	51.21
Na$^+$(aq)	-240.20	-261.89	59.00
NaCl(s)	-411.15	-384.15	72.13
Na$_2$O(s)	-414.20	-375.50	75.06
NaOH(s)	-425.61	-379.53	64.45
Na$_2$CO$_3$(s)	-1130.70	-1044.50	135.00
NaI(s)	-287.80	-286.10	98.53
Na$_2$O$_2$(s)	-510.87	-447.69	94.98
HNO$_3$(l)	-174.10	-80.79	155.60
NO$_3^-$(aq)	-207.40	-111.30	146.00
NH$_3$(g)	-46.11	-16.50	192.30
NH$_3$·H$_2$O(aq, 非电离)	-366.12	-263.80	181.00
NH$_4^+$(aq)	-132.50	-79.37	113.00
NH$_4$Cl(s)	-314.40	-203.00	94.56
NH$_4$NO$_3$(s)	-365.60	-184.00	151.10
(NH$_4$)$_2$SO$_4$(s)	-901.90	—	187.50
N$_2$(g)	0.00	0.00	191.50
NO(g)	90.25	86.57	210.65
NOBr(g)	82.17	82.42	273.50
NO$_2$(g)	33.20	51.30	240.00
N$_2$O(g)	82.05	104.20	219.70
N$_2$O$_4$(g)	9.16	97.82	304.20
N$_2$H$_4$(g)	95.40	159.30	238.40
N$_2$H$_4$(l)	50.63	149.20	121.20
NiO(s)	-240.00	-212.00	38.00
O$_3$(g)	143.00	163.00	238.80

物质（状态）	$\Delta_f H_m^{\ominus}$ /kJ·mol^{-1}	$\Delta_f G_m^{\ominus}$ /kJ·mol^{-1}	$S_m^{\ominus}$ /J·(mol·K)$^{-1}$
$O_2(g)$	0.00	0.00	205.03
$OH^-(aq)$	−229.99	−157.29	−10.8
$H_2O(l)$	−285.84	−237.19	69.94
$H_2O(g)$	−241.82	−228.59	188.72
$H_2O_2(l)$	−187.80	−120.40	—
$H_2O_2(aq)$	−191.20	−134.10	144.00
P(s，白)	0.00	0.00	41.09
P(s，三斜，红)	−17.60	−12.10	22.80
$PCl_3(g)$	−287.00	−268.00	311.70
$PCl_5(s)$	−443.50	—	—
Pb(s)	0.00	0.00	64.81
$Pb^{2+}(aq)$	−1.70	−24.40	10.00
PbO(s，黄)	−215.33	−187.90	68.70
$PbO_2(s)$	−277.40	−217.36	68.62
$Pb_3O_4(s)$	−718.39	−601.24	211.29
$H_2S(g)$	−20.60	−33.60	205.70
$H_2S(aq)$	−40.00	−27.90	121.00
$HS^-(aq)$	−17.70	12.00	63.00
$S^{2-}(aq)$	33.20	85.90	−14.60
$H_2SO_4(l)$	−813.99	−690.10	156.90
$HSO_4^-(aq)$	−887.34	−756.00	132.00
$SO_4^{2-}(aq)$	−909.27	−744.63	20.00
$SO_2(g)$	−296.83	−300.19	248.10
$SO_3(g)$	−395.70	−371.10	256.60
Si(s)	0.00	0.00	18.80
$SiO_2(s$，石英)	−910.94	−856.67	41.84
$SiF_4(g)$	−1614.90	−1572.70	282.40
$SiCl_4(l)$	−687.00	−619.90	240.00
$SiCl_4(g)$	−657.00	−617.01	330.60
Sn(s，白)	0.00	0.00	51.55
Sn(s，灰)	−2.10	0.13	44.14
SnO(s)	−286.00	−257.00	56.65
$SnO_2(s)$	−580.70	−519.70	52.30
$SnCl_2(s)$	−325.00	—	—
$SnCl_4(s)$	−511.30	−440.20	259.00
Zn(s)	0.00	0.00	41.60
$Zn^{2+}(aq)$	−153.90	−147.00	−112.00
ZnO(s)	−348.30	−318.30	43.64
$ZnCl_2(aq)$	−488.19	−409.50	0.80
ZnS(s，闪锌矿)	−206.00	−201.30	57.70

附录 B　常见弱酸、弱碱在水中的解离常数

弱　酸	分子式	温度/℃	分级	$K_a^{\ominus}$	$pK_a^{\ominus}$
硼酸	H_3BO_3	20	—	7.3×10^{-10}	9.14
碳酸	H_2CO_3	25	1	4.2×10^{-7}	6.38
		25	2	5.6×10^{-11}	10.25
氢氟酸	HF	25	—	3.53×10^{-4}	3.45
氢氰酸	HCN	25	—	4.93×10^{-10}	9.31
氢硫酸	H_2S	18	1	9.1×10^{-8}	7.04
		18	2	1.1×10^{-12}	11.96
次氯酸	HClO	18	—	2.95×10^{-4}	7.53
次溴酸	HBrO	25	—	2.06×10^{-9}	8.69
次碘酸	HIO	25	—	2.3×10^{-11}	10.64
亚硝酸	HNO_2	25	—	4.6×10^{-4}	3.33
磷酸	H_3PO_4	25	1	7.5×10^{-3}	2.12
		25	2	6.2×10^{-8}	7.20
		25	3	2.2×10^{-13}	12.66
亚硫酸	H_2SO_3	18	1	1.54×10^{-2}	1.81
		18	2	1.02×10^{-7}	6.99
偏硅酸	H_2SiO_3	25	1	1.7×10^{-10}	9.77
		25	2	1.6×10^{-12}	11.8
甲酸	HCOOH	20	—	1.77×10^{-4}	3.75
乙酸	CH_3COOH	25	—	1.76×10^{-5}	4.75
乳酸	$CH_3CHOHCOOH$	25	—	1.4×10^{-6}	3.86
苯甲酸	C_6H_5COOH	25	—	6.2×10^{-5}	4.21
草酸	$H_2C_2O_4$	25	1	5.9×10^{-2}	1.23
		25	2	6.4×10^{-5}	4.19
柠檬酸	CH_2COOH | $C(OH)COOH$ | CH_2COOH	25	1	7.4×10^{-4}	3.13
		25	2	1.7×10^{-5}	4.76
		25	3	4.0×10^{-7}	6.40
弱　碱	分子式	温度/℃	分级	$K_b^{\ominus}$	$pK_b^{\ominus}$
氨水	NH_3	25	—	1.76×10^{-5}	4.75
六亚甲基四胺	$(CH_2)_6N_4$	25	—	1.4×10^{-9}	8.85
甲胺	CH_3NH_2	25	—	4.2×10^{-4}	3.38
乙胺	$C_2H_5NH_2$	25	—	5.6×10^{-4}	3.25
乙二胺	$H_2NCH_2CH_2NH_2$	25	1	8.5×10^{-5}	4.07
		25	2	7.1×10^{-8}	7.15
氢氧化钙	$Ca(OH)_2$	25	1	3.7×10^{-3}	2.43
		30	2	4.0×10^{-2}	1.40

附录 C　常见难溶电解质的溶度积常数(298.15K)

难溶化合物	$K_{sp}^{\ominus}$	难溶化合物	$K_{sp}^{\ominus}$
Ag_2CO_3	8.1×10^{-12}	$Fe(OH)_2$	8.0×10^{-16}
Ag_2CrO_4	1.1×10^{-12}	$Fe(OH)_3$	4.0×10^{-38}
Ag_2S	6.3×10^{-50}	$FeCO_3$	3.2×10^{-11}
Ag_3PO_4	1.4×10^{-16}	$FePO_4$	1.3×10^{-22}
$AgBr$	5.0×10^{-13}	FeS	3.7×10^{-19}
$AgCl$	1.8×10^{-10}	Hg_2Cl_2	1.3×10^{-18}
$AgCN$	1.2×10^{-16}	Hg_2S	1.0×10^{-47}
AgI	8.3×10^{-17}	$HgS(黑)$	1.6×10^{-52}
$AgSCN$	1.0×10^{-12}	$HgS(红)$	4.0×10^{-53}
$Al(OH)_3$	1.3×10^{-33}	$Mg(OH)_2$	1.8×10^{-11}
$AlPO_4$	6.3×10^{-19}	$MgCO_3$	3.5×10^{-8}
As_2S_3	2.1×10^{-22}	$MgNH_4PO_4$	2.5×10^{-13}
$BaCO_3$	5.1×10^{-9}	$Mn(OH)_2$	1.9×10^{-13}
$BaCrO_4$	1.2×10^{-10}	$MnCO_3$	1.8×10^{-11}
$BaSO_4$	1.1×10^{-10}	$Ni(OH)_2$	2.0×10^{-15}
$Bi(OH)_3$	4×10^{-31}	$Ni_3(PO_4)_2$	5×10^{-31}
Bi_2S_3	1×10^{-97}	$NiCO_3$	6.6×10^{-9}
$Ca(OH)_2$	5.5×10^{-6}	$\beta\text{-}NiS$	1×10^{-24}
$Ca_3(PO_4)_2$	2.0×10^{-29}	$\gamma\text{-}NiS$	2×10^{-25}
CaC_2O_4	4.0×10^{-9}	$Pb(OH_2)_2$	1.2×10^{-15}
$CaCO_3$	2.8×10^{-9}	$Pb(OH)_4$	3×10^{-66}
CaF_2	2.7×10^{-11}	$Pb_3(AsO_4)_2$	4.0×10^{-36}
$Cd(OH)_2$	2.5×10^{-14}	$Pb_3(PO_4)_2$	8.0×10^{-43}
CdS	8.0×10^{-27}	$PbCO_3$	7.4×10^{-14}
$Co(OH)_2$	1.6×10^{-15}	$Pb(OH)Cl^-$	2×10^{-14}
$Co(OH)_3$	2×10^{-44}	$PbCrO_4$	2.8×10^{-13}
$Co_3(PO_4)_2$	2×10^{-35}	PbS	8.0×10^{-28}
$CoCO_3$	1.4×10^{-13}	$PbSO_4$	1.6×10^{-8}
$\alpha\text{-}CoS$	4×10^{-21}	$Sb(OH)_3$	4×10^{-42}
$\beta\text{-}CoS$	2×10^{-25}	$Sn(OH)_3$	1.4×10^{-28}
$Cr(OH)_3$	6.3×10^{-31}	$Sn(OH)_4$	1.0×10^{-56}
$Cu(OH)_2$	2.2×10^{-20}	$Ti(OH)_3$	1.0×10^{-40}
CuS	6.3×10^{-36}	$Zn(OH)_2$	1.2×10^{-17}
$Cu_3(PO_4)_2$	1.3×10^{-37}	$Zn_3(PO_4)_2$	9.0×10^{-33}
CuI	1.1×10^{-12}	$ZnCO_3$	1.4×10^{-11}
$CuSCN$	4.8×10^{-15}	ZnS	1.62×10^{-24}

附录 D　标准电极电势

电极（氧化态/还原态）	电极反应	标准电极电势 $\varphi^{\ominus}/V$
K^+/K	$K^+ + e^- \rightleftharpoons K$	-2.931
Ca^{2+}/Ca	$Ca^{2+} + 2e^- \rightleftharpoons Ca$	-2.868
Na^+/Na	$Na^+ + e^- \rightleftharpoons Na$	-2.71
Mg^{2+}/Mg	$Mg^{2+} + 2e^- \rightleftharpoons Mg$	-2.372
Al^{3+}/Al	$Al^{3+} + 3e^- \rightleftharpoons Al$	-1.662
Mn^{2+}/Mn	$Mn^{2+} + 2e^- \rightleftharpoons Mn$	-1.185
Zn^{2+}/Zn	$Zn^{2+} + 2e^- \rightleftharpoons Zn$	-0.7618
Fe^{2+}/Fe	$Fe^{2+} + 2e^- \rightleftharpoons Fe$	-0.447
$Cr^{3+}, Cr^{2+}/Pt$	$Cr^{3+} + e^- \rightleftharpoons Cr^{2+}$	-0.407
Cd^{2+}/Cd	$Cd^{2+} + 2e^- \rightleftharpoons Cd$	-0.4030
Co^{2+}/Co	$Co^{2+} + 2e^- \rightleftharpoons Co$	-0.28

参 考 文 献

[1] 浙江大学普通化学教研组. 普通化学 [M]. 6 版. 北京：高等教育出版社, 2011.

[2] 梁渠. 普通化学 [M]. 北京：科学出版社, 2009.

[3] 康立娟, 朴凤玉. 普通化学 [M]. 北京：高等教育出版社, 2005.

[4] 徐端钧, 聂晶晶, 刘清. 新编普通化学 [M]. 2 版. 北京：科学出版社, 2012.

[5] 旷英姿. 化学基础 [M]. 2 版. 北京：化学工业出版社, 2008.

[6] 钟国清. 普通化学 [M]. 北京：高等教育出版社, 2017.

[7] 冯莉. 大学化学实验 [M]. 徐州：中国矿业大学出版社, 2005.

[8] 仝克勤. 基础化学实验 [M]. 北京：化学工业出版社, 2007.

[9] 贺拥军, 赵世永. 普通化学实验 [M]. 西安：西北工业大学出版社, 2007.

[10] 卞小琴. 基本化学实验实训 [M]. 上海：上海交通大学出版社, 2012.

[11] 北京大学化学系普通化学教研室. 普通化学实验 [M]. 北京：北京大学出版社, 1999.

[12] 沈建中. 普通化学实验 [M]. 上海：复旦大学出版社, 2006.